燃煤机组受热面重点部位检查指导手册

中国华能集团有限公司
西安热工研究院有限公司 组编

中国电力出版社
CHINA ELECTRIC POWER PRESS

内容提要

为进一步加强电力生产安全风险预防控制，提高电力生产可靠性，有效防止燃煤机组受热面（省煤器、水冷壁、过热器、再热器等部件）泄漏事故的发生，在国家标准、行业标准、企业标准等文件的基础上，结合中国华能集团有限公司所属火电厂自投产运行后发生的受热面泄漏案例，分析发现不同制造厂家、不同容量等级锅炉受热面泄漏部位具有规律性特点，可作为防磨防爆针对性检查重点，特组织编写本书。

本书全面深入地分析燃煤电站锅炉承压部件泄漏规律，总结制定了不同制造厂家、不同容量等级锅炉受热面重点部位检查表，包括失效类型、失效部位、风险等级、防治措施，从而提高锅炉防磨防爆工作的针对性。针对新型电力系统下锅炉受热面存在的应力疲劳失效典型问题，单独列出章节，通过丰富的案例分享阐述了深度调峰灵活性运行方式下锅炉运行操作要点、受热面检查重点。

本书可供燃煤发电厂锅炉防磨防爆专业技术人员使用，也可作为本体设计、制造、安装、运行、检修、改造等阶段生产管理和技术人员的参考用书，也可作为从事锅炉、金属监督人员教学和培训参考用书。

图书在版编目（CIP）数据

燃煤机组受热面重点部位检查指导手册/中国华能集团有限公司，西安热工研究院有限公司组编．—北京：中国电力出版社，2024.6

ISBN 978-7-5198-8858-9

Ⅰ．①燃…　Ⅱ．①中…　②西…　Ⅲ．①燃煤机组－火电机组－受热部件－检修－手册　Ⅳ．①TM621.28-62

中国国家版本馆 CIP 数据核字（2024）第 081441 号

出版发行：中国电力出版社
地　　址：北京市东城区北京站西街 19 号（邮政编码 100005）
网　　址：http://www.cepp.sgcc.com.cn
责任编辑：孙　芳（010-63412381）
责任校对：黄　蓓　于　维
装帧设计：赵姗姗
责任印制：吴　迪

印　　刷：固安县铭成印刷有限公司
版　　次：2024 年 6 月第一版
印　　次：2024 年 6 月北京第一次印刷
开　　本：787 毫米×1092 毫米　16 开本
印　　张：12.75
字　　数：252 千字
印　　数：0001—1500 册
定　　价：110.00 元

编 委 会

前　言

随着“双碳”目标的提出，风电、光伏发电等新能源发电大规模发展，新能源发电装机容量及发电量占比快速增加，燃煤火电机组由主体型电源逐步向调节型电源转变，深度调峰灵活性运行已逐渐成为燃煤火电机组的常态。深度调峰常态化以后，锅炉设备运行工况严重偏离设计工况，对受热面安全性产生了诸多不利影响，尤其是受热面应力疲劳失效和焊缝早期开裂。近年来，受外部煤炭市场环境变化，锅炉燃用煤质偏离设计或常用煤质，磨损、结渣、腐蚀问题较为突出。

为进一步加强电力生产安全风险预防控制，提高电力生产可靠性，有效防止燃煤机组受热面（省煤器、水冷壁、过热器、再热器等部件）泄漏事故的发生，在国家标准、行业标准、企业标准等文件的基础上，结合中国华能集团有限公司所属火电厂自投产运行后发生的受热面泄漏案例，分析发现不同制造厂家、不同容量等级锅炉受热面泄漏部位具有规律性特点，可作为防磨防爆针对性检查重点，基于此编制《燃煤机组受热面重点部位检查指导手册》。

本书全面深入地分析燃煤电站锅炉承压部件泄漏规律，总结制定了14类锅炉受热面重点部位检查表，包括失效类型、失效部位、风险等级、防治措施，从而提高锅炉防磨防爆工作的针对性。针对新型电力系统下锅炉受热面存在的应力疲劳失效典型问题，单独列出章节，通过丰富的案例分享阐述了深度调峰灵活性运行方式下锅炉运行操作要点、受热面检查重点，为解决新形势下锅炉受热面应力疲劳失效提供思路和办法。

本书由中国华能集团有限公司科技项目《新型电力系统结构下火力发电厂主辅机重大故障分析及对策研究》（项目编号：HNKJ22-H144）资助。

本书编者一直从事锅炉及金属技术监督、检验检测、运行优化等工作，具有丰富的生产工作经验，但限于编者水平，书中若有疏漏或不足之处，恳请读者批评指正。

编　者

2024 年 3 月

目 录

前言

1 **概述**……1

2 **锅炉受热面失效形式及原理**……7

2.1 过热……8
2.2 腐蚀……10
2.3 氧化皮……25
2.4 疲劳及裂纹……28
2.5 磨损……33
2.6 质量控制失误……37

3 **不同类型锅炉重点部位检查清单**……51

3.1 哈尔滨锅炉厂 1000MW 等级超超临界锅炉……51
3.2 哈尔滨锅炉厂 600MW 等级超超临界锅炉……62
3.3 哈尔滨锅炉厂 600MW 等级超临界锅炉……76
3.4 哈尔滨锅炉厂 600MW 等级亚临界锅炉……84
3.5 哈尔滨锅炉厂 350MW 等级超临界锅炉……92
3.6 哈尔滨锅炉厂 300MW 等级亚临界锅炉……102
3.7 上海锅炉厂 600MW 等级超超临界及超临界锅炉……110
3.8 上海锅炉厂 300MW 等级亚临界锅炉……114
3.9 东方锅炉厂 660MW/1000MW 等级超超临界锅炉……119
3.10 东方锅炉厂 600MW 等级超临界锅炉……123
3.11 东方锅炉厂 350MW 等级超临界锅炉……131
3.12 东方锅炉厂 300MW 等级亚临界锅炉……136
3.13 巴威 300MW/600MW 等级锅炉……140

3.14 塔式锅炉 ······149
3.15 锅炉炉外小管风险总结 ······154

4 深度调峰灵活性运行新形势下应力拉裂 ······157

4.1 新型电力市场下燃煤电站机组深度调峰灵活性运行特点 ······157
4.2 深度调峰灵活性运行模式下受热面应力拉裂问题及案例分析 ······160

5 其他典型缺陷 ······184

5.1 受热面管管材缺陷 ······184
5.2 受热面管管屏缺陷 ······188

参考文献 ······192

1

概　　述

随着碳达峰、碳中和目标的深入推进，我国可再生能源发电装机容量逐渐增加。截至 2023 年 12 月底，全国可再生能源装机容量达到 15.16 亿 kW，占全国发电总装机容量的 50%以上，历史性超过火电装机容量。可再生能源发电具有间歇性、波动性和不确定性特点，因此在构建以新能源为主体的新型电力系统背景下，电力系统安全稳定运行面临巨大挑战，煤电机组作为电力系统压舱石的作用更加凸显。在这一背景下，煤电机组需要严格控制非计划停运次数，充分发挥兜底保障作用。

煤电机组非计划停运事件中，锅炉受热面四管（包括水冷壁管、过热器管、省煤器管、再热器管）泄漏占比较高。燃煤电站锅炉受热面防磨防爆工作是减少受热面泄漏事件的重要手段，有效开展防磨防爆工作对燃煤发电机组安全稳定运行具有重要意义。目前，燃煤电站锅炉受热面防磨防爆工作面临以下问题：

（1）实际燃用煤种严重偏离设计/常用煤种。

对于非坑口电厂和本地煤炭资源枯竭的坑口电厂来说，受制于煤炭市场价格多变、经营盈利需求、环保政策等影响因素，实际燃用煤种严重偏离设计/常用煤种的情况普遍存在，由此引起的受热面缺陷数量及检修工作量显著增加，造成的受热面泄漏事件时有发生。

实际燃用煤种的灰特性（灰分含量、灰熔点、灰中碱金属含量）以及热值、挥发分、硫分等煤质参数偏离设计煤种时，会造成锅炉本体及辅机的实际运行工况严重偏离设计工况，导致锅炉无法长期稳定运行。长期燃用煤质严重偏离设计/常用煤种的燃煤，对锅炉受热面和制粉系统、灰渣系统、风烟系统的设备均会造成不利影响，也会明显降低锅炉燃烧稳定性，是威胁锅炉安全稳定运行的重要因素。

固体燃料在炉内燃烧后，烟气携带的飞灰颗粒会对锅炉受热面造成冲蚀磨损，冲蚀磨损速率与灰颗粒浓度成正比，与烟气流速的三次方成正比。考虑燃煤热值的影响，一般采用折算灰分（灰分与热值之比）来衡量灰分对磨损的影响。随着实际燃用煤种折算灰分的增加，烟气中飞灰颗粒浓度增加，导致受热面冲蚀磨损速率加快。锅炉受热面冲蚀磨损主要发生在受热面迎风侧，飞灰长期冲刷轻则引起管壁金属材料损耗和管壁减薄，重则引起管壁过度减薄，承压强度不足，最终导致泄漏爆管。

锅炉受热面结渣也是造成受热面泄漏的一个重要因素。在烟气中处于熔融状态的灰颗粒碰撞到温度相对较低的水冷壁或辐射受热面上会冷凝结渣，一般采用燃煤的灰熔融特性评价燃料的沾污、结渣特性。当锅炉掺烧灰熔点低于设计/常用煤种灰熔点的燃煤时，由于锅炉设计的炉膛热负荷、炉膛出口烟气温度、吹灰器数量和布置范围等技术参数不能满足长期安全燃用低灰熔点煤的要求，导致锅炉水冷壁和辐射受热面发生严重结渣。除了对燃烧稳定性、运行经济性有不利影响外，水冷壁结渣还会造成传热热阻增大、蒸发吸热量减少、炉膛出口烟气温度升高，威胁高温受热面运行安全；当机组负荷波动时，渣块在受热面表面的附着力降低，渣块容易掉落至冷灰斗，可能引起水冷壁管变形、减薄甚至直接砸穿，进而导致泄漏。

近年来，受煤炭市场价格高的影响，部分电厂大比例掺烧高碱煤（氧化钠当量＞2.5%）。尽管部分高碱煤灰熔点温度较高，但实际燃用过程中表现出极高的结渣和沾污倾向。高碱煤燃烧过程中，释放的Na元素与飞灰中的SiO_2、Al_2O_3反应生成助熔物（如霞石、偏铝酸钠等），这些助熔物在较低温度的受热面表面形成固态颗粒后仍然有较强的黏结性，在接触受热面管屏后可能引发严重的结渣搭桥现象。管屏间结渣搭桥严重时会形成烟气走廊，烟气流速明显增加。由于受热面冲蚀磨损速率与烟气流速的三次方成正比，烟气走廊区域受热面冲蚀磨损速率剧增，导致短时间内受热面泄漏风险大幅度增加。燃用高碱煤造成的结渣搭桥问题不仅出现在高温对流受热面，部分电厂甚至在低温过热器、低温再热器水平段管屏间也出现严重结渣搭桥现象。由于水平低温受热面结构布置紧凑，灰渣清理、管壁磨损检查、防磨瓦安装更换、换管等检修维护工作开展难度高，增加了防磨防爆检查难度和检修启动后再次泄漏的风险。

燃煤中的硫分是造成锅炉受热面泄漏的重要因素。燃煤中的硫分在还原性气氛下会部分转化为H_2S气体，H_2S气体在接触水冷壁表面后直接与管壁金属反应生成FeS腐蚀物，造成水冷壁高温腐蚀。研究表明，炉膛水冷壁近壁区H_2S浓度与CO浓度近似成正比关系。低氮燃烧方式下主燃区水冷壁近壁区形成局部强还原性气氛，锅炉掺烧高硫分煤种或掺烧贫煤、劣质烟煤等着火特性差的低挥发分煤种后，水冷壁近壁区CO、H_2S浓度明显增大，水冷壁高温腐蚀速率加快。当实际燃用煤种硫分大幅度高于设计/常用煤种时，炉膛燃尽风下方、冷灰斗上方等处于强还原性气氛区域的水冷壁，以及受到含有未燃尽煤粉的烟气直接冲刷的水冷壁均有可能发生高温腐蚀，检修期间往往需要大面积换管处理，甚至造成水冷壁管过度减薄、爆管泄漏。

采用不同燃烧方式的锅炉发生高温腐蚀的典型区域不同。对于采用对冲燃烧方式的锅炉，水冷壁高温腐蚀多发生在两侧墙中部（中层燃烧器至燃尽风之间）；对于采用

W 火焰燃烧方式的锅炉，水冷壁高温腐蚀多集中在冷灰斗区域及拱下两侧墙中间区域；对于采用切圆燃烧方式的锅炉，煤粉射流下游向火侧（中层燃烧器至燃尽风之间）水冷壁高温腐蚀最为严重。对于采用分磨磨制、炉内掺烧高硫分煤种的锅炉，投运高硫煤的燃烧器出口一次风煤粉气流下游水冷壁局部 H_2S 浓度明显高于炉内整体水平，该区域水冷壁局部高温腐蚀速率偏高。

（2）机组调峰运行的范围和幅度大幅增加。

近些年，随着电网消纳新能源电力需求的日益增长，火电机组的调峰运行逐渐成为常态，长期低负荷和负荷频繁波动成为火电机组新的运行特点。

在深度调峰甚至日内启停调峰运行模式下，锅炉负荷变化速率往往超过厂家设计值（一般为 1.5%～2%P_e/min，即每分钟负荷调节幅度）达到 2.5%～4.5%P_e/min。变负荷过程中锅炉热负荷大幅度且快速变化，炉内烟气流场与温度场剧烈变化，会导致水冷壁管外烟气温度、管内工质温度、管壁金属温度产生较大波动。锅炉受热面承受周期性热载荷，受热面结构不连续位置会因应力集中效应和周期性热载荷而承受较大交变热应力。在应力交变与应力集中两种因素的共同作用下，受热面结构不连续位置在机组调峰运行模式下短期内累积疲劳损伤而最终导致疲劳开裂，如水冷壁横向疲劳开裂、水冷壁与鳍片端部焊接处疲劳拉裂导致管子开裂、水冷壁和包墙鳍片焊缝拉裂致管子开裂等。如果机组协调控制系统调节品质不佳，负荷快速变化过程中煤量、风量、水量大幅扰动，锅炉蒸汽温度、受热面壁温波动幅度进一步增大，将加剧受热面疲劳损伤和管子开裂风险。

对于锅炉厚壁元件（汽包、汽水分离器、过/再热器集箱等），在机组快速启停和变负荷过程中，由于热力系统压力和温度变化率大幅度增加，锅炉厚壁元件会产生较大的上/下或内/外壁温差，从而形成较大的交变热应力和机械应力，造成低周疲劳损伤，减少厚壁元件的使用寿命。厚壁元件低周疲劳失效多发生在结构突变、材料本身不连续处等应力集中部位，如汽包下降管环焊缝、集箱管接头角焊缝等位置。

在深度调峰运行模式下，由于锅炉低负荷工况存在燃烧侧偏差增大或汽水流量分配偏差增大等特性，造成相邻水冷壁管之间、单面墙任意水冷壁管之间存在较大温度偏差。此时，即使水冷壁未出现超温情况，但水冷壁管间的壁温偏差会造成水冷壁之间膨胀不协调，产生过大应力甚至引起变形，严重时造成水冷壁管屏凹凸不平、局部拉裂。锅炉相邻水冷壁管壁温偏差和单面墙任意两点的温度偏差控制在合理范围，是判定深度调峰过程锅炉受热面安全的重要指标。

对于直流锅炉，给水的驱动力来自给水泵。与汽包锅炉相比，水冷壁管内工质失去了自补偿特性，水冷壁管壁温度取决于管内工质流量和管外热负荷的相对比例。在深度调峰低负荷运行时，由于工质流量偏差和炉膛吸热偏差的双重因素叠加影响，直流炉容易发生水冷壁超温，原因与以下 3 点有关：

1）燃料量与烟气量显著低于设计值，锅炉炉膛火焰充满度差，炉膛热负荷分布不均匀，导致水冷壁吸热偏差增大。

2）锅炉给水流量接近启动流量，水冷壁质量流速小，水冷壁管间流量分配特性差，部分水冷壁管因流量偏低导致出现水动力多值性问题，即水冷壁管在同一进、出口差压下可对应多个流量，进而造成部分水冷壁管流量波动到极小值。

3）机组启动阶段，如果没有加强除氧器加热和及时投入低压加热器、高压加热器，给水温度偏低，省煤器出口给水欠焓偏高，水冷壁热水段增加、蒸发段缩短，阻力特性发生变化，流量分配偏差增大，造成部分水冷壁管发生水动力多值性问题。随着深度调峰低负荷运行时长增加，超温运行导致的金属过热问题增加了水冷壁泄漏风险。

（3）防磨防爆管理工作不到位。

锅炉防磨防爆管理工作包含了修前分析与策划、检修中防磨防爆检查执行、修后总结与改进，充分的项目策划、合理的检查范围、认真细致的检查工作、持续规范的缺陷台账记录能够有效消除一部分受热面泄漏隐患。

统计发现，中国华能集团有限公司（以下简称集团公司）2017～2021 年发生的锅炉受热面泄漏事件中，吹灰器吹损、飞灰磨损、机械碰磨造成的泄漏占比较高，达到 27.3%。近年来，吹灰器未完全退出、吹灰器吹扫路径周围的管壁及防磨护瓦检查不足造成的吹损泄漏、尾部受热面与中隔墙/前后包墙间阻流板缺失、中隔墙下集箱两侧与侧包墙之间密封缺失形成烟气走廊造成的局部受热面磨损泄漏问题频发。受热面的磨损、吹损、机械碰磨等问题在检修中不难发现，也较容易处理，这些问题引起的锅炉受热面泄漏往往与防磨防爆检查工作不到位有关。

异物堵塞造成的爆管也是常见的受热面泄漏形式。异物堵塞容易造成工质流量降低甚至流动滞止，引起短时过热爆管。蒸汽吹管是新建机组调试阶段的重要环节，目的是清除制造、运输、存放、安装过程中汽水管道内的杂质，但是吹管后部分杂物会聚集在集箱内部或节流孔板等位置，吹管后如未对重点部位进行充分检查，则投运后可能造成异物堵塞问题。另外，检修过程中锅炉受热面换管、焊接过程中质量监督不到位也是造成异物堵塞的重要原因，检修施工过程中异物掉落（如采用火焰切割、管子切割后未采取防掉入措施、炉内渣块掉入等）、将未进行浸水性测试的水溶纸大范围用于受热面换管堵管，都可能造成检修后启动初期因异物堵塞发生短时过热爆管。异物堵塞问题主要与防磨防爆检查管理工作不到位有关，通过规范蒸汽吹管后的重点部位检查、检修过程施工质量控制与监督可以有效减少异物堵塞爆管事件发生。

燃用高硫煤锅炉水冷壁高温腐蚀检查不到位也是锅炉防磨防爆管理工作的常见问

题。锅炉改用、掺烧硫分高于 1%的高硫煤时，水冷壁管因 H_2S 引起的高温腐蚀风险显著增加，检修时应对受热面的高温腐蚀情况进行重点检查，并根据受热面壁厚、高温腐蚀减薄速率、防腐涂层检查情况进行综合对比，开展换管、涂层修复、喷涂方案优化等工作。检修过程中，如对主燃区水冷壁高温腐蚀减薄情况检查不足、未通过定点测厚工作对比评估高温腐蚀减薄速率、未有针对性地调整防磨防爆检查周期，则有可能造成水冷壁大面积腐蚀减薄甚至泄漏爆管。因此，应加强燃用高硫煤锅炉的水冷壁高温腐蚀检查，避免由于防磨防爆管理不到位导致的高温腐蚀泄漏问题。

（4）运行管理工作存在不足。

运行管理存在不足、人员操作不当会对锅炉运行参数产生影响，严重时会造成蒸汽温度和受热面壁温超温或大幅波动，导致受热面泄漏风险显著提高。

部分电厂锅炉启动过程中，蒸汽升温速率控制不当、减温水投用不当造成水塞或氧化皮大面积脱落；机组停炉过程中降负荷速率过快、停炉后未执行闷炉措施造成受热面管壁温度急剧变化，引起氧化皮脱落，严重时造成大面积脱落后在弯头处堆积堵塞；运行过程中吹灰蒸汽过热度不足、煤水比控制失调导致受热面壁温大幅度波动；机组大修、煤种变更后，未及时针对性地开展配煤掺烧及燃烧优化试验，造成受热面局部过热、结渣搭桥、高温腐蚀问题；水质检测或相关水处理设备维护不到位，造成水质及蒸汽品质劣化，短期运行即可能导致管内结垢、腐蚀现象等。

（5）机组材质老化现象日益严重。

集团公司内服役时间超过 20 年的机组数量逐渐增多，部分机组服役时间达到 30 年以上。受超温时间累积、材料等级选用较低等因素影响，材质老化情况日益加重，当某一受热面部件整体出现老化时，会频繁发生过热爆管事件。

综上所述，在煤种偏离设计值、深度调峰灵活性运行、受热面材质老化加重等多种不利因素的叠加影响下，锅炉受热面泄漏频次和非计划停运占比居高不下，锅炉受热面安全形势日益严峻。为进一步提高锅炉防磨防爆检查工作的精准性、规范性，2021 年集团公司组织西安热工研究院有限公司对各燃煤电站锅炉历次受热面泄漏情况进行了调研，总共收集了 308 台煤粉锅炉 2156 次受热面泄漏记录。通过对泄漏位置、泄漏原因、泄漏前运行时长等大量数据进行细致深入的统计分析，发现同一制造厂家、同一容量等级锅炉由于受热面布置方式、受热面材质和燃烧方式相近，受热面泄漏位置呈现较强的规律性。通过总结归纳同类型锅炉受热面易泄漏部位，划分风险等级，并提炼成熟有效的处理措施，为各类燃煤电站锅炉开展防磨防爆工作提供参考。

结合集团公司装机容量情况，按照锅炉制造厂家、容量等级、压力参数划分，本书对 14 种典型炉型的重点部位进行了总结分析，炉型划分具体情况见表 1-1。

表 1-1　　燃煤机组受热面重点部位检查典型炉型　　单位：台

<table>
<tr><th>炉型</th><th>哈尔滨锅炉厂</th><th>东方锅炉厂</th><th>上海锅炉厂</th><th>巴威锅炉厂</th></tr>
<tr><td>1000MW 超超临界</td><td>6</td><td rowspan="2">8</td><td>—</td><td rowspan="6">22</td></tr>
<tr><td>600MW 超超临界</td><td>12</td><td rowspan="2">10</td></tr>
<tr><td>600MW 超临界</td><td>11</td><td rowspan="2">15</td></tr>
<tr><td>600MW 亚临界</td><td>8</td><td>—</td></tr>
<tr><td>350MW 超临界</td><td>22</td><td>5</td><td>—</td></tr>
<tr><td>300MW 亚临界</td><td>27</td><td>22</td><td>21</td></tr>
<tr><td>塔式炉</td><td colspan="4">18</td></tr>
</table>

各燃煤电厂后续开展锅炉防磨防爆工作时，可参照本厂同类型锅炉易泄漏位置区域进行重点检查。需要强调的是，本书第 3 章中所列重点检查部位是通过 2000 余起泄漏事件及日常工作中各厂发现典型缺陷研究确定的重点检查区域，并非锅炉防磨防爆的全部检查区域，除本书提到的重点部位外，常规检查部位可参见相关行业标准（如 DL/T 438—2016《火力发电厂金属技术监督规程》、DL/T 939—2016《火力发电厂锅炉受热面管监督技术导则》等）及企业标准（如 Q/HN-1-0000.08.105—2021《中国华能集团有限公司锅炉防磨防爆检查标准》）等。

锅炉受热面失效形式及原理

受热面损伤失效是材料制造、焊接、环境介质、温度、应力和运行工况多种因素综合作用的结果，是一个长期困扰燃煤电站锅炉安全运行的技术难题，国内外相关研究机构都对此高度重视，开展了一系列研究工作。这些研究成果把受热面的爆管机理（或失效类型）分为了 6 大类和 21 种类型，对电力生产中受热面的失效分析与预防起到了很好的技术参考作用。目前，锅炉受热面失效仍是火电行业发展中比较突出的技术难题，困扰着火电机组的安全生产和长周期运行。

为了进一步提高受热面的监督管理经验，本章是在对集团公司内火电机组锅炉受热面曾出现过的缺陷、失效事件总结分析的基础上，将受热面的损伤、失效形式分为过热、腐蚀、氧化皮、疲劳及裂纹、磨损、质量控制失误等 6 大类，包含 21 种形式，如表 2-1 所示。针对每一种失效形式，分别从损伤机理及主要影响因素、易发生的部件及材料、如何检查预防等方面进行介绍。

表 2-1　　受热面损伤、失效类型

（一）过热	（二）腐蚀	（三）氧化皮
1. 高温蠕变（长时过热） 2. 短时过热	1. 氧腐蚀 2. 沉积物下腐蚀 3. 高温水蒸气腐蚀 4. 点蚀 5. 应力腐蚀 6. 晶间腐蚀 7. 锅炉烟气侧腐蚀	1. 铁素体钢氧化皮 2. 奥氏体钢氧化皮
（四）疲劳及裂纹	（五）磨损	（六）质量控制失误
1. 机械疲劳及应力拉裂 2. 热疲劳 3. 异种钢焊接接头开裂	1. 机械磨损（碰磨） 2. 飞灰磨损 3. 落物砸伤 4. 吹灰磨损	1. 设计、制造、安装、运行、检修缺陷 2. 钢管制造缺陷 3. 焊接缺陷

2.1 过　　热

2.1.1 高温蠕变（长时过热）

蠕变是金属在一定温度和应力作用下，随着时间的增加慢慢地发生塑性变形的现象，温度越高，应力越大，蠕变速度也就越快。蠕变可以用蠕变曲线（变形量与时间的关系曲线）来表示，如图 2-1 所示。蠕变的变形过程可以分为三个阶段：第一阶段 *ab*，是蠕变的不稳定阶段，金属以逐渐减慢的变形速度积累塑性变形，蠕变速度很大；第二阶段 *bc*，是蠕变的稳定阶段，金属以恒定的蠕变速度进行变形，蠕变速度很小；第三阶段 *cd*，是蠕变的最后阶段，蠕变速度增加，直至 *d* 点发生断裂。

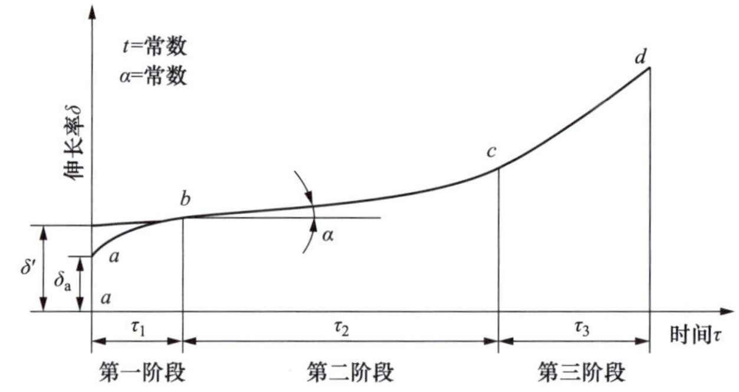

图 2-1　蠕变曲线

锅炉受热面的蠕变主要表现在随着高温高压运行时间的增加，耐热钢的组织慢慢发生变化，使钢的强度和屈服点降低，持久韧性下降，脆性增加，钢的蠕变极限和持久强度下降，寿命缩短。主要失效特征为长期超温下的蠕变孔洞形成、材质老化、强度和韧性都严重下降，最后导致受热面失效。高温蠕变损伤在受热面失效中最典型的表现形式为长时过热爆管。

受热面在运行中由于某些原因使管壁温度超过了设计温度，虽然超温幅度不大（如 20～50℃），但管子长期处于超温状况下，同时受应力影响管子会加快蠕变速率，最终发生蠕变爆管。这种由于管子长期超温而发生蠕变破裂的现象称为长时过热爆管。典型长时过热爆管的宏观形貌如图 2-2 所示，宏观形貌特征如下：爆口张开程度不大，呈脆性断裂特征，爆口边沿较粗糙、为不平整的钝边，爆口处壁厚减薄不明显，爆口及其附近的管子内、外壁往往存在较厚的氧化皮和大量与爆口方向一致的纵向裂纹。典型长时过热爆管的爆口边缘的显微组织形貌如图 2-3 所示，微观形貌特征如下：爆口及其附近的显微组织中发生珠光体球化和碳化物聚集长大的现象，钢的碳化物呈球状或链状分布于铁素体的晶界上，经常出现“双晶界”现象，爆口附近还存在大量的沿晶蠕变微裂纹、蠕变孔洞。

图 2-2　典型长时过热爆管的宏观形貌

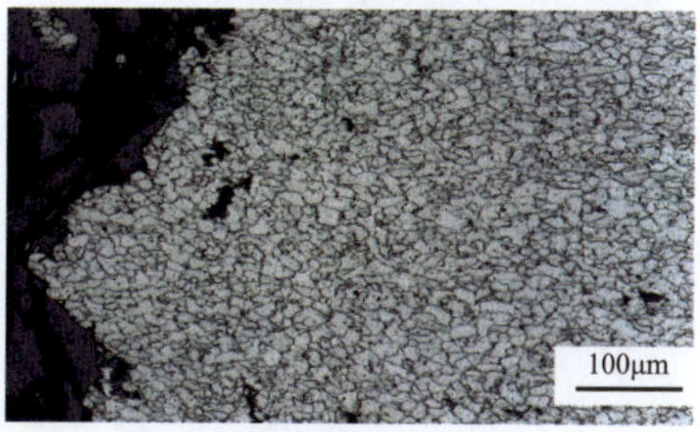

图 2-3　典型长时过热爆口边缘的显微组织

长时过热爆管的最高壁温未超过材料的 A_{c1} 温度（下临界温度），其金属当量温度（壁温）可以基于内壁氧化皮厚度评估得到，基本符合蠕变寿命评估经验公式。受热面的长时过热爆管在水冷壁、高温段过热器、高温段再热器的各种材料中均可能发生。在役锅炉进行受热面检查时，可以通过宏观检查、胀粗测量、内/外壁氧化皮厚度测量等手段及时发现并更换存在长时超温问题的管段，避免长时过热爆管事件的发生。

2.1.2　短时过热

锅炉受热面在运行中由于冷却条件恶化，使部分管壁温度短时间内突然上升，温度可达钢的下临界点 A_{c1}，甚至 A_{c3}（上临界温度）以上。在这样的高温下，管子产生塑性变形、管径胀粗、管壁减薄，最终发生动态再结晶型蠕变断裂而爆管。管子爆破时管内介质对高温的管壁产生激冷作用，使爆口处金属出现相变或不完全相变的组织。这种类型的管子爆破称为短时过热爆管。

典型短时过热爆管的宏观形貌如图 2-4 所示。其宏观形貌特征如下：爆口具有完全延性断裂的特征，爆口是刀刃型断口且边缘锋利，管壁减薄明显，爆口处胀粗明显且张开很大呈喇叭状，外壁经常呈蓝黑色，内壁由于爆管时受工质的高速冲刷一般较为光洁，爆口附近经常没有其余裂纹。

短时过热爆管的爆口边缘的显微组织形貌特征如下：爆口处的显微组织发生了相变，其特征与管壁过热温度范围和冷却速度有关。管壁超温达到或超过钢的上临界点 A_{c3} 时，炽热的管壁被管内高速喷出的介质迅速冷却，相当于进行一次完全淬火，爆口处钢的显微组织中出现马氏体、贝氏体、屈氏体之类的淬硬组织，通常这些组织已不同程度地被回火；当管壁超温的温度在钢的临界点 A_{c1}～A_{c3} 之间时，相当于将爆口处的钢材作了一次不完全淬火，爆口处钢的显微组织中，除观察到一些淬硬组织外，还有一部分块状的自由铁素体。典型短时过热爆口边缘的相变组织形貌如图 2-5 所示。

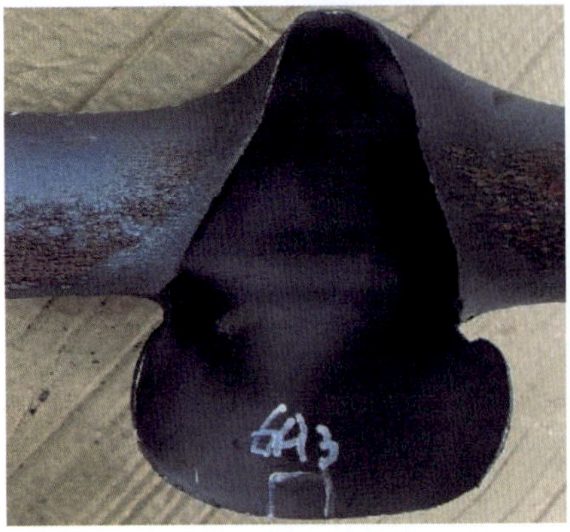

图 2-4 典型短时过热爆管形貌

图 2-5 典型短时过热爆口边缘的相变组织（T91 钢）

短时过热爆管的最高壁温已超过材料的 A_{c1} 温度，不符合蠕变寿命评估经验公式［金属部件工作温度＜A_{c1} 温度时，金属当量温度（壁温）可以应用拉米经验公式评估得到］。受热面的短时过热爆管在水冷壁、高温段过热器、高温段再热器中均可能发生，且在受热面的各种材料中均可能发生。在役锅炉受热面检查时，可以通过系统内清洁度检查、内壁氧化皮堆积检测等手段及时发现、排除异常管段和影响工质流通的因素，避免短时过热爆管事件的发生。

需要指出的是，对于高温段受热面广泛使用的 T91 及奥氏体不锈钢来说，其过热爆管的宏观形貌与传统碳钢和低合金钢的过热爆管形貌有一定差异，需要结合运行时间、金相组织、室温力学性能、高温力学性能及现场各项检查结果进行综合分析判断。

2.2 腐　　蚀

2.2.1 氧腐蚀

金属的氧腐蚀属于一种电化学腐蚀，是热力设备腐蚀中较为常见的一种腐蚀形式。热力设备在运行和停用期间都有可能发生氧腐蚀。其中，高参数机组基本上不会发生运行中的氧腐蚀，只有中低压锅炉，锅炉补给水水质较差、供热量大的机组省煤器比较容易发生运行中的氧腐蚀；停用腐蚀往往较运行中的氧腐蚀严重得多，这不仅因为停用期间进入锅炉内的氧量多，而且因为停用期间锅炉的各个部位都能发生腐蚀，会遍布整个热力系统。运行中的氧腐蚀和停用腐蚀发生的部位主要对比如下：运行期间过热器管不会发生氧腐蚀，但停用期间立式过热器、再热器下弯头常常积水，引起的腐蚀往往很严重，甚至发生大面积泄漏爆管问题；运行期间的氧腐蚀只是在省煤器的进口管段较严重，而停用期间整个省煤器管内均会腐蚀；运行期间仅在除氧器工作失常的情况下，氧腐蚀才会扩展到汽包和下降管中，而水冷壁管是不会发生氧腐蚀的，但发生停用腐蚀时，这些部位的金属表面都会遭到腐蚀。

（1）运行氧腐蚀机理：由于金属表面保护膜的缺陷、硫化物夹杂等原因，当碳钢与含氧水接触时，碳钢表面各部位的电极电位不相等，从而形成微腐蚀电池（见图 2-6），电极电位为较负的部位为阳极区，电极电位较正的部位为阴极区。在发电厂加氨高纯水（碱性）环境下，碳钢主要发生氧腐蚀。在腐蚀电池的作用下，阴极区表面上主要发生溶解氧的阴极还原反应为

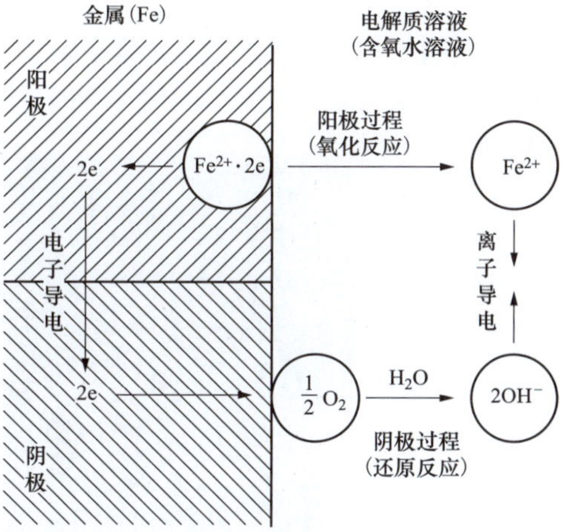

图 2-6　氧腐蚀反应机理示意图

$$O_2+2H_2O+4e \longrightarrow 4OH^-$$

阳极区表面发生铁的阳极溶解反应为

$$Fe \longrightarrow Fe^{2+}+2e$$

氧腐蚀的发展过程：阳极反应产生的 Fe^{2+} 在遇到水中的 OH^- 和 O_2 时，将会发生一系列的次生反应，最终生成 Fe_3O_4 和 Fe_2O_3 或 FeOOH。如果钢表面光洁，水流速度较快，这些次生产物难以在钢表面上沉积；但是，如果钢表面比较粗糙，水流速度较慢，特别是钢表面有水垢等沉积物，水处于静止状态，这些次生产物比较容易在微电池的阳极区表面沉积。一般情况下，这种次生产物的沉积物比较疏松，没有保护性，不能阻止腐蚀的继续进行，但它会妨碍水中溶解氧向金属表面的扩散，使沉积物下的溶解氧浓度低于其周围钢表面的溶解氧浓度，而形成氧浓差腐蚀电池。这样，次生产物下面的钢表面又成为氧浓差腐蚀电池的阳极区，此处的溶液 pH 低，腐蚀性离子如 Cl^- 浓度提高，铁的阳极溶解反应加快，从而形成腐蚀坑。与此同时，腐蚀产生的部分 Fe^{2+} 会不断地通过疏松的次生产物向外扩散，并在遇到水中的 OH^- 和 O_2 时，再次发生上述次生反应，次生产物越来越多，逐渐在腐蚀坑上堆积，结果形成鼓包，氧腐蚀过程示意图如图 2-7 所示。运行氧腐蚀典型形貌宏观图如图 2-8 所示。

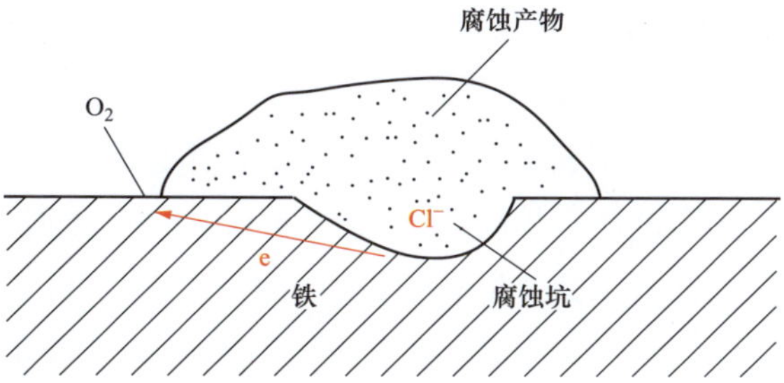

图 2-7　氧腐蚀过程示意图

氧腐蚀的影响因素如下：

1）溶解氧浓度。溶解氧对水中的碳钢具有腐蚀和钝化双重作用，取决于高温水的纯度、溶解氧浓度和 pH 值等因素。在高温纯水（氢电导率＜

0.15μS/cm）中，溶解氧主要起到钝化作用，此时随溶解氧浓度的提高，碳钢表面氧化膜的保护性加强，碳钢腐蚀速率降低。当水中杂质较多，氢电导率大于 0.3μS/cm 时，溶解氧主要起腐蚀作用，此时碳钢的腐蚀速率随溶解氧浓度的提高而增大。

（a）　　（b）

图 2-8　某低压锅炉省煤器运行氧腐蚀

（a）洗前；（b）洗后

2）pH 值。对于常温下敞开软水中的碳钢，当水中 pH 值 1 小于 4 时，碳钢开始发生酸性腐蚀（有氢气析出），随着 pH 值的降低，腐蚀速率会迅速增大；当水的 pH 值为 4～9 时，水中 H^+浓度很低，铁主要发生氧腐蚀，腐蚀速率随溶解氧浓度的增大而增大，而且与水的 pH 值基本无关；当水的 pH 值为 9～13 时，碳钢表面发生钝化，从而抑制了氧腐蚀，所以 pH 值越高，钝化膜越稳定，碳钢的腐蚀速率降低；当然 pH 值不能过高，当 pH 值大于 13 时，会发生碱性腐蚀。

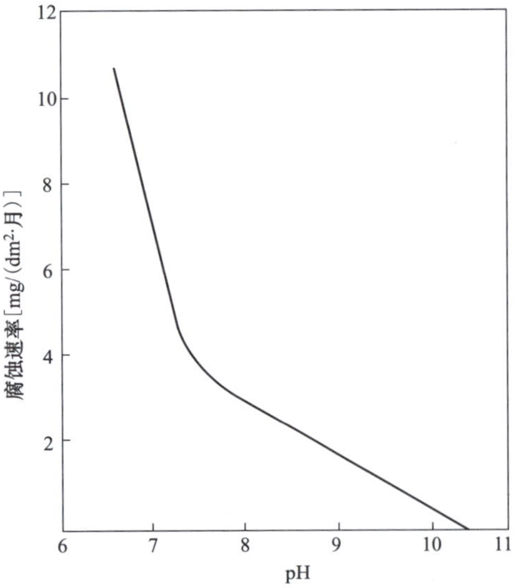

图 2-9　在 232℃时，碳钢含氧量小于 100μg/L 的高温水中的动态试验结果

碳钢在高温纯水中时，pH 值越低，碳钢的腐蚀速率越高，特别是当 pH 值小于 7.5 时，碳钢的腐蚀速率随 pH 值的降低迅速上升，具体见图 2-9（在 232℃时，碳钢含氧量小于 100μg/L 的高温水中的动态试验结果）。

因此，为控制碳钢的腐蚀，发电厂化学水处理一般采用加碱化剂氨提高给水 pH 值的方式来抑制金属的腐蚀，通常控制 pH 值在 9.2～9.6，最好在 9.4 以上。但应注意当水的 pH 值大于 13 时，特别是在较高的温度和除氧条件下，碳钢的腐蚀产物为可溶解性的亚铁酸盐，因而腐蚀速率又将会随着 pH 值的提升而急剧上升。

当然影响氧腐蚀的因素很多，还包括流速、温度、腐蚀性阴离子（氢电导率）等。其中，流速影响氧到金属表面的扩散速度，滞流或低流速容易出现存在氧浓差，浓差电池引起金属氧化膜局部破坏（如不流动的水中、沉积物下、停备用期间的氧腐蚀）；在密封系统内，当溶解氧浓度一定时，水温升高，会加速铁溶解反应和氧还原反应，因此温度越高，碳钢的氧腐蚀速率越快；水中的 Cl^-、SO_4^{2-}等离子对碳钢表面的氧化保护膜具有破坏作用，随着它们浓度的增加，氧腐蚀速率也会增大。

（2）停用腐蚀。在锅炉停用期间，如果不采取保护措施，锅炉水汽系统的金属内表面会遭到溶解氧的腐蚀。当停用锅炉的金属表面上还有沉积物或水渣时，停用腐蚀会更快。主要因为有些沉积物和水渣具有吸收空气中水分的能力，水渣本身也常含有一些水分，因此沉积物（或水渣）覆盖的金属表面上仍然会有水膜。在未被沉积物（或水渣）覆盖的金属上或沉积物的孔隙、裂缝处的金属表面上，水膜中的含氧量较高，为富氧区；在无孔隙、无裂缝处的沉积物（或水渣）所紧密覆盖的金属表面为贫氧区。此外，沉积物（或水渣）中有些盐类还会溶入水膜，使水膜中的含盐量增加，加速了溶解氧的腐蚀，因此在沉积物和水渣的下面最容易发生停用腐蚀。

锅炉停用腐蚀与运行中的氧腐蚀的情况一样，属于电化学腐蚀，腐蚀损伤呈溃疡状，但是停用腐蚀往往较运行中氧腐蚀严重得多，且会遍布整个热力系统。停用腐蚀典型外貌宏观图见图 2-10～图 2-12。

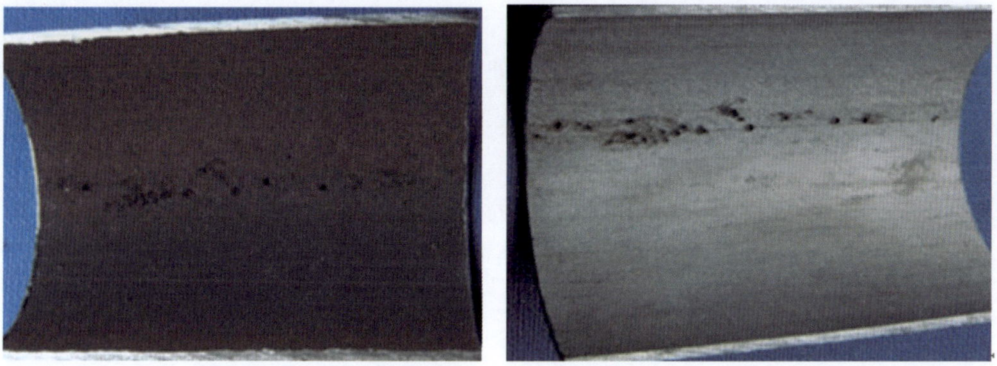

（a） （b）

图 2-10 省煤器水平管底部停用腐蚀形貌

（a）酸洗前；（b）酸洗后

图 2-11　一级过热器内壁停用腐蚀坑形貌

图 2-12　屏式再热器内壁停用腐蚀坑形貌

停用腐蚀的危害性主要表现在两个方面：一是短期内就会使大面积的金属发生严重损伤；二是在锅炉投入运行后继续产生不良影响。其原因如下：①停用期间温度低，腐蚀产物大都是呈疏松状态的 Fe_2O_3，与管壁的附着力小，很容易被水流带走。在机组启动时，大量腐蚀产物转入热力设备水汽系统中，使水汽中的含铁量增大，加剧了铁腐蚀产物在高温受热面的沉积，导致锅炉水冷壁结垢速率升高；②停用腐蚀产物的堆积和金属的损伤，造成金属表面凹凸不平，既会增加水流阻力，又会促进运行中的腐蚀。从电化学观点看，腐蚀溃疡点的坑底电位比坑壁及其周围金属的电位更低，因此，运行中坑点底部将作为腐蚀电池的阳极而继续遭到腐蚀。停用腐蚀产物是高阶氧化铁，在运行时能起阴极去极化作用，同样会促使金属继续遭到腐蚀，其电化学反应式为

$$\text{阴极反应：} Fe_2O_3+2e+H_2O \longrightarrow 2FeO+2OH^-$$

$$\text{阳极反应：} Fe-2e \longrightarrow Fe^{2+}$$

若锅炉经常停用、启动，则运行中腐蚀所生成的亚铁化合物，就会在下次停用时又被氧化成高价铁化合物。这样，腐蚀过程就会反复地进行下去。因此，经常启动、停用的锅炉，其腐蚀尤为严重，锅炉水冷壁结垢速率也往往会偏高。由上述可知，停用腐蚀的危害非常大，防止锅炉水汽系统的停用腐蚀对锅炉的安全运行有着重要的意义，为此，在锅炉停用期间，必须采取保护措施。

2.2.2　沉积物下腐蚀

当锅炉内金属表面附着有沉积物（如水垢、水渣）时，沉积物下面的金属会发生腐蚀，成为沉积物下腐蚀（俗称垢下腐蚀）。

其原理为：发生沉积物下腐蚀的必要条件是锅炉水冷壁管上有沉积物和锅炉炉水有侵蚀性。

在正常运行条件下，锅炉内壁金属表面上覆盖着一层 Fe_3O_4 氧化膜，这是金属表面在高温锅炉水中形成的，其化学反应式为

$$3Fe+4H_2O \longrightarrow Fe_3O_4+4H_2\uparrow \text{（反应条件：温度约大于 300℃）}$$

在高温下形成的 Fe_3O_4 膜是致密的，具有良好的保护性能，锅炉不会遭到腐蚀。但是，如果此 Fe_3O_4 膜遭到了破坏，那么金属表面就会暴露在高温炉水中，非常容易受到腐蚀。促使 Fe_3O_4 膜破坏的一个重要因素，就是炉水的 pH 值不合适。图 2-13 为高温（310℃、10.13MPa）条件下钢在水溶液中的腐蚀速率与 pH 值的关系。从图 2-13 中可以看出，pH 值在 9～12 范围内时钢的腐蚀速率最小，其他范围内腐蚀加快。

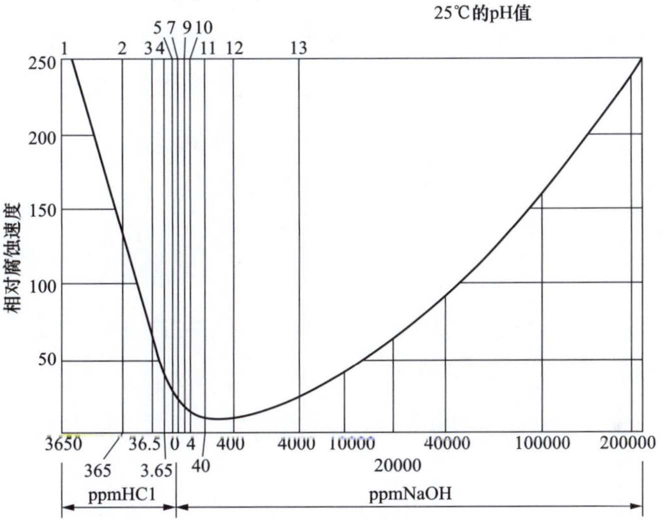

图 2-13 钢在高温水溶液中的腐蚀速率与 pH 值的关系

（1）在低 pH 值（pH＜8）下，腐蚀加快的原因是氢离子（H^+）起了去极化作用，而且此时反应产物是可溶性的，不易形成保护膜，相当于钢在酸中的溶解析氢反应，其反应方程式为

$$Fe+2H^+ \longrightarrow Fe^{2+}+H_2\uparrow$$

另一方面，原来形成的铁氧化膜在酸性条件下也会被酸性物质溶解而遭到破坏，即

$$Fe_3O_4+8H^+ \longrightarrow Fe^{2+}+2Fe^{3+}+4H_2O$$

（2）在高 pH 值（pH＞13）下腐蚀加快的原因，一方面是金属表面的 Fe_3O_4 保护膜由于溶解而遭到破坏，即

$$Fe_3O_4+4NaOH \longrightarrow 2NaFeO_2+Na_2FeO_2+2H_2O$$

另一方面是铁直接与氢氧化钠（NaOH）直接反应，即

$$Fe+2NaOH \longrightarrow Na_2FeO_2+H_2\uparrow$$

亚铁酸钠（Na_2FeO_2）、铁酸钠（$NaFeO_2$）在高 pH 值的溶液中是可溶的。因此，

当 pH 值大于 13 后，随着 pH 值的增高，钢的腐蚀速率迅速增大。

正常情况下，通过化学加药控制锅炉炉水 pH 值保持在 9.0～11.0 范围内，金属表面的保护膜是稳定的，所以不会发生腐蚀。但当金属表面有沉积物时，由于沉积物的传热性很差，沉积物下金属管壁的温度升高，渗透到沉积物下面的炉水会急剧蒸发浓缩。浓缩的炉水由于沉积物的阻碍，不易和处于炉管中线部位的炉水混匀，导致沉积物下炉水中各种杂质的浓度变得很高，具有很强的侵蚀性，使锅炉金属遭到损坏。实践证明，炉前给水带有结垢物质（主要为铁的腐蚀产物），是引起锅炉水冷壁发生沉积物下腐蚀的一个重要因素。在运行中，这些腐蚀产物容易沉积在水冷壁管的向火侧（尤其是热负荷高的水冷壁），所以热负荷高的水冷壁向火侧是腐蚀的多发部位。

根据上述分析，可以知道沉积物下腐蚀可分为两种情况，即酸性腐蚀和碱性腐蚀。

（1）酸性腐蚀。当有生水漏入（如凝汽器泄漏）热力设备水汽系统时，锅炉炉水中会存在 $CaCl_2$ 和 $MgCl_2$，在高温浓缩条件下，沉积物下炉水中的 $CaCl_2$ 和 $MgCl_2$ 等物质会发生水解产生 H^+ 导致酸性腐蚀（见图 2-14）。

水解反应为

$$CaCl_2+2H_2O \longrightarrow Ca(OH)_2+2HCl$$

$$MgCl_2+2H_2O \longrightarrow Mg(OH)_2+2HCl$$

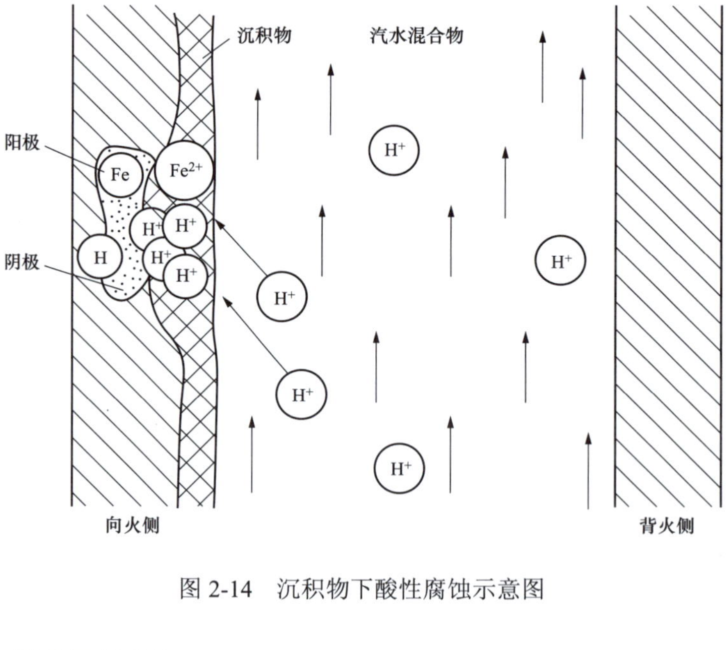

图 2-14　沉积物下酸性腐蚀示意图

腐蚀电池阴阳极反应为

$$阳极反应：Fe \longrightarrow Fe^{2+}+2e$$

$$阴极反应：2H^+ +2e \longrightarrow H_2\uparrow$$

生成的 H_2 受到沉积物的阻碍不能很快扩散到汽水混合物区域，而在金属和沉积物

之间积聚。这些氢气一部分可能会扩散到金属内部，与碳钢中的碳化铁（渗碳体）发生反应，即

$$Fe_3C+2H_2 \longrightarrow 3Fe+CH_4\uparrow$$

因而造成碳钢脱碳，金相组织受到破坏。同时，生成的甲烷（CH_4）会在金属内部产生压力，致使金属组织出现裂纹，严重时管道未变薄就会爆管，因此沉积物下酸性腐蚀又称“氢脆”。

发生“氢脆”爆管的爆口典型形貌如图 2-15 所示，爆口较大，呈“天窗”形貌，无明显塑性变形，无明显胀粗、减薄，内壁有腐蚀坑，经常存在较厚的垢层；金相组织存在大量的沿晶微裂纹，并存在明显的脱碳形貌，如图 2-16 所示。

图 2-15　水冷壁氢损伤爆管典型形貌

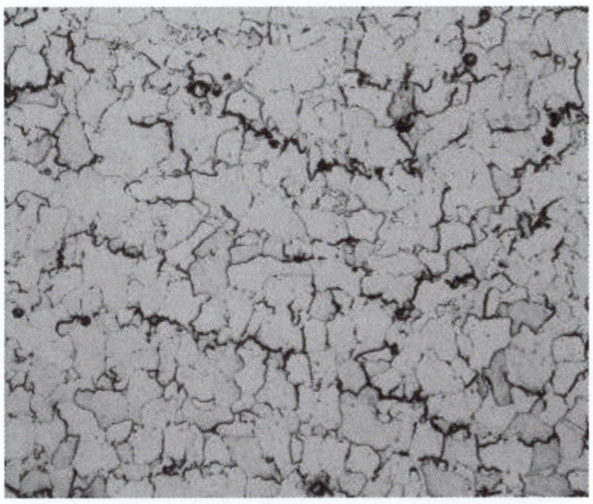

图 2-16　水冷壁氢损伤显微组织典型形貌

需要注意的是，若生水漏入水汽系统，导致硫酸钙在锅炉水冷壁大量沉积，在机组运行期间，当炉水加 Na_3PO_4 时，会置换出 SO_4^{2-}，导致炉水中 SO_4^{2-} 含量增多，SO_4^{2-} 会与炉水中的 Fe^{2+} 形成溶于水的 $FeSO_4$，而 $FeSO_4$ 会进一步水解生成 H_2SO_4，H_2SO_4 又和铁作用加速腐蚀。其相关反应为

$$2\,PO_4^{3-}+3\,CaSO_4 \longrightarrow Ca_3(PO_4)_2\downarrow+3\,SO_4^{2-}$$

$$Fe^{2+}+SO_4^{2-} \longrightarrow FeSO_4$$

$$FeSO_4+2H_2O \longrightarrow Fe(OH)_2+H_2SO_4$$

$$H^{+}+Fe \longrightarrow Fe^{2+}+H_2\uparrow$$

因此，在生水漏入热力设备水汽系统的机组重新启动后，要注意观察炉水的腐蚀性离子，若加入磷酸盐后，硫酸盐大量增加，应改变炉水处理方式为磷酸盐+氢氧化钠处理，提高 pH 值，并加强锅炉排污，尽快择机进行割管检查并化学清洗。

（2）碱性腐蚀。炉水中的游离 NaOH 在沉积物下会浓缩形成高浓度的 OH^-，导致金属的碱性腐蚀。因为沉积物外部的炉水和沉积物下的炉水相比，OH^- 浓度小，H^+ 浓度大，所以阴极反应不是发生在沉积物下，而是发生在没有沉积物的背火侧管壁上，如图 2-17

所示。这时生成的 H_2 没有沉积物阻拦，可以很快地进入管内炉水中，最终随蒸汽流向汽轮机，因此不会发生钢的脱碳现象，只是在沉积物下形成腐蚀坑。其反应式为

$$阳极反应：Fe+4OH^- - 2e \longrightarrow FeO_2^{2-}+2H_2O$$

$$阴极反应：2H^++2e \longrightarrow H_2\uparrow$$

沉积物下碱性腐蚀一般与补给水水质、碱再生剂漏入热力系统或炉水处理不当等有关。目前，锅炉水冷壁发生沉积物下碱性腐蚀的情况非常少见。沉积物下碱性腐蚀又称为延性腐蚀，常发生在多孔沉积物的下面，腐蚀坑凹凸不平，坑上覆盖有腐蚀产物，坑下金属的金相组织和机械性能基本无明显变化，金属仍然保留它的延性。当腐蚀坑达到一定深度后，管壁变薄，最终因过热而鼓包或爆管。

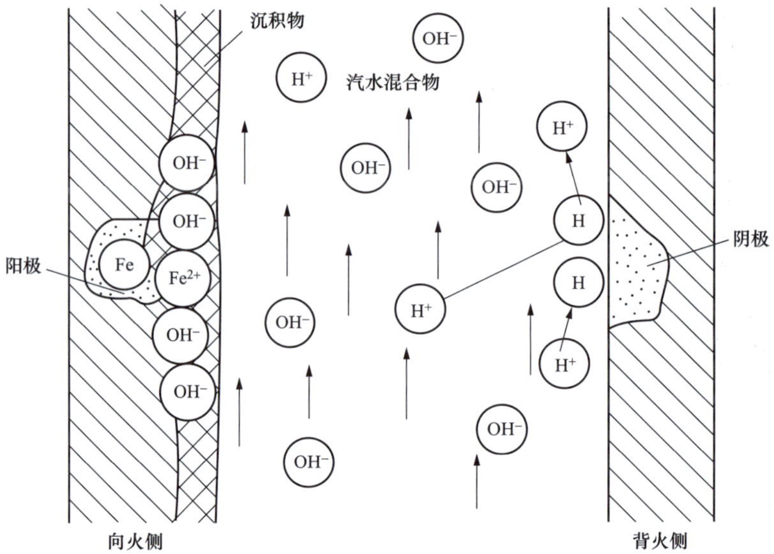

图 2-17　碱性腐蚀示意图

沉积物下腐蚀一般在亚临界及以下等级锅炉水冷壁中发生得较多。若水冷壁已发生或怀疑存在沉积物下腐蚀时，应尽快割管排查。若确定存在沉积物下腐蚀爆管的问题，应扩大检查面割管检查，可割开管子进行内窥抽检，或高频超声波无损检测（检测灵敏度有限，存在漏检情况），更换已发生腐蚀损坏、存在裂纹或垢量高的管段，并进行化学清洗。

2.2.3　高温水蒸气腐蚀

当过热蒸汽温度达到 450℃（此时，过热蒸汽管管壁温度约为 500℃），过热蒸汽就会和碳钢发生化学反应，温度越高，反应越快。温度在 450～570℃时，反应生成物为 Fe_3O_4，即

$$3Fe+4H_2O \longrightarrow Fe_3O_4+4H_2\uparrow$$

当温度超过 570℃时，反应生成 Fe_2O_3，即

$$Fe+H_2O \longrightarrow FeO+H_2\uparrow$$

$$2FeO+H_2O \longrightarrow Fe_2O_3+H_2\uparrow$$

上述反应引起的腐蚀都属于化学腐蚀。当产生这种腐蚀时，管壁均匀变薄，腐蚀产物常常呈粉末状或鳞片状，见图 2-18。

当锅炉内有水平或倾斜度较小的管段导致水循环不畅，运行中发生汽塞或汽水分层时，就可能因蒸汽严重过热而产生汽水腐蚀。

背火侧　向火侧

（a）

背火侧　向火侧

（b）

图 2-18　局部热负荷高引起的水冷壁管腐蚀、结垢情况

（a）清洗前；（b）清洗后

（实测：炉膛火焰温度为 1058℃，同一炉膛高度其他侧墙温度为 700～900℃，偏烧现象严重。热负荷偏高，汽水腐蚀；腐蚀产物下杂质浓缩，又引发垢下腐蚀，恶性循环）

2.2.4 点蚀

点蚀又可称为孔蚀，是一种典型的局部腐蚀。热力设备的点蚀主要发生在不锈钢和铜合金部件上。汽轮机停运不当，水汽品质不好，汽轮机叶片沉积氯化物也容易发生点蚀；锅炉受热面的点蚀也是氯离子点蚀。其腐蚀理论有两种说法：一种是成相膜理论，氯离子半径小，穿透能力强，最容易穿透氧化膜内极小的孔隙，到达金属表面，并与金属相互作用形成可溶性化合物，使氧化膜的结构发生变化，腐蚀金属；另一种是吸附理论，即氯离子优先被金属吸附，并从金属表面把氧排掉。因为氧决定着金属的钝化状态，氯离子和氧争夺金属表面上的吸附点，与金属形成可溶性氯化物，结果在金属上生成小蚀坑。

氯离子超期超标诱发的水冷壁管点蚀见图 2-19。其特点一般表现为腐蚀产物较少，腐蚀主要集中在金属表面某些活性点上，并向金属内部纵深发展，通常蚀孔深度大于其孔径，严重时可使设备穿孔。

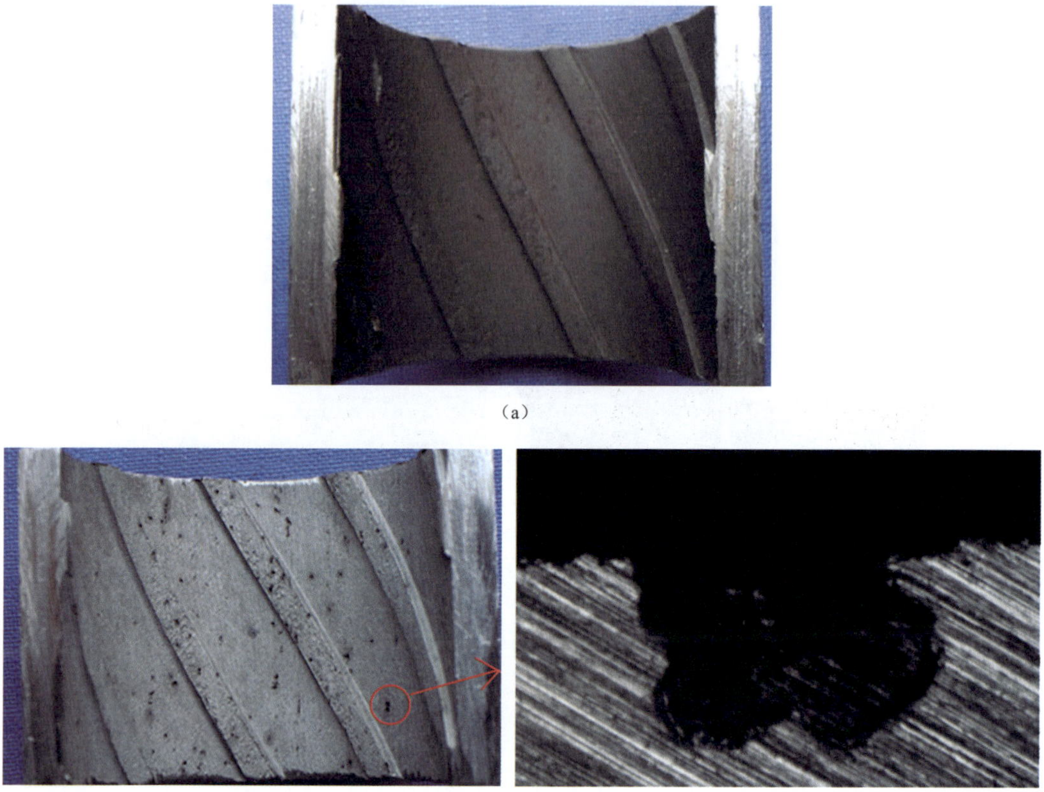

（a）

（b）（c）

图 2-19　氯离子超期超标诱发的水冷壁管点蚀

（a）原始形貌；（b）酸洗后；（c）点蚀深度

2.2.5　应力腐蚀

应力腐蚀是指金属在腐蚀介质和应力共同作用下产生腐蚀裂纹，甚至发生断裂，是极其危险的局部腐蚀。应力、敏感材料和特定的腐蚀介质是金属发生应力腐蚀的三个必要条件。敏感材料是指在一些介质中对应力腐蚀敏感的具有一定化学成分和组织结构的合金。特定的腐蚀介质对发电厂热力设备来水是指含氯离子或其他腐蚀性阴离子的水汽。例如，18-8 型奥氏体不锈钢受热面本身就是应力腐蚀的敏感材料，而品质不佳的蒸汽中的腐蚀性离子（如 Cl^-），再加上管子在加工、安装过程中的残余应力以及运行中产生的应力影响，18-8 型奥氏体不锈钢受热面受到应力腐蚀破坏的事故时有发生。应力腐蚀破坏的共同特征可概括为：①没有明显的塑性变形；②裂纹均发源于表面，其分布具有明显的局限性；③裂纹走向大体与应力方向相垂直。

对于 18-8 型奥氏体不锈钢受热面而言，发电厂最常见的腐蚀介质为氯离子含量超标的蒸汽，腐蚀介质为主因的应力腐蚀失效经常发生在钢管的蒸汽侧，多数发生在钢管弯曲部位，裂纹以横向裂纹为主，管径未见胀粗，壁厚未见减薄。开裂自内壁向外壁扩展，断面较平整。裂纹内壁附近存在平行的横向裂纹，这些裂纹较密集，但深度很浅。金相显微镜下，裂纹自内壁向外壁萌生、扩展，扩展过程中有分叉，以沿晶方式扩展，裂纹中充满灰色腐蚀物，图 2-20 为其典型的裂纹微观形貌；扫描电镜下，断口呈冰糖块状，为典型的沿晶开裂特征；能谱分析发现管内壁腐蚀坑有 Cl 元素等腐蚀介质元素存在。这种应力腐蚀失效大多数是因为蒸汽品质较差，蒸汽中含有 Cl^-等腐蚀性阴离子。为防止这种应力腐蚀的发生，应严格监督汽水品质，控制汽水中的 Cl^-含量。

受热面应力腐蚀主要在过热器、再热器的奥氏体不锈钢管中发生，尤其是低等级的奥氏体不锈钢，如 TP304H、TP347H 等。从在役锅炉受热面检查情况来看，可通过现场宏观检查、渗透检测等手段来排查表面晶间裂纹情况，但避免奥氏体不锈钢管发生应力腐蚀最关键在于控制受热面的制造、焊接、弯管的质量，同时要严格控制水汽品质。

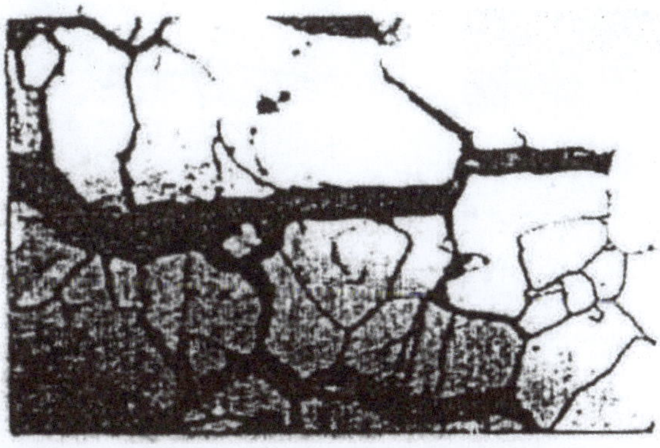

图 2-20　氯离子腐蚀介质为主因的应力腐蚀裂纹的微观形貌

2.2.6　晶间腐蚀

金属晶界的能量较晶内低，比晶内容易扩散、偏析和沉淀，由此在晶界产生腐蚀、氟化、渗碳、硫化及氢侵入等腐蚀性现象，都属于广义的晶间腐蚀。奥氏体不锈钢的晶间腐蚀是晶界或晶界附近的电化学腐蚀。

在奥氏体不锈钢受热面中，晶间腐蚀的发生主要是由于晶界上析出富铬的碳化物（$Cr_{23}C_6$），使晶界附近产生贫 Cr 区。18-8 型的奥氏体不锈钢受热面工作温度正好是其敏化温度（500～850℃），在该温度区间内，C 向晶界扩散的速率比 Cr 向晶界扩散快，因此在晶界及其附近区域由于析出 $Cr_{23}C_6$ 而发生贫 Cr。如果 Cr 含量降低到钝化所需的含量极限以下，钝态受到破坏，电位下降，而晶内仍保持钝态，从而构成大阴极（基体）和小阳极（贫铬区）的微电池，形成电化学腐蚀，易导致晶间腐蚀。Ti、Nb 等元素与 C 元素的亲合力大于 Cr 元素与 C 元素的亲合力，因此添加了稳定化元素 Ti、Nb

的奥氏体不锈钢受热面抗晶间腐蚀能力更强。

奥氏体不锈钢受热面的晶间腐蚀倾向与含碳量、合金元素、热处理工艺等均有很大关系。为了避免发生晶间腐蚀失效，对于含稳定化元素 Ti、Nb 元素的钢管，应要求进行稳定化处理，从而使稳定化元素形成稳定的碳化物；对不含 Ti、Nb 的钢管，应严格执行热处理工艺，在固溶处理后快冷，防止在晶界周围形成贫铬带。图 2-21、图 2-22 分别是奥氏体不锈钢（TP304H）发生晶间腐蚀的宏观形貌、裂纹微观形貌。微观形貌下的裂纹呈沿晶网状，裂纹内有较多腐蚀产物。断口扫描电镜形貌呈冰糖块状，为典型的沿晶形貌，存在二次裂纹。

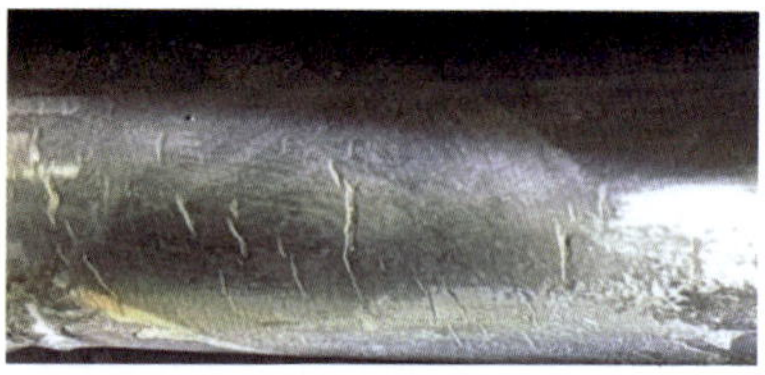

图 2-21　晶间腐蚀裂纹宏观形貌

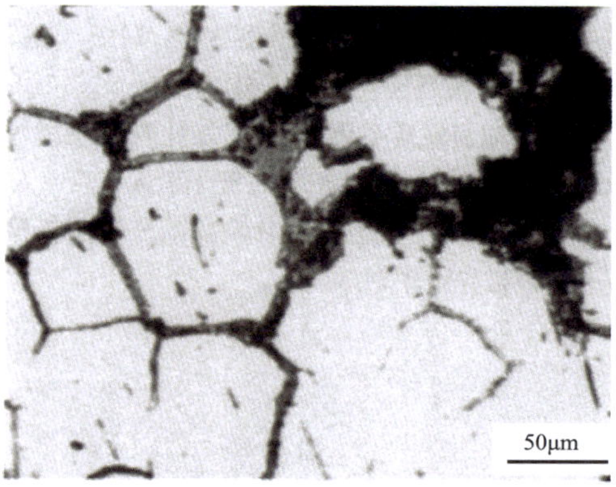

图 2-22　晶间腐蚀裂纹微观形貌

晶间腐蚀只在过热器、再热器的奥氏体不锈钢管中发生，尤其是低等级的奥氏体不锈钢，如 TP304H、TP347H 等。从在役锅炉受热面检查情况来说，可通过现场宏观检查、渗透检测等手段来排查表面晶间裂纹情况。但避免奥氏体不锈钢管发生晶间腐蚀问题最关键在于加强受热面制造质量监督（如工厂监造等）和产品的第三方检验，电厂进行受热面备品采购时，应严格按照相关标准要求进行验收。

2.2.7　锅炉烟气侧腐蚀

烟气侧腐蚀包括高温氧化、熔盐腐蚀和露点腐蚀。高温氧化和熔盐腐蚀是在高温下进行的，因此统称为高温腐蚀。因为露点腐蚀是在低温下进行的，所以又称为低温腐蚀。烟气的高温氧化会在钢表面形成一层保护性氧化膜，使钢的氧化速度受到一定限制，不会引起管壁的严重破坏。下面主要介绍高温腐蚀和低温腐蚀。

（1）高温腐蚀主要是指在含硫、氯等元素的高温烟气环境下，管壁外侧发生的烟气侧金属腐蚀。高温腐蚀并没有严格的温度界限，通常认为，当金属的工作温度达到其熔点（绝对温度）的 30%～40%时，就可认为是高温腐蚀环境。高温腐蚀与燃料的成分有关，燃用高碱、高硫、高氯燃料的锅炉受热面腐蚀比较严重。按腐蚀产物的不同，高温腐蚀可分为硫化物型高温腐蚀和硫酸盐型高温腐蚀，以及氯化物型高温腐蚀。

1）硫化物型高温腐蚀：管壁附近呈还原性气氛并存在含量很高的 H_2S 气体时，会产生严重的硫化物型锅炉水冷壁腐蚀，而且腐蚀速度与烟气中 H_2S 的浓度几乎成正比。管壁温度达到 350℃时即会发生硫化反应生成 FeS，FeS 缓慢氧化生成黑色磁性氧化铁，使管壁受到腐蚀。硫化物型腐蚀所生成的 FeS，熔点为 1195℃。但当外层温度较高时，FeS 则与介质中的氧反应，转化为 Fe_3O_4，从而使腐蚀进一步扩展。

2）硫酸盐型高温腐蚀：煤灰中以硅酸盐型式存在的钠、钾通过置换反应释放出来，与烟气中的 SO_3 反应生成硫酸钠和硫酸钾，其熔点温度在 877℃左右。熔融的硫酸盐吸收 SO_3，并在 Fe_2O_3 与 Al_2O_3 的作用下，生成复合硫酸盐 $K_3Fe(SO_4)_3$ 和 $Na_3Fe(SO_4)_3$ 的混合物，硫酸盐沉积厚度增加，受热面表面温度升高至熔点温度时，Fe_2O_3 氧化膜被复合硫酸盐溶解破坏，导致管壁金属持续腐蚀。在管壁附着层中存在碱性硫酸盐时，因其熔点很低，在正常壁温下即可在附着层中呈熔融状态，形成反应速度更快的熔盐型腐蚀。

3）氯化物型高温腐蚀：煤中存在一定量的 NaCl，其熔点（801℃）和蒸发点远低于火焰温度，进入炉膛以后即迅速气化，以气态的形式存在，在炉膛内反应生成 HCl 气体，使管壁的氧化膜受到严重的破坏，形成气化点很低的 $FeCl_2$，$FeCl_2$ 立即完全挥发，从而使管壁金属直接受到 HCl 的腐蚀，同时由于氧化膜受到破坏，使 H_2S 也能达金属表面，加速管壁金属的腐蚀速度，且 400～600℃范围内最为活跃。当煤质中氯的含量较高时（＞0.35%）才可能发生比较严重的氯化物型高温腐蚀。一般情况下这种腐蚀发生的可能性比较小。

影响受热面外壁腐蚀的最主要原因是受热面管子附近的烟气成分和管壁温度。由于燃烧器附近火焰温度高达 1400℃左右，为煤中的矿物成分挥发出腐蚀性气体导致受热面高温腐蚀创造了条件。在燃烧区域的烟气中氧含量较低并存在还原性气体（如 CO、H_2 等）时，煤中的硫和氯会生成 H_2S 和 HCl 气体，与受热面管壁金属氧化膜发生腐蚀反应，破坏金属表面的保护膜，金属管壁不断被腐蚀减薄。燃煤锅炉水冷壁上发生的高温腐蚀通常属于硫化物型高温腐蚀，主要是烟气中的 H_2S 气体造成。燃烧器区域附近水冷壁管的热流密度很大，温度梯度也很大，管壁温度常达 400～450℃，这对水冷壁的高温腐蚀也起着不小的作用。图 2-23、图 2-24 分别是水冷壁管发生高温腐蚀壁厚减薄的表面形貌和管子横截面形貌。

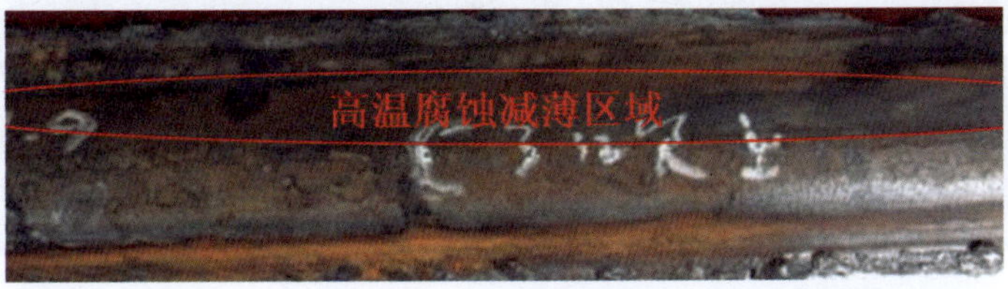

图 2-23　水冷壁管高温腐蚀减薄外壁表面形貌

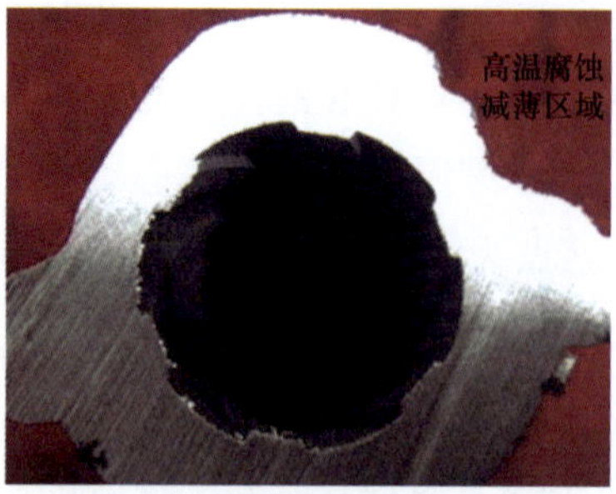

图 2-24　高温腐蚀减薄横截面形貌

高温腐蚀经常发生于锅炉水冷壁中，腐蚀程度轻则无明显减薄，重则剩余壁厚不足以承受内压而发生爆管。除水冷壁外，屏式过热器、高温过热器和高温再热器有时也会发生不同程度的高温腐蚀。在役锅炉受热面检查时，可通过宏观检查、壁厚测量来排查判断高温腐蚀导致的壁厚减薄情况，若壁厚发生明显减薄，则需要采取防护措施，如表面防腐喷涂等。若管子剩余壁厚不满足强度要求，则需要更换管段。

（2）低温腐蚀是一种常见于省煤器、低温省煤器、空气预热器等低温区域部件的腐蚀类型。烟气中的 SO_2、SO_3 与烟气中的水蒸气结合形成酸性蒸汽，遇到温度低于烟气露点（烟气中酸蒸汽的凝结温度）的部件时，酸性蒸汽会在部件表面凝结，从而导致低温段受热面发生腐蚀。因为这类腐蚀是在相对较低的温度下发生，所以称为低温腐蚀。

当燃用含硫量较多的燃料时，燃料中的硫分大部分变成 SO_2。在一定条件下，其中的少部分 SO_2 会进一步氧化成 SO_3。SO_3 气体与水蒸气能结合成酸性蒸汽，其露点（凝结温度）高达 120℃以上，烟气硫氧化物含量越大，露点温度越高，低温腐蚀就越严重。酸性蒸汽凝结后类似一层胶膜，一面粘在部件上腐蚀，另一面不断吸附烟灰，形成多种硫酸盐，并逐渐增厚，形成低温黏结灰。金属壁面被腐蚀的程度取决于硫酸凝结量、硫酸浓度和金属壁面温度。部件发生低温腐蚀的通常原因是烟气中存在的 SO_3 及部件的金属壁温低于烟气酸露点温度。低温腐蚀和积灰有着互相促进的关系，因为腐蚀层或积灰都将使传热作用减弱，导致金属壁温降低，反过来又加剧了腐蚀和积灰的进程，而且部件上的积灰吸收 SO_3，也会加速腐蚀作用。

一般情况下，发生低温腐蚀时，低温省煤器和空气预热器呈现大面积溃蚀性腐蚀。低温省煤器管发生低温腐蚀的外观形貌如图 2-25 所示。省煤器区域的烟气温度比较低，若尾部有漏风现象，局部烟气温度会更低、腐蚀更严重。爆口附近有凹凸不平的腐蚀区、呈拉裂状，金相组织无明显变化，断口处晶粒一般会被拉长，为韧性断裂。

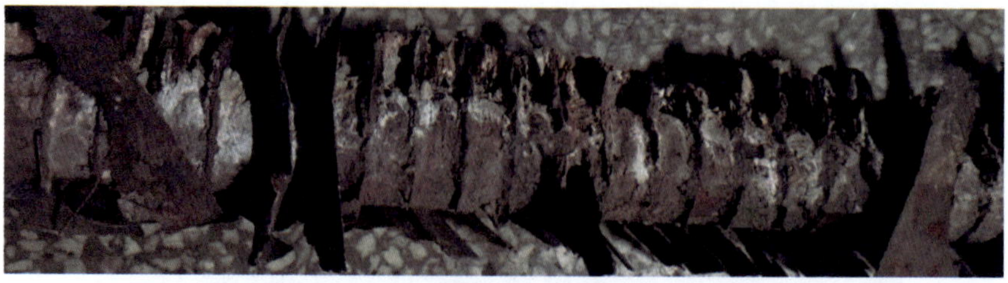
图 2-25　低温省煤器管迎烟侧低温腐蚀形貌

2.3 氧　化　皮

2.3.1 铁素体钢氧化皮

在锅炉过热器、再热器中广泛应用的铁素体钢从低等级到高等级材料主要有20G、15CrMoG、12Cr1MoVG、T22、T23、G102、T91、T92等，经长期服役后，钢管的外壁、内壁均会生成致密的不等厚度的氧化皮。运行超温或金属壁温过高是受热面内壁氧化速度过快的最主要原因；在机组启停、升降负荷过程中，管壁金属温度变化所导致的热应力是引起氧化皮发生脱落的最主要原因。

相比于奥氏体钢，铁素体钢受热面内壁氧化皮除了要考虑脱落后影响介质流通而导致管材超温过热爆管的问题外，还要考虑内壁氧化皮逐渐增厚（最厚可达1mm以上）对管材蠕变剩余寿命的影响。在管子原始状态一定的情况下，影响受热面蠕变剩余寿命的主要因素为金属温度、应力和运行时间。随着运行时间的延长，管子的内壁会产生致密的氧化皮，其主要成分是Fe_2O_3和Fe_3O_4。氧化皮增加了金属管壁的传热热阻，不能使管壁得到及时冷却，从而导致管壁温度升高，又加快了管壁金属的氧化过程、金属有效壁厚的减少，壁厚的减少将导致管子实际工作应力增大。管子内壁氧化皮厚度的增长与管壁金属温度有明显的对应关系，可通过测量受热面内壁氧化皮的厚度来评估受热面管的当量金属温度。

图2-26、图2-27分别是铁素体钢受热面内壁氧化皮的宏观形貌、微观形貌。相比于奥氏体钢管内壁氧化皮，铁素体钢的热膨胀系数更接近于氧化皮的膨胀系数，因此铁素体钢受热面内壁氧化皮脱落风险要小得多。但是在快速启停、负荷频繁大幅波动、减温水异常投入等工况下，较厚的内壁氧化皮也会发生脱落，影响介质流通，导致过热爆管。铁素体钢的高温抗氧化性能不如奥氏体钢，因此在同等条件下铁素体钢受热面内壁氧化皮要长得快、长得厚。

图2-26　铁素体钢受热面内壁氧化皮宏观形貌

图2-27　铁素体钢受热面内壁氧化皮微观形貌

相关标准对铁素体钢受热面内壁氧化皮检查的要求如下：①累计运行时间达到 5 万 h 后，应结合机组检修，对铁素体钢高温过热器、高温再热器受热面管内壁氧化皮厚度进行割管抽查；②当受热面内壁氧化皮厚度超过 0.5mm 时，应对管子材质进行状态评估，之后的每次 A 修均应进行抽查。

需要注意的是，相关标准对铁素体钢受热面的外壁氧化皮厚度检查也有要求：①受热面外壁氧化皮厚度超过 0.6mm 时需要更换管段；②对服役温度高于 600℃的 9%～12%Cr 钢制集箱，机组每次 A 修或 B 修，应对其外壁氧化情况进行检查，特别关注高温再热器出口集箱的接管外壁氧化情况。

在役锅炉受热面检查时，应依照标准要求，结合检修对高温段铁素体钢管割管取样检查其内壁氧化皮情况，必要时，可采用高频超声方法对管屏内壁氧化皮厚度进行检测。分析判断高温段铁素体钢受热面的材质老化状况时，要结合其内壁氧化皮厚度一并考虑，并适当地少量抽检受热面内壁氧化皮脱落情况。

2.3.2 奥氏体钢氧化皮

在大型锅炉过热器、再热器中广泛应用的奥氏体不锈钢有 18Cr-8Ni 系、25Cr-20Ni 系两大类。其中，18Cr-8Ni 系的具体材料牌号从低等级到高等级主要有 TP304H、TP347H、TP347HFG、Super304H；25Cr-20Ni 系主要有 HR3C。近年来，为了提高高温抗氧化性能，大多数锅炉在基建时或受热面升级改造时采用了内喷丸钢管，相关的具体材料牌号主要有 TP347HFG、Super304H 等。

长期以来，奥氏体不锈钢管内壁氧化皮脱落，在下弯头堆积堵塞蒸汽通道，导致管壁超温、爆管的事件时有发生，涉及的奥氏体不锈钢主要为 18Cr-8Ni 系的 TP304H、TP347H、TP347HFG 等。奥氏体不锈钢受热面管长期运行后，在管内壁形成氧化皮，氧化皮的生长存在边界效应，即随时间推移氧化皮将达到临界厚度，此后氧化皮开始脱落。其产生脱落的原因主要是运行工况突变及材质特性不同。经验表明，氧化皮的脱落容易在锅炉启停、负荷变化迅速、减温水异常投入等条件下发生。

内壁氧化皮脱落是不可避免的行为：①如果氧化皮少量地慢慢脱落，且以小片状（颗粒状）为主，将会随蒸汽流动至下游设备，不会在下弯头堆积影响通流，这种情况对受热面的影响可以忽略；②如果氧化皮大量地集中脱落，且以大片状为主，则易在下弯头发生堆积影响通流进而造成超温过热爆管。

奥氏体不锈钢受热面管内壁氧化皮脱落严重时会导致多根受热面管堵塞，如图 2-28 所示。与铁素体钢管内壁氧化皮不同，奥氏体不锈钢管内壁氧化皮一旦发生大面积脱落，往往是以大片状为主，这对受热面安全运行来说是致命的，图 2-29、图 2-30 分别是脱落的氧化皮形貌和钢管内表面形貌。图 2-31 是奥氏体不锈钢受热面管内壁氧化皮的典型显微形貌，与铁素体钢受热面管内壁氧化皮显微形貌显著不同，前者不致密，厚度较小时已发生局部脱落。

在当前火电机组深度调峰运行的大背景下，对奥氏体不锈钢受热面管内壁氧化皮主要有以下 3 方面的不利影响：①机组在中低负荷下运行时，高温受热面内工质流量减少，携带氧化皮能力下降；②机组在较低负荷下稳定运行时，燃烧产生烟气量较少，烟气充满度较差，屏式过热器、高温过热器、高温再热器受热面两侧吸热量存在差别，局部受热面壁温将容易超温；③机组灵活性运行方面，机组负荷波动较为频繁，且升降负荷速率较快，高温受热面壁温容易在机组升降负荷期间快速变化，加速了高温受热面氧化皮的脱落。

图 2-28　内壁氧化皮堵管情况

图 2-29　脱落的内壁氧化皮形貌

图 2-30　钢管内表面氧化皮脱落后的形貌

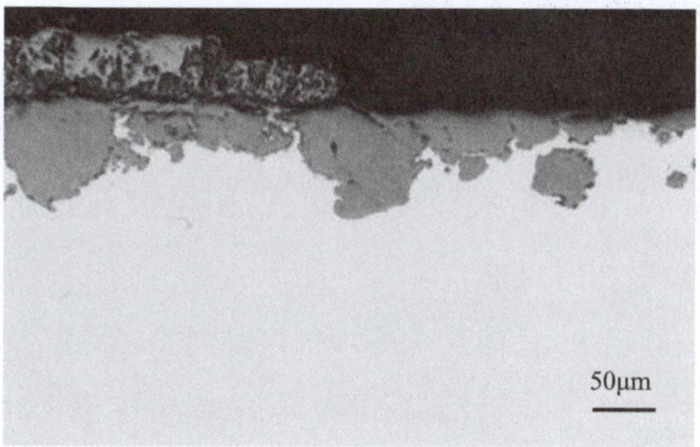

图 2-31　内壁氧化皮厚度微观形貌

相关标准对奥氏体不锈钢受热面管内壁氧化皮的检查要求如下：①应结合机组检修，对奥氏体钢过热器、再热器管进行割管抽查，主要检查内壁氧化皮的厚度及是否有脱落痕迹；②结合机组检修，采用磁通量测量、射线检测等手段来抽查下弯头氧化皮堆积情况，一旦发现异常，就要开展全面检测排查。

奥氏体不锈钢受热面氧化皮剥落时一般沿着内外层界面剥落，会带有少量内层氧化皮，通过分析内层氧化皮成分并与管子材料进行对比，可初步判断氧化皮来源。同时，因磁通量法原理、工艺、操作等因素带来误差，建议采用磁通量法检测氧化皮后，采用射线检测抽查，以验证磁通量检测效果。

2.4 疲劳及裂纹

金属疲劳是指金属材料、零构件在循环应力或循环应变作用下，在一处或几处逐渐产生局部永久性累积损伤，经一定循环次数后产生裂纹或突然发生完全断裂的过程。当金属材料或结构受到多次重复变化的载荷作用后，应力值虽然始终没有超过材料的强度极限，甚至比弹性极限还低的情况下就可能发生破坏，这种在交变载荷重复作用下材料和结构的破坏现象，就称为金属的疲劳破坏，裂纹走向以穿晶为主。疲劳破坏具有在时间上的突发性、在位置上的局部性及对环境和缺陷的敏感性等特点，故疲劳破坏常不易被及时发现且易造成事故。应力幅值、平均应力大小和循环次数是影响金属疲劳的 3 个主要因素。疲劳破坏与传统的静力破坏存在明显的本质区别：

（1）静力破坏是一次最大载荷作用下的破坏；疲劳破坏是多次反复载荷作用下的破坏，它不是短期内发生的，而是要经历一定的时间，甚至很长时间才发生破坏。

（2）当静应力小于屈服极限或强度极限时，不会发生静力破坏；而交变应力在远小于静强度极限，甚至小于屈服极限的情况下，疲劳破坏就可能发生。

（3）静力破坏通常有明显的塑性变形产生；疲劳破坏通常没有明显的宏观塑性变形，哪怕是塑性良好的金属也这样，就像脆性破坏一样，事先不易觉察出来，这就表明疲劳破坏具有更大的隐蔽性、危险性。

疲劳过程包括疲劳裂纹萌生、裂纹亚稳扩展及最后失稳扩展 3 个阶段，其疲劳寿命 N_{f} 由疲劳裂纹萌生期 N_{i} 和裂纹亚稳扩展期 N_{p} 所组成。疲劳裂纹萌生主要包括以下机理：

（1）滑移带开裂产生裂纹，金属在循环应力长期作用下，即使应力低于屈服应力，也会发生循环滑移并形成循环滑移带。

（2）相界面开裂产生裂纹，很多疲劳源是由材料中的第二相或夹杂物引起的，便有了第二相、夹杂物和基体界面的开裂，或第二相、夹杂物本身开裂的疲劳裂纹机理。

（3）晶界开裂产生裂纹，多晶体材料由于晶界的存在和相邻晶粒的不同取向性，位错在某一晶粒内运动会受到晶界的阻碍作用，在晶界处发生位错塞积和应力集中现象。在应力不断循环下，晶界处的应力集中得不到松弛，应力峰越来越高，当超过晶界强度时就会在晶界处产生裂纹。

下面分别介绍锅炉受热面中常见的 3 种疲劳损坏形式，分别是机械疲劳、热疲劳、腐蚀疲劳。

2.4.1 机械疲劳及应力拉裂

机械疲劳是由于锅炉运行中管子热膨胀受阻、振动以及连接件之间有不同位移，使其承受交变应力而产生的疲劳破坏。其裂纹一般发生在管子的外表面，表现为穿晶型，破口边缘不减薄。具体来说：①因振动高周疲劳形式破坏（也称振动疲劳）的，如水冷壁后墙悬吊管的横向断裂（见图 2-32）；②因热膨胀受阻、连接件之间有不同位移而破坏的，如集箱接管角焊缝沿熔合线的开裂（见图 2-33）、水冷壁和包墙过热器的让位管的鳍片端部位置的母材横向开裂（见图 2-34）等；③有研究表明，异种钢焊接接头低合金钢侧熔合线的开裂有时也与交变应力有关，这种交变应力主要来源于锅炉启停、负荷快速变化产生的交变热应力及受热面管内汽流脉动引起的振动应力等。

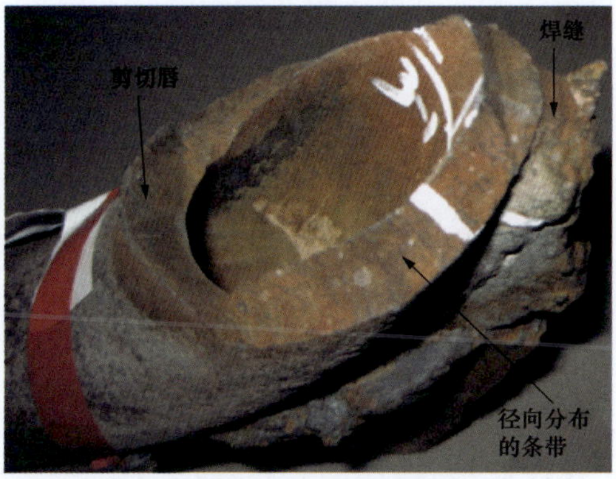

图 2-32 振动疲劳破坏的断口形貌

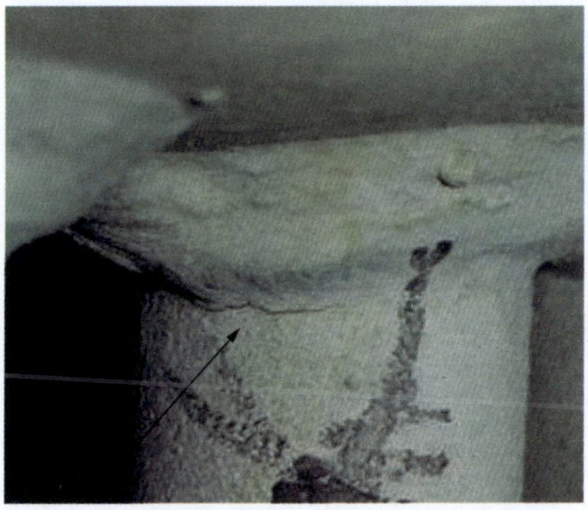

图 2-33 集箱接管角焊缝沿熔合线的开裂

水冷壁后墙悬吊管布置在水平烟道处，管子上端与位于大罩壳内的水冷壁上集箱相连，下端与水冷壁折焰角相连。水冷壁悬吊管承载折焰角以下水冷壁的部分质量，而这些质量通过鳍片传递给筋板，筋板通过与悬吊管焊接的方式传递给水冷壁悬吊管，因此悬吊管承载较大的拉力。筋板一侧焊接在悬吊管弯头外弧面上，另一侧焊在折焰角鳍片上，固定住了悬吊管，在焊缝的端部过渡区域形成了一个应力集中点；由于悬吊管较长，烟气流动使悬吊管产生振动，这种振动传达到应力集中点后被放大，导致管子在应力集中部位形成裂纹。如图 2-32 所示，水冷壁后墙悬吊管于弯头处发生斜横向断裂，断裂面起伏较大，断口附近的内、外壁均未见二次裂纹；在外弧、内弧的中间区域（弯头的中性面）可见径向分布的条带（经断口微观形貌分

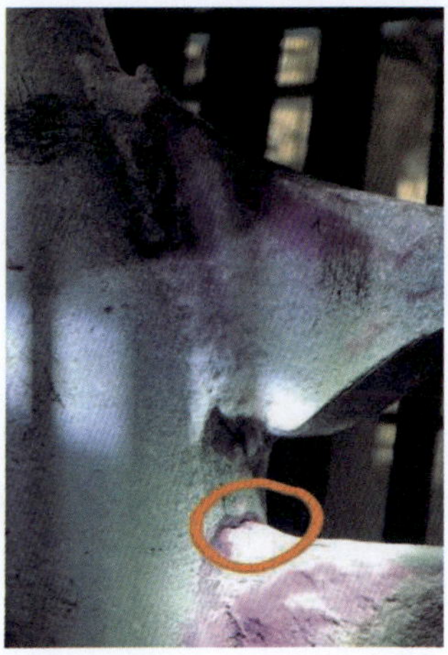

图 2-34 让位管的鳍片端部位置的焊缝开裂

析证明是疲劳辉纹）；断裂模式为穿晶、振动疲劳断裂，主要原因是悬吊管在运行中存在高频振动，悬吊管弯头的加工硬化及筋板的焊接缺陷对形成裂纹有一定的促进作用。在役锅炉受热面检查时，应重点对悬吊管与筋板的焊接区域进行打磨、圆滑，并进行磁粉检测，一旦发现裂纹立即消除。

在当前火电机组深度调峰运行的背景下，受热面（水冷壁、过热器、再热器、省煤器）集箱接管角焊缝沿熔合线的开裂、让位管的鳍片端部位置母材横向开裂频繁发生。这些位置的开裂都是受交变应力导致的机械疲劳损坏，都与频繁深度调峰运行导致的热膨胀受阻以及连接件之间位移不协调有关。对集箱进行分段改造、鳍片开膨胀缝并打止裂孔、采用加强型管座、鳍片末端圆滑过渡等措施都能有效减少局部应力的影响，但在当前调峰运行模式下无法彻底根治该类缺陷。若想进一步治理集箱接管角焊缝的开裂问题，可进行管排结构（几何形状）和焊缝形式的优化，结构优化主要指增加膨胀弯，吸收膨胀量；焊缝形式优化是指接管侧熔合线下移、加宽焊缝，减少熔合线直接承受应力集中。这一优化主要针对出厂时尺寸小、结构突变比较大的角焊缝。另外，若具备空间的情况下，可更换为加强型管座。

在役锅炉受热面检查时，应加强对集箱接管角焊缝、让位管鳍片末端角焊缝的抽查检验，以宏观检查、磁粉检测为主。若以往这些部位发生过开裂，后续要增加检验比例和频率，一旦发现裂纹即要进行打磨消除，依具体情况进行补焊或更换。

2.4.2 热疲劳

热疲劳是由于受热面管局部区域温度的交替变化，导致的交变热应力而引起表面开裂的疲劳损坏。热疲劳断口一般沿管子横向，周围往往存在多条平行的横向裂纹，有时也以单条裂纹形貌出现，裂纹走向一般为穿晶型，缝隙中一般都充满氧化物。

锅炉受热面中最常见的就是水冷壁向火侧密集的横向裂纹。全焊式膜式水冷壁轴向刚性较大而横向刚性相对较小，热负荷相对较高区域的水冷壁在锅炉启停和频繁深度调峰工况下，管壁温度大幅度波动，产生较大的轴向交变热应力。因为烟气侧壁温变化明显大于汽水侧，所以烟气侧产生的交变热应力也明显大于内壁，最终导致烟气侧受交变热应力发生热疲劳损坏。超（超）临界锅炉水冷壁中常出现的腐蚀热疲劳裂纹（横向裂纹）的形成模型如图 2-35 所示。水冷壁管向火侧外壁的最外层主要黏附着疏松的煤、灰，外壁内层为致密的氧化垢层，在热疲劳裂纹形成和扩展过程中，高温下伴随明显的氧化和腐蚀。腐蚀过程：首先是生成 Fe 的硫化物，继而进一步氧化生成 Fe 的氧化物，裂纹中 Fe 的硫化物和氧化物不断裂开，新的腐蚀介质不断进入发生反应，加速了热疲劳裂纹的扩展。裂纹内侧的腐蚀产物主要成分为 FeS，外侧的腐蚀产物主要成分为 Fe_3O_4。

图 2-36、图 2-37 分别是水冷壁管横向裂纹典型的宏观形貌和微观形貌，外壁存在较厚的氧化皮，局部位置已脱落，氧化皮下方存在平行且密集的横向裂纹，裂纹均由外壁向内壁扩展，部分裂纹已贯穿；裂纹呈穿晶扩展，裂纹中充满腐蚀产物。需要指出的是，在轴向交变热应力作用下，高温腐蚀区域和焊缝热影响区等部位容易成为应力集中点和裂纹源，损坏相对较严重。

目前，水冷壁腐蚀热疲劳问题主要集中在哈尔滨锅炉厂超（超）临界垂直水冷壁锅炉。对于在役机组，水冷壁腐蚀热疲劳裂纹（横向裂纹）的检查主要以宏观检查、磁粉检测为主，寻找裂纹分布规律，明确裂纹分布区域，便于后期检修作为专项内容开展排查工作；可尝试采用防腐喷涂的方法减缓裂纹的扩展速率。

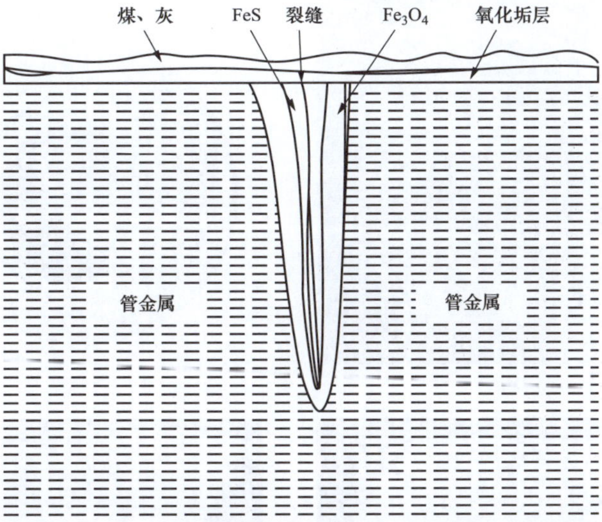

图 2-35　水冷壁管横向裂纹形成模型

图 2-36　水冷壁管横向裂纹的宏观形貌

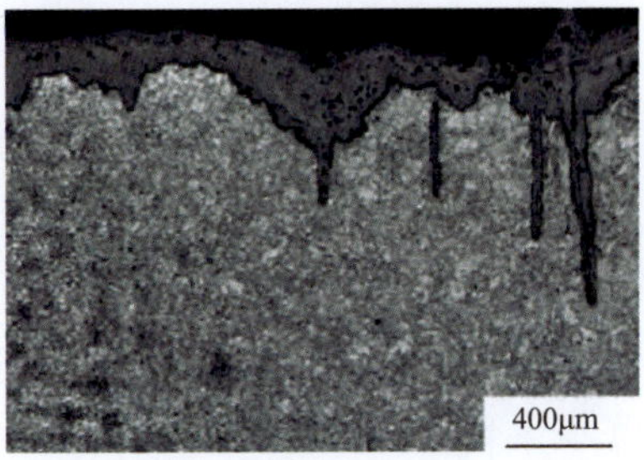

图 2-37　水冷壁管横向裂纹的微观形貌

2.4.3　异种钢焊接接头开裂

随着火电机组容量及参数的提高，基于安全性和经济性考虑，以 TP304H、TP347H、

TP347HFG为代表的奥氏体不锈钢与以12Cr1MoVG、T22、T91为代表的珠光体、马氏体耐热钢组成的异种钢焊接接头得到了广泛应用。大量案例表明，奥氏体不锈钢与铁素体钢的异种钢焊接接头运行至3万h及以上时可能会出现沿铁素体钢一侧的熔合线开裂的问题，造成早期失效。研究认为异种钢焊接接头早期失效原因是：铁素体钢侧熔合线附近区域的应力水平较高，并与机组运行中的交变热应力、受热面管内汽流脉动引起的振动应力等相叠加，使焊接接头的熔合线附近受到了应力幅值较高的低周疲劳载荷的作用；当载荷超过临界值时，焊接接头首先在表面应力集中部位形成微裂纹，然后出现早期低周疲劳失效。典型的异种钢焊接接头沿低合金钢侧熔合线开裂的形貌如图2-38所示。

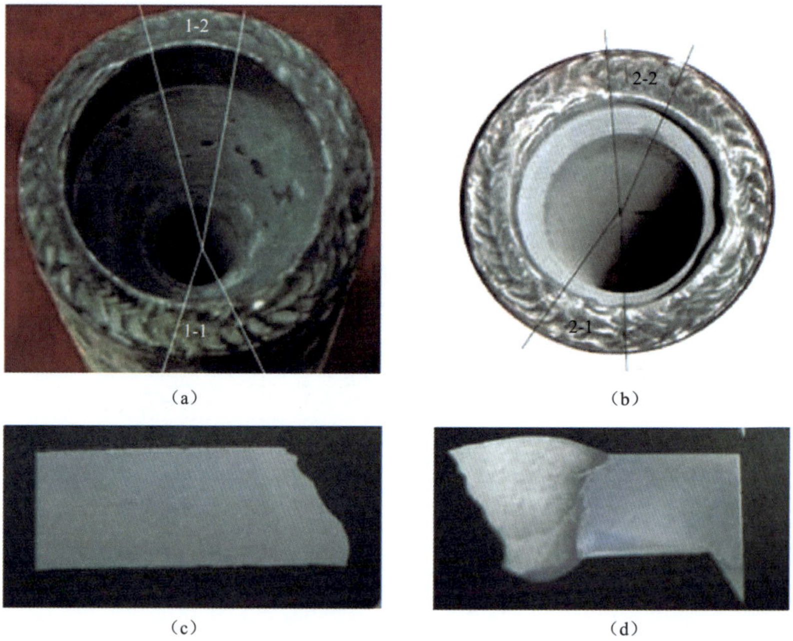

图2-38 典型异种钢焊接接头沿低合金钢侧熔合线开裂形貌

(a) F91侧断口形貌；(b) 焊缝侧断口形貌；(c) F91侧断口纵向剖开形貌；(d) 焊缝侧断口纵向剖开形貌

低合金钢侧熔合线附近区域成为应力水平较高的薄弱区域，其主要原因有以下：

1）膨胀应力。铁素体钢与奥氏体钢焊材或镍基焊材之间较大的线膨胀系数差异，会在铁素体钢母材与焊缝的结合面产生较大的内应力。

2）残余应力。部分异种钢焊接接头未做焊后热处理，残余应力较大，易引起开裂。

3）脱碳层。随着服役时间的延长，铁素体钢与奥氏体钢界面附近发生碳迁移，铁素体钢一侧形成脱碳层而软化，在奥氏体材质的焊缝一侧形成增碳层而硬化，使焊接接头受力并引起应力集中，降低接头的承载能力。

4）氧化缺口。经长期服役后的异种钢焊接接头铁素体钢侧熔合线外壁附近可能形成氧化缺口，是造成异种钢焊接接头早期失效的一个因素。

由于碳化物的析出以及碳迁移使得铁素体耐热钢侧熔合线附近贫铬，降低了其抗氧化性，在高温运行过程中该处会被优先氧化。同时，晶界碳化物的析出破坏了显微组织的连续性，构成了环境中的氧向焊接接头内部渗入的快速通道；氧化后形成的氧化物体积增大，在界面和晶界形成“楔子效应”，使界面应力增大、蠕变加速，从而形成肉眼可见的氧化缺口。氧化缺口使焊接接头实际承载面积减小，并在缺口根部形成应力集中。另外，由于熔合线两侧的强度存在差异，在应力作用下接头不能产生均匀应变，变形将首先集中在低强度铁素体耐热钢侧近熔合线区域，这将进一步加大由几何形状不连续产生的应力集中，最终导致裂纹沿熔合线扩展。图 2-39 是异种钢焊接接头贝氏体耐热钢（G102）侧熔合线附近区域的氧化缺口形貌。从图 2-39 中看到，氧化缺口已形成裂纹并扩展。

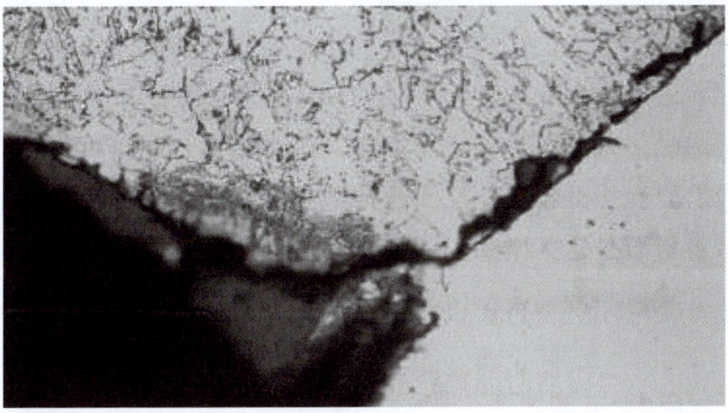

图 2-39　异种钢焊接接头贝氏体耐热钢（G102）侧熔合线附近区域的氧化缺口形貌

高温段过热器、高温段再热器中的奥氏体不锈钢异种钢焊接接头经一段时间服役后，均存在开裂风险，尤其当锅炉启停及负荷变化较频繁时，这种开裂风险会急剧增加。在役锅炉受热面检查时，可以通过对焊接接头进行宏观检查、无损检测来排查缺陷情况，无损检测方法推荐相控阵超声检测，不但检测效率高，而且缺陷检出率也高，也可通过射线检测与渗透检测进行缺陷排查。此外，异种钢焊接接头结构设计是否合理，也是造成异种钢焊接接头早期失效的另一原因。例如，某锅炉铁素体/奥氏体不锈钢异种钢焊接接头布置在距顶棚管下 50mm 位置，服役温度较高会加速碳迁移且拘束应力大，易造成异种钢焊接接头沿低合金钢侧熔合线开裂。

2.5 磨　　损

磨损是受热面泄漏中非常常见的、引起受热面壁厚减薄的损伤形式，严重时剩余壁厚不足以承受内压而发生爆管。其主要类型有机械磨损、飞灰磨损、落物砸伤、吹灰器吹损等。锅炉的水冷壁、省煤器、过热器、再热器都可能发生磨损减薄失效。磨损失效的宏观形貌特征：爆口处管壁减薄，呈刀刃状，管子无胀粗，磨损表面光滑；磨损处的金相组织和力学性能不发生变化。

2.5.1 机械磨损（碰磨）

机械磨损是指受热面管子之间（夹持管、悬吊管、定位管等）、受热面管子与其他构件（管卡、定位卡块、焊缝余高等）之间的碰磨。

锅炉运行过程中，由于受热不均匀、高温烟气流动不稳定等因素会导致受热面管热膨胀、晃动不协调，其方向、幅度、频率的不一致会使管子与其相互贴近的部位很容易发生碰撞磨损，而且磨损速度很快，造成受热面管局部壁厚减薄，最终因强度不足而爆管。例如，水平烟道内的受热面与冷却定位管（典型形貌见图 2-40）、夹持管、管卡之间的碰磨，尾部烟道受热面与悬吊管管卡之间的碰磨。

图 2-40　管子与管子之间的碰磨（机械磨损）形貌

针对机械碰磨，主要以宏观检查为主，以手摸检查、壁厚测量（无法测量的位置，必要时采取撬杠，估算磨损深度）作为辅助检查方式，发现问题后除对缺陷部位进行处理外，还需扩大性地排查类似部位。对磨损的部位，应根据剩余壁厚情况采取补焊、换管、加装或改进防碰磨装置等措施。

2.5.2 飞灰磨损

飞灰磨损（也称冲蚀磨损）是指烟气中灰粒以一定速度和角度对受热面管表面进行冲击后造成管壁磨损减薄的现象或过程。飞灰颗粒在燃烧产生的高温烟气携带下，以一定流速流过受热面时，灰粒对受热面的每次撞击都会削去微小的金属屑，管壁由于长期受飞灰磨损而变薄，强度降低，从而引起爆管泄漏事故。

受热面管壁表面的磨损量与飞灰速度（近似认为烟气流速）、烟气中飞灰浓度、飞灰物性、受热面管材特性及受热面布置结构等因素有关。一般来说，烟气流速高、飞灰浓度大、灰粒硬度大、管排错列布置时磨损较严重。管壁的磨损量与烟气流速的三次方成正比，局部烟气流速偏高问题需要重点关注；燃煤灰分含量越高，灰成分中 SiO_2、Fe_2O_3 和 Al_2O_3 含量越高，飞灰磨损特性往往越强；飞灰粒径越大，飞灰磨损特性越强；灰粒温度越低（多集中在尾部受热面区域），烟气流向变化越多（如管排错列布置），飞灰磨损性越强。

飞灰磨损主要发生在烟气走廊和烟气流速突变的局部区域，局部烟气流速的增加是导致飞灰磨损的主要原因。电站锅炉尾部受热面（低温过热器、低温再热器、省煤器）容易出现烟气磨损的问题，这是因为尾部烟道的烟气温度较低，烟气中灰粒从熔融软化的状态变为较坚硬的状态，对管壁的冲击动量加大，从而导致磨损的加剧。如图 2-41 所示，省煤器管表面局部均匀磨损、壁厚减薄，是非常典型的飞灰磨损形貌特征。另外，尾部水平布置的蛇形管在悬吊管（竖直布置）卡块对应位置由于防护装置安装不当经常形成狭小的烟气通道，飞灰高速冲蚀管壁，造成局部较严重的壁厚减薄，如图 2-42 所示。

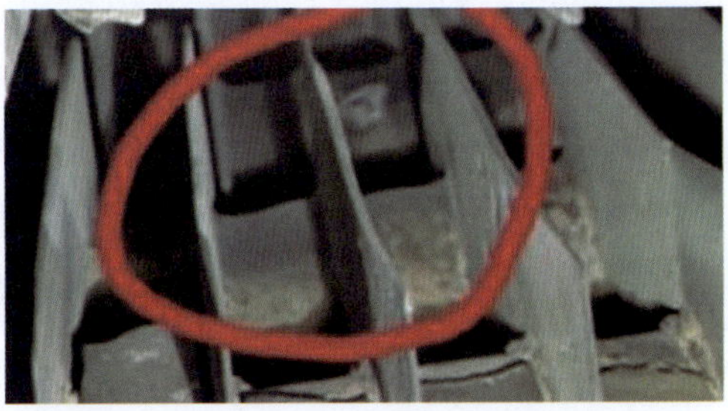

图 2-41　省煤器管被飞灰磨损减薄的形貌

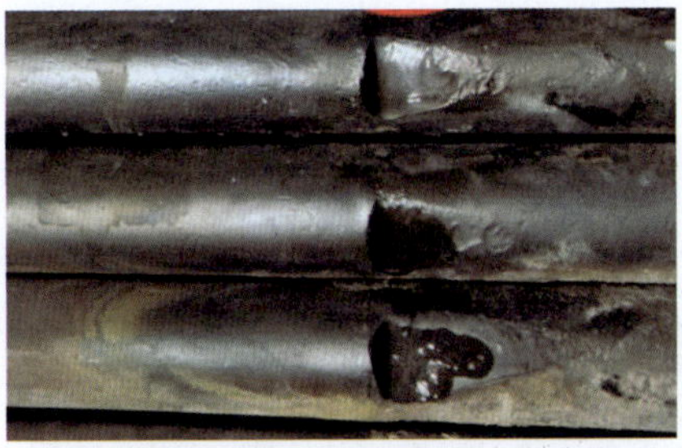

图 2-42　低温过热器管飞灰磨损形貌（悬吊管卡块对应部位）

针对飞灰磨损，在役锅炉受热面检查时，除了仔细地宏观检查外，还要根据经验对怀疑部位进行清灰、手摸检查、壁厚测量，及时检查、调整和换管能够有效降低爆管泄漏风险。若发现有飞灰磨损的部位，应当根据剩余壁厚采取补焊、换管、加装或改进防磨损装置等措施。需要注意的是，燃烧器摆动角度不当、炉内漏风等也会引起受热面管飞灰磨损局部减薄。

2.5.3　落物砸伤

落物砸伤主要是指炉膛上方屏式过热器等区域附着的焦块、炉膛水冷壁上附着的焦块、燃烧器部件、高温受热面梳型定位板等从高处掉落砸伤冷灰斗斜坡水冷壁、水平烟道底部包覆管等。

锅炉入炉煤灰熔点偏低、煤灰碱金属含量偏高、局部热负荷偏高时，炉膛水冷壁、炉膛上方高温受热面容易出现结渣问题，当负荷扰动、渣块较大时容易发生脱落，掉落至冷灰斗斜坡处可能导致水冷壁管变形或减薄。此外，燃烧器构件、高温受热面定位板烧损变形脱落也会砸伤冷灰斗斜坡段水冷壁、水平烟道底部包覆管。

针对落物砸伤，一些电厂采取补焊等方式进行修复。需要注意的是，落物砸伤后将使水冷壁管向内凹，水冷壁管内径减小，通流介质流速下降，如采取补焊方式，后续运行中该砸伤管下游的水冷壁容易出现过热爆管问题，故应及时将砸伤管进行更换。

2.5.4 吹灰器吹损

由于入炉煤特性或锅炉燃烧工况不良会导致受热面积灰、结渣，为提高传热效率，保证锅炉安全经济运行，运行人员会定期或根据结渣积灰情况执行蒸汽吹灰器吹灰操作。当吹灰不当时，就会对吹灰器枪管行程区域的受热面管子造成吹损。

锅炉受热面蒸汽吹灰器按型式一般可分为短式蒸汽吹灰器（炉膛吹灰器）、长伸缩式吹灰器和半伸缩式吹灰器。吹灰器对管子的吹损主要表现为以下方面：①吹灰器在运行过程中存在故障，如不旋转、卡涩等；②吹灰蒸汽带水，如疏水温度未达到要求的过热度即开始吹灰，或者疏水不畅、暖管时间不够等；③停运的蒸汽吹灰器因限位器变形等原因未退出到位，或者提升阀内漏；④吹灰蒸汽压力过高或吹灰频次过多；⑤长伸缩式吹灰器伸出长度长，加之工作环境温度过高，使得吹灰枪挠度过大，从而导致吹灰枪最长行程区域的受热面管吹损严重。图 2-43 就是典型的尾部水平布置的蛇形管被发生故障的吹灰器吹损导致的损坏形貌。

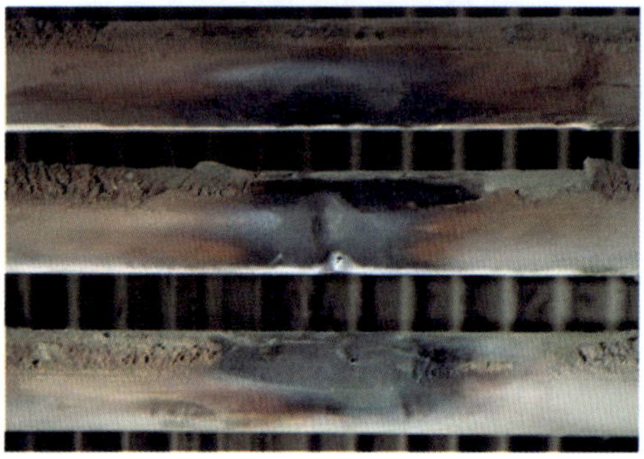

图 2-43 吹灰器吹损造成管壁减薄形貌

为预防吹灰器吹损管子，需要加强蒸汽吹灰系统的维护及管理。在蒸汽吹灰系统正式投入运行前，应对各吹灰器蒸汽喷嘴伸入炉膛内的实际位置及角度进行测量、调整，并对吹灰器的吹灰压力进行逐个整定，避免吹灰压力过高。运行中遇有吹灰器卡涩、进汽门关闭不严等问题，应及时将吹灰器退出并关闭进汽门，避免受热面被吹损，并通知检修人员处理。在吹灰器投运及退出期间应进行旁站监督。蒸汽吹灰器投运频次与以往相比偏高、吹灰疏水温度未达到运行规程要求、吹灰器提升阀存在内漏、吹灰器提升阀后压力超过设计要求时，检修中应对吹灰器周围受热面防护瓦、受热面吹损情况进行重点检查。对烧损、开裂或减薄的吹灰器套管端头部位及时进行更换，对于因吹灰器套管刚度不足，易造成偏吹的，应及时进行更换，并扩大吹灰器周边管子的检查范围。

针对吹灰器吹损，在役锅炉受热面检查时，除了要检查吹灰装置是否异常、吹灰系统是否正常运行外，还要检查吹灰器可能吹扫范围的管子。其检查手段主要是宏观检查、壁厚测量。若发现有吹损的部位，应当根据剩余壁厚采取补焊、换管、加装防磨护瓦、检查吹灰装置和吹灰系统等措施。

2.6 质量控制失误

2.6.1 设计、安装、运行、检修缺陷

由于锅炉在设计阶段的复杂性和安装阶段的随意性，机组在实际运行中经常出现因应力开裂、材质错用等原因造成的受热面泄漏事件。受热面的设计是根据锅炉容量、参数和锅炉整体布置等方面，综合考虑了管壁温度、系统阻力、热偏差、调整方式和材料等因素。

受热面的布置要尽量避免或减少管子之间的热偏差，减少吸热不均、流量不均等问题。因此，在设计中为了防止管子出现较大的变形，保持管屏间的设计间距，使管屏之间受热情况相对平均和稳定，需要在管屏的某些部位设置管夹、垫块、固定板等定位连接装置。但是，由于锅炉在运行中燃烧工况的复杂性和安装、检修等方面诸多不确定因素的影响，造成管子受热后变形和膨胀不一致，而使管子定位连接装置部位产生较高的应力水平，并存在较大的应力集中。正是由于这种原因，受热面的定位连接件（包括集箱等汇聚部件）在机组运行中出现受热面拉裂的现象，使应力开裂（扩展中绝大多数呈现疲劳特征）成为“四管”泄漏的又一难以解决和控制的泄漏原因。

（1）锅炉结构设计不当（或考虑不全面）的主要表现有：

1）炉膛四角和燃烧器处的水冷壁管、包覆管、过热器管屏的夹持管等，因受密封板、固定筋板、槽钢的限制和煤粉管道外推力的影响不能自由膨胀，以致拉裂损伤或相互碰磨减薄。

2）水冷壁鳍片宽度设计较宽，导致鳍片中心表面温度较高，鳍片区域的温差应力越大，叠加近年来机组运行方式向深度调峰和频繁启停转变的影响，宽鳍片易从中心部位烧损开裂，然后向两边管子侧横向扩展，直至管子开裂。其典型形貌如图 2-44 所示。

3）哈尔滨锅炉厂制造的超临界锅炉水冷壁上集箱在设计时未充分考虑机组频繁深度调峰的工况，单面墙为一整个大集箱，或集箱距离顶棚距离过近，导致集箱和水冷壁之间存在热膨胀不协调，造成接管角焊缝频繁开裂。其典型的开裂形貌如图 2-45 所示。对集箱进行分段改造、割膨胀缝并打止裂孔、焊接加强角焊缝、增大集箱与顶棚之间距离等措施都能有效减少局部应力，但在频繁深度调峰运行模式下无法彻底根治该类缺陷。若想进一步治理集箱接管角焊缝的开裂问题，可进行集箱长度、管排结构（几何形状）、管座及焊缝型式的优化。

图 2-44　水冷壁宽鳍片开裂导致管子开裂形貌

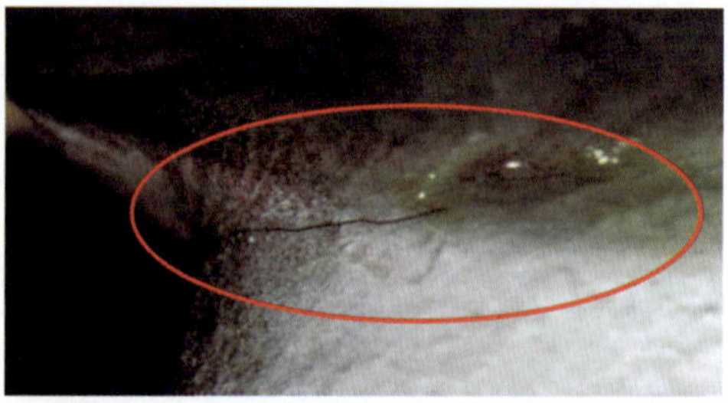

图 2-45　水冷壁上集箱接管角焊缝开裂形貌

4）过热器和再热器系统布置不合理，局部管段超温。如前、后屏过热器外围管过长，管内介质流速低而受热很强；对流过热器和高温段再热器管的下弯头直接受到炉膛出口烟气的高温冲刷而超温爆管。

5）锅炉再热器系统进、出口的交叉混合和流动走向不当（如进、出口呈“Z”型流动），易引起热力偏差和水动力偏差的叠加，使局部管段超温爆管。

6）过热器、再热器的调温手段欠缺。摆动燃烧器有的在运行中无法上下摆动，再热器的汽-汽热交换器的调节特性不好，系统阻力大，旁通阀漏流，开度的变化对再热蒸汽温度的影响不明显；再热器的烟气调温挡板开启不灵活，生锈卡死或调节滞后过大。

7）炉膛的热力计算不够准确，炉膛出口烟气温度过高，或燃用煤种变化，调整措施未能跟上。

8）省煤器的设计和结构未充分考虑燃料灰分对其磨损的影响，烟速、布置结构及防磨措施等选择不当，以致不少电厂省煤器磨损爆漏事故频繁发生，部分锅炉运行不到两年就需要换管。

9）受热面材质选材偏低，高温段受热面出口壁温报警值设置偏高，易导致部分低等级材质受热面管子超许用温度运行。设计期间未考虑部分材料（如 T23、G102 等）的实际使用情况，导致泄漏问题频繁发生。

（2）安装不当的主要表现有：

1）错用钢材（包括错用焊材）。

2）管子和集箱内部清洁度较差，焊接水溶纸未测试溶水性能，铁屑、焊渣等杂物容易造成管子堵塞、热循环不良。有时管子内壁焊缝余高超标未能及时检出，也会导致热循环不良。

3）受热面安装不规范，未完全按照安装说明书及图纸要求安装，几何尺寸控制不严，强力对口、管屏变形、焊接角变形容易导致管子拉裂。

4）受热面膨胀间隙预留不够，导致管子膨胀受阻，容易发生机械疲劳开裂。

5）在受热面搬移、焊接安装时，随意磕碰、磨削或误磨误切管子表面，随意在管子表面引弧，未及时发现处理，运行时由于剩余壁厚不足或应力集中而导致泄漏。

6）卡块、管夹、垫板、固定板等连接件安装位置错误，未起到有效作用，反而影响管子的安全运行。

7）受热面的防磨装置选型错误，防护装置未起到有效作用，反而形成了烟气走廊，加剧磨损。

（3）运行及检修不当的主要表现有：

1）给水品质不符合规定要求和凝汽器等炉前设备泄漏，导致受热面内壁腐蚀。

2）在启停、调负荷和燃料变化时，控制不当，使升降温速度过快，导致较大的热应力，使应力集中部位开裂及内壁氧化皮脱落。

3）吹灰器使用不当，引起受热面局部吹损减薄。

4）劣质煤叠加锅炉燃烧、吹灰不当，使炉膛上方的屏式过热器结渣严重，大焦块掉落砸伤水冷壁管。

5）锅炉缺水，水循环恶化。

6）检修换管质量控制不当，出现焊缝布置间距不符合规程要求、误伤管子、施工过程清洁度控制不严等情况。

7）锅炉清洗质量控制不到位，过清洗会导致内壁腐蚀减薄。更严重的是，清洗下来的污物未及时排出系统，导致启炉爆管。

8）水压试验时放水不彻底，导致管内剩有大量水，启炉时易发生水塞而导致过热爆管。

2.6.2 钢管制造缺陷

受热面钢管制造一般包括以下 5 个主要步骤，其工艺及工艺过程的控制对产品的质量影响至关重要。

（1）冶炼：采用电炉或转炉进行冶炼，加入适量的合金元素，以保证材料的力学性能和耐腐蚀性能。

（2）连铸：将熔融的钢水倒入连铸机进行凝固成型，形成坯料。

（3）热/冷加工：将坯料进行热/冷轧、锻压，使其形状和尺寸符合要求。

（4）热处理：对管材进行加热、保温和冷却，以改善其力学性能和耐腐蚀性能。

（5）精整：对管材进行矫直、切断、探伤等操作，以保证其表面质量和内部质量。

在冶炼、连铸过程中，可能产生元素含量超标、成分偏析、组织偏析、缩孔、气孔等缺陷；在轧制过程中，可能产生钢管内壁不圆（内折）、内壁类裂纹、直道、分层、外表面折叠等缺陷；在热处理过程中，可能产生金相组织异常、力学性能不合格等问题，对奥氏体不锈钢来说，不规范的固溶处理可能导致在服役过程中发生应力腐蚀开裂；在精整过程中，可能出现误伤、局部酸洗过度等质量问题。

下面主要介绍受热面管内表面纵向类裂纹缺陷、9%～12%Cr 材料热处理不当导致的 缺陷、奥氏体不锈钢固溶处理不规范导致的缺陷、钢管内壁不圆（内折）、钢管外表面折叠等常见的钢管制造缺陷。

2.6.2.1 受热面管子内表面纵向类裂纹缺陷

近年来，因受热面管内表面质量状况问题造成的受热面在弯管处开裂泄漏已发生多起。如图 2-46 所示，因表面存在类裂纹缺陷的直管加工成弯管经一段时间服役后发生开裂泄漏。

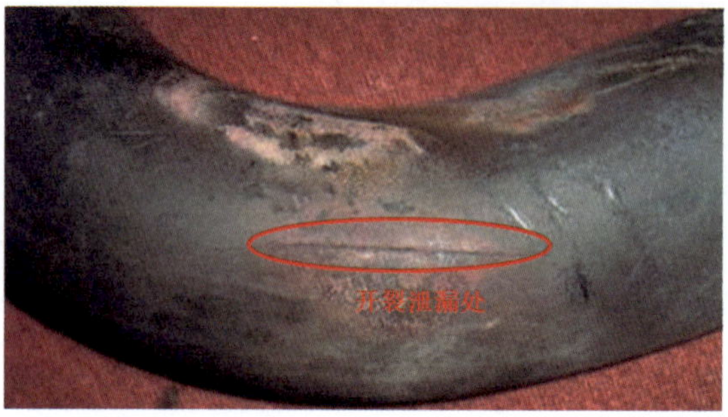

图 2-46　开裂泄漏形貌

纵向类裂纹缺陷具有以下特征：

（1）在锅炉不同部件（水冷壁、低温过热器、高温过热器、高温再热器等）及部件的不同部位（炉膛内、外）中使用的不同材料牌号（如 20G、15CrMoG、12Cr1MoVG、T91 等）的管子直段和弯管部位均可能发现有该类缺陷。

（2）在充分照明条件下，受热面内表面的直道缺陷通过宏观检查容易发现，如图 2-47 所示，而内表面类裂纹缺陷通过宏观检查的方法很难发现，需经无损检测辅助检查，如图 2-48 所示。

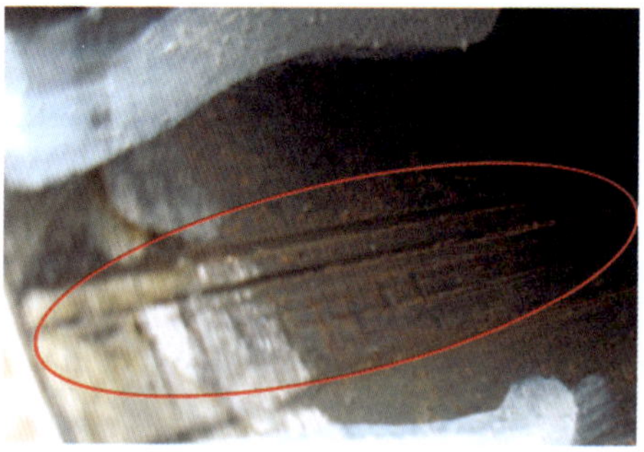

图 2-47　肉眼可见的直道缺陷

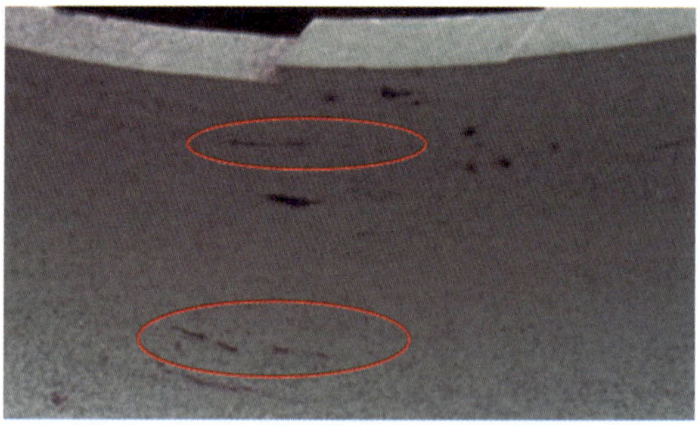

图 2-48　经渗透检测检出的类裂纹缺陷

（3）类裂纹缺陷在管子内表面开口，有些呈裂纹丛聚集（见图 2-49），也有单条分布（见图 2-50）。缺陷沿管子轴向分布，大多数沿径向稍倾斜且缝隙很细、个别稍宽。

（4）大多数类裂纹缺陷较细且裂纹内无明显氧化痕迹（见图 2-49、图 2-50），少数有氧化痕迹的类裂纹缺陷在坑底部存在较细的裂纹尖端（见图 2-51）；类裂纹内表面缺陷与管子的形变织构流线变化存在明显的对应关系（见图 2-52），因此可判断该类缺陷为原始制造缺陷。

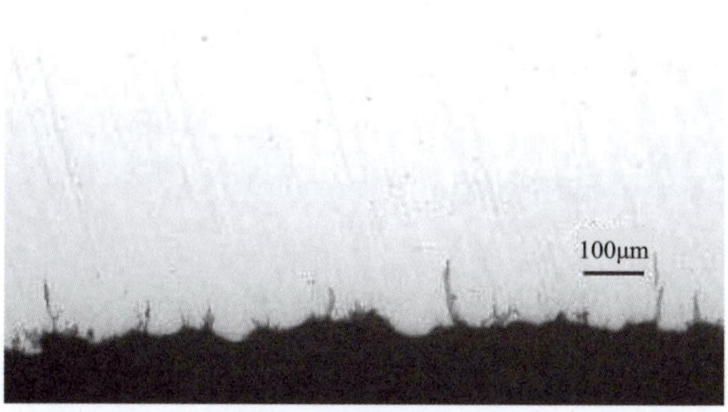

图 2-49　类裂纹聚集分布

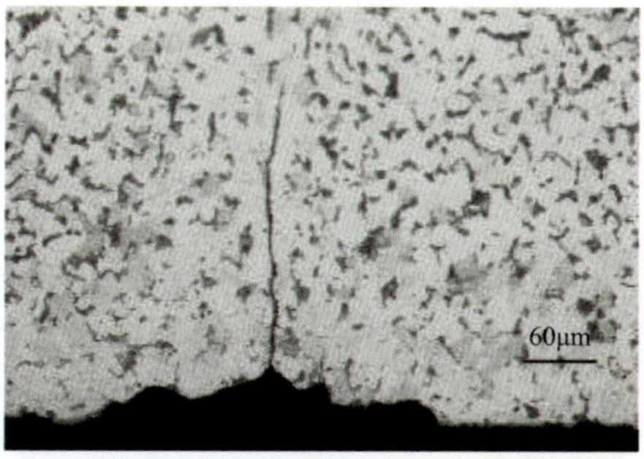

图 2-50　类裂纹单条分布

结合对相关制造厂的调查，认为形成管子内表面类裂纹缺陷的原因为：穿孔内模经过一定数量管子的穿孔后，内模的表面有一定的磨损，变得粗糙，粗糙的内模表面使管子内表面出现一些小凹坑，在后续的张力减径或冷拔过程中，管子内表面的小凹坑被不断地拉长拉细拉深，形成该类缺陷。

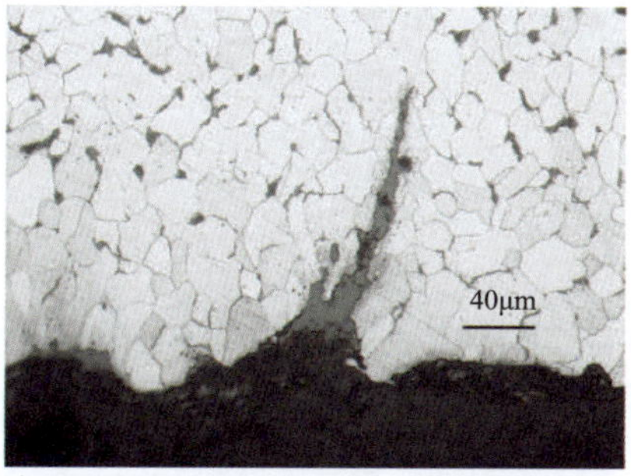

图 2-51　类裂纹腐蚀氧化形貌

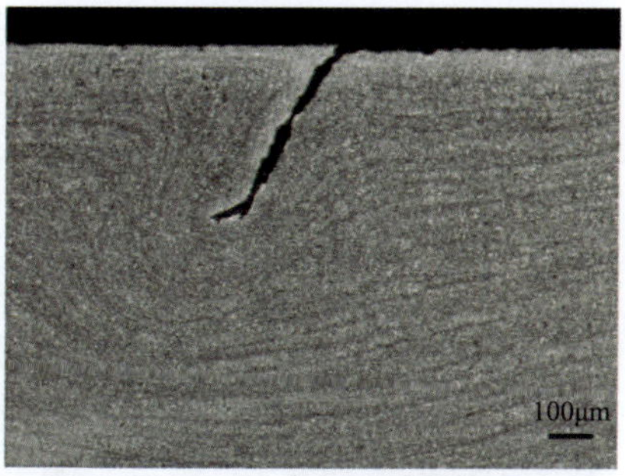

图 2-52　形变织构流线

类裂纹缺陷主要有以下 3 类危害：

（1）对于受热面弯管部位，弯制时，其弯制应力较大，在管子内表面原始缺陷处会造成较大应力集中，致使管子在弯管部位处的内表面类裂纹缺陷产生较大扩展。

（2）受热面管子由于温度分布的因素，运行时会在弯管部位产生较大的热胀应力。该热胀应力随机组启停、深度调峰等负荷变化而循环交变，加上内压环向应力作用，会使弯管部位处的内表面类裂纹缺陷发生疲劳扩展，甚至裂透泄漏。这就是弯管部位比直管部位容易发生因该类缺陷导致开裂泄漏的原因之一。

（3）对于服役温度较高的过热器和再热器管子，或环向热应力较大及较复杂的高热负荷区的水冷壁管子，内表面类裂纹缺陷会降低其蠕变、疲劳、腐蚀疲劳寿命。

我国所使用的高压受热面管一般按照 GB/T 5310 和 ASME SA213/SA210 生产，相关检测标准无法检出和评判通常在 0.2mm 及以下范围的内表面类裂纹缺陷。由于该类缺陷在管子内表面很细小且深度较浅（深度一般不超过 0.2mm），尚无有效的检测方法和评判标准，文献资料推荐采用金相观察+定向压扁的特殊间接试验方法，按照 GB/T 5310 和 ASME SA213 中的压扁试验规定，对存在内表面类裂纹缺陷管子的材料质量进行评判。

2.6.2.2 9%～12%Cr 材料热处理不当导致的缺陷

钢管制造热处理不当，将导致金相组织异常、力学性能不合格等缺陷，给钢管的长期安全服役埋下重大隐患，尤其是炉外管道。众所周知，国内火电机组曾发生过多起主蒸汽管道（9%～12%Cr 材质）爆破事故，造成了人身伤亡和重大财产损失，其部分原因与钢管的制造有关，供货状态不满足相关国家、行业标准规范，力学性能不合格。

图 2-53 是 9%～12%Cr 材质钢管的典型马氏体组织形貌；图 2-54 是某电厂运行中发生爆破的 9%～12%Cr 材质主蒸汽管道的异常金相组织形貌，后经模拟热处理试验证明失效的 9%～12%Cr 材质主蒸汽管道金相组织为不完全退火工艺得到的深浅二区域组织，即深色区域为颗粒状珠光体，浅色区域为铁素体+碳化物，其原始供货态不是国家、行业标准规范规定的正火+回火热处理工艺该得到的马氏体或索氏体组织。

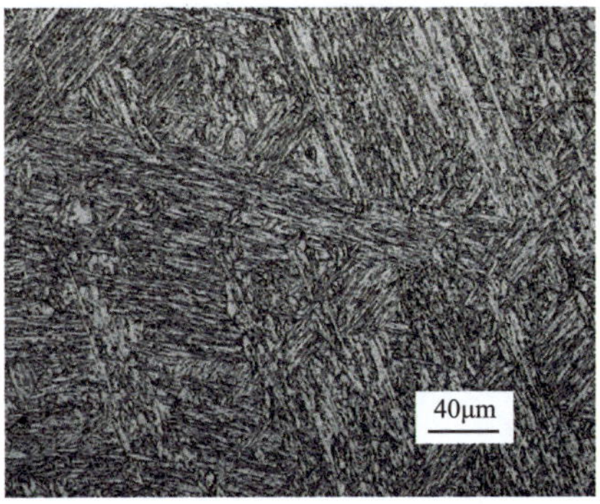

图 2-53　9%～12%Cr 材料的典型组织

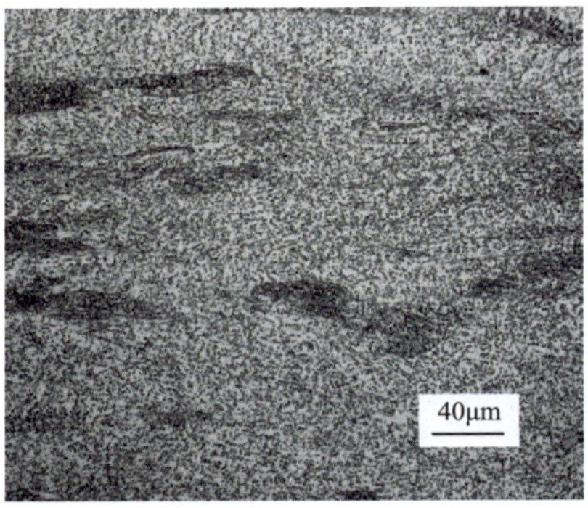

图 2-54　9%～12%Cr 材料的异常组织

在 9%～12%Cr 材质钢管（含直管、管件）中，经常出现如图 2-55 所示的异常组织：局部区域组织中出现了国家、行业标准规范不允许的块状铁素体组织，将导致该区域硬度偏低不合格，即强度不合格，对钢管长期安全稳定服役造成影响，需要及时处理。结合钢管制造厂的调研，这种质量问题是由热处理炉温控失效、钢管相互间有局部接触等引起的热处理超温所致。

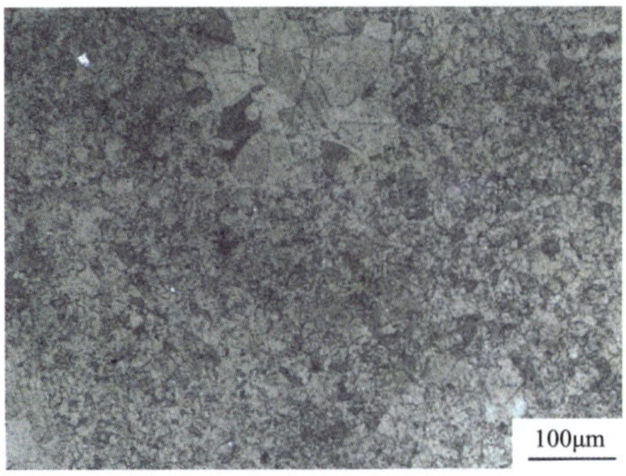

图 2-55　9%～12%Cr 材质钢管金相组织中的块状铁素体形貌

2.6.2.3 奥氏体不锈钢管固溶处理不规范导致的缺陷

固溶处理是指将合金加热到高温单相区

恒温保持，使过剩相充分溶解到固溶体中后快速冷却，以得到过饱和固溶体的热处理工艺。因操作过程与淬火相似，有时也称为“固溶淬火”。奥氏体不锈钢管的固溶处理就是将钢管加热到规定温度，然后迅速冷却，使碳化物和合金元素充分溶解到奥氏体中，从而得到均一的奥氏体组织。制造过程中产生的残余应力是受热面在高温服役时受拉应力及卤素离子共同作用下产生应力腐蚀开裂的主要原因。选用合适的固溶处理工艺，不但可以使合金元素充分固溶，还可以起到消除残余应力的作用。

TP304H、TP347H 等奥氏体不锈钢管广泛应用于过热器、再热器。在钢管制造中，部分钢管在出厂前未进行固溶处理或固溶处理不规范，造成部分钢管在服役过程中发生应力腐蚀开裂，给受热面安全运行产生了威胁，如图 2-56 所示。GB/T 5310 规定，07Cr19Ni10（TP304H）钢管的固溶处理温度不低于 1040℃；07Cr18Ni11Nb（TP347H）的热轧（挤压、扩）钢管的固溶处理温度不低于 1050℃，冷拔（扎）钢管的固溶处理温度不低于 1100℃。奥氏体不锈钢受热面出厂时应以规范的固溶处理状态供货，通常采用较高的加热温度和较短的保温时间。当加热温度过高或保温时间过长时（即供货状态的固溶程度过足时），高温服役过程中会促使 Cr 以碳化物的形式析出，从而可能造成晶界的敏化；当加热温度过低或保温时间过短时（即供货状态的固溶程度不足时），Cr 的碳化物不能充分溶解，尤其是冷加工造成的材料硬化和残余应力不能被充分消除，在运行时易促进裂纹的萌生和发展。

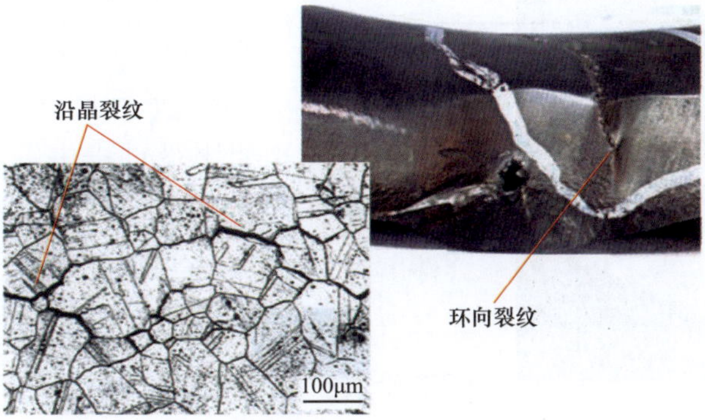

图 2-56　固溶处理不规范导致的应力腐蚀开裂

图 2-56 是典型的奥氏体不锈钢管发生应力腐蚀开裂的宏观形貌和金相组织形貌；钢管固溶处理不规范，运行时受管子加工残余应力、弯管残余应力、热膨胀应力共同作用造成的应力腐蚀开裂。从外观看，裂纹在管子弯曲部位沿管子横向分布；金相显微镜下观察到的裂纹沿晶界分布，裂纹附近的组织是奥氏体+孪晶+滑移线+析出物（存在孪晶组织说明受热面服役时间还不长，滑移线是由于未做固溶处理或固溶处理不规范导致的）。金相组织中存在滑移线、屈服强度偏高是判断钢管固溶处理不规范的可靠

指标。需要指出的是，要发挥 Nb、Ti 元素作用，还需对 TP347H、TP321 等钢管在固溶处理后进行稳定化处理，特别是用于弯管的管材。

在役锅炉受热面检查时，可通过宏观检查、渗透检测、金相检验来排查奥氏体不锈钢管表面是否存在因固溶处理不规范导致的应力腐蚀裂纹；为确保奥氏体不锈钢管供货时的固溶处理状态是规范的，关键在于受热面备品采购时，一定要按相关标准严格验收，加强受热面制造质量监督（如工厂监造）和产品的第三方检验。

2.6.2.4　其他常见的制造缺陷

在受热面管子的备品验收、检修检验过程中，还经常发现受热面管内壁不圆（内折）、给水管道外表面折叠、奥氏体不锈钢管制造后期的酸洗不当造成腐蚀等制造缺陷。

（1）内壁不圆（内折）缺陷。

图 2-57 是受热面管内折缺陷的典型形貌。含内折缺陷的钢管若应用于水冷壁、省煤器，则会促进内壁积垢、腐蚀；若应用于过热器、再热器，则会促进内壁氧化皮脱落。该缺陷产生主要与钢管穿孔时顶头磨损严重、穿孔辊老化等因素有关。

（2）管道外表面折叠缺陷。

GB/T 15757 定义折叠缺陷为“微小厚度的蛇状隆起，一般呈皱纹状，是滚压或锻压时的材料被褶皱压向表层所形成”。一般地，在钢管制造过程中，引起无缝钢管外表面出现折叠缺陷的环节较多，如冶炼过程、浇铸、开坯、管坯加热、斜轧穿孔等。含有折叠缺陷（往往较轻微）的锅炉用直管段在长期服役过程中发展成裂纹的概率较小；而当含有折叠缺陷的管材加工成弯头、弯管当管件用时，受较大的弯制应力，在管子外表面折叠处会造成较大应力集中，致使弯曲部位的折叠缺陷产生较大扩展。该类缺陷经常在碳钢材质的主给水管道、再热冷段管道的弯头中被检出。

图 2-57　受热面管内壁不圆（内折的）的形貌

图 2-58、图 2-59 分别是折叠缺陷的宏观形貌、金相形貌。从宏观形貌可以看到，表面存在大量的缺陷痕迹显示，单个缺陷长度较短，在 5～9mm 之间，呈弯曲走向，无方向性；金相显微镜下，缺陷始端宽度略大，末端较尖，缺陷附近组织存在明显脱碳。

（3）奥氏体不锈钢管制造后期的酸洗不当造成的腐蚀。

奥氏体不锈钢因具有良好的耐腐蚀性、耐高温氧化性及优异的机械加工性能，被广泛应用于锅炉的过热器、再热器。奥氏体不锈钢的耐腐蚀性主要取决于表面钝化膜，如果膜不完整或有缺陷，不锈钢仍会被腐蚀，钢管制造后期通常进行酸洗钝化，使不锈钢的耐腐蚀潜力增大。奥氏体不锈钢管的表面酸洗、钝化不仅能提高耐腐蚀性，还能防止产品污染，获得美观效果。某电厂在对奥氏体不锈钢管备品验收时，发现个别钢管的内表面存在如图 2-60 所示的表层缺失的形貌，后经金相检验发现该部位已存在如图 2-61 所示的沿晶裂纹。结合钢管厂的调查，判断该缺陷是在钢管制造尾期进行酸洗钝化时工艺控制不当导致的。

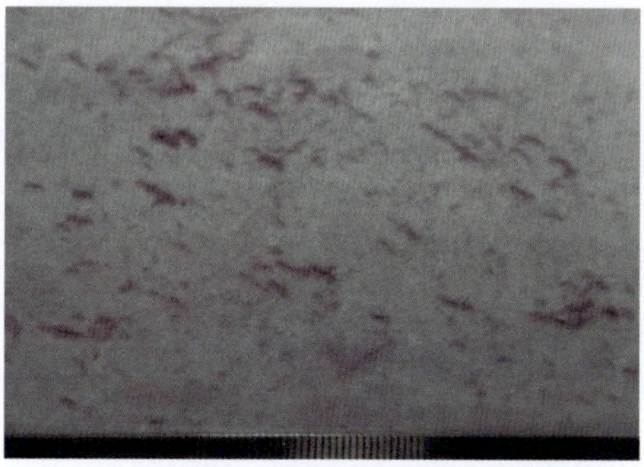

图 2-58　钢管外表面经渗透检测检出的折叠缺陷

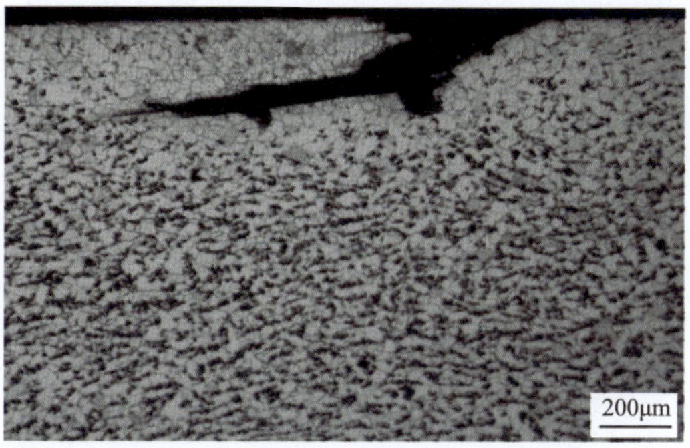

图 2-59　折叠缺陷在金相显微镜下的形貌

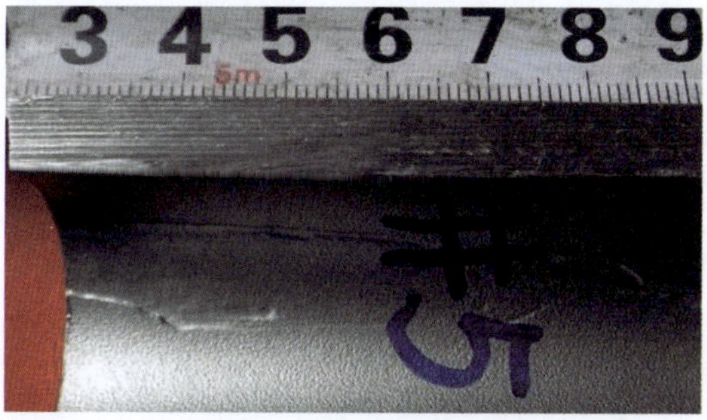

图 2-60　奥氏体不锈钢管内表面酸洗损坏

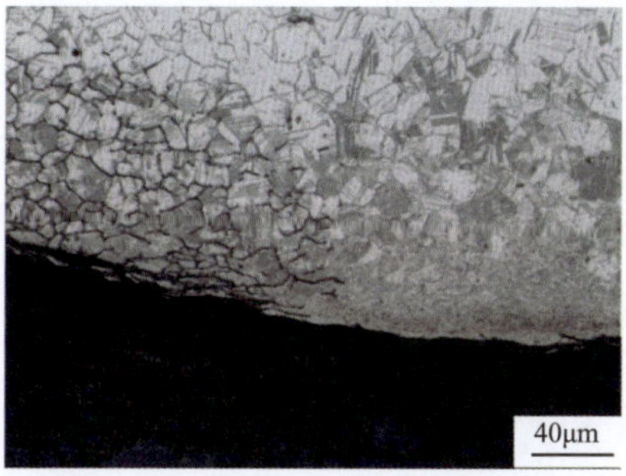

图 2-61　酸洗腐蚀位置的微裂纹

2.6.3　焊接缺陷

锅炉受热面的焊接接头结构形式主要有钢管对接、鳍片对接、角接（管-管、管-鳍片、管-卡块等）。在焊接（包括制造厂焊接、安装现场焊接）过程中，由于工艺控制不当，经常使焊接接头存在各种缺陷。本章主要介绍以下几类常见的焊接缺陷：外观缺陷、气孔、夹渣、裂纹、未焊透和未熔合。除此之外，受热面焊接接头有时也出现金相组织异常、力学性能超标等质量问题。

2.6.3.1　外观缺陷

外观缺陷（表面缺陷）是指不借助于仪器，用肉眼可以发现的焊缝表面缺陷。常见的外观缺陷有咬边、焊瘤、凹坑及焊接变形等，有时还有表面气孔和表面裂纹。单面焊的根部未焊透位于焊缝内表面。

（1）咬边。

咬边是指沿着焊趾，在母材部分形成的凹陷或沟槽，如图 2-62 所示。它是因电弧将焊缝边缘的母材熔化后没有得到熔敷金属的充分补充所留下的缺口。产生咬边的主要原因是电弧热量太高，即电流太大、焊接速度太小。焊条（焊丝）与工件间角度不正确，摆动不合理，电弧过长，焊接次序不合理等也会造成咬边。咬边减小了母材的有效截面积，降低结构的承载能力，同时还会造成应力集中，容易发展为裂纹源。矫正操作姿势，选用合理的焊接工艺，采用正确的运条方式都有利于消除咬边。

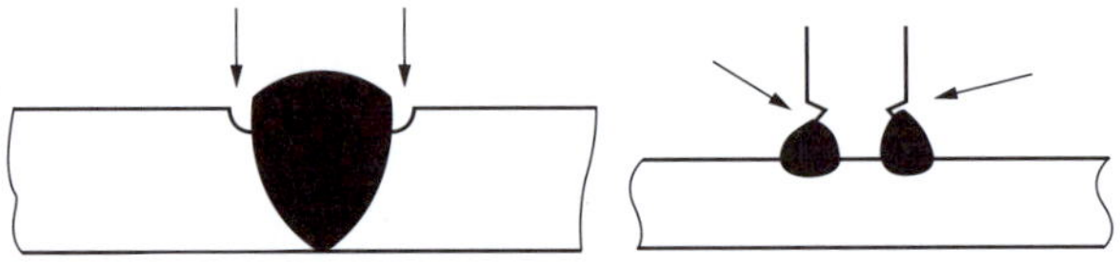

图 2-62　咬边缺陷

（2）焊瘤。

焊缝中的液态金属流到加热不足未熔化的母材上或从焊缝根部溢出，冷却后形成未与母材熔合的金属瘤即为焊瘤。焊接工艺不当、焊缝结构设计不合理、母材表面清理不干净、焊条（焊丝）熔化过快、焊条（焊丝）质量欠佳（如偏芯），焊接电源特性不稳定及操作姿势不当等都容易产生焊瘤。焊瘤常伴有未熔合、夹渣等缺陷。此外，焊瘤改变了焊缝的实际尺寸，会带来应力集中，管子内部的焊瘤减小了内径尺寸，会影响通流。可通过合理设计焊缝结构、提高母材表面清洁度、使焊缝处于平焊位置、正确选用焊接工艺等合理操作避免焊瘤的产生。

（3）凹坑。

凹坑指焊缝表面或背面局部位置低于母材的部分。凹坑多是由于收弧时焊条（焊丝）未做短时间停留造成的（此时的凹坑称为弧坑）。凹坑减小了焊缝的有效截面积，弧坑常带有弧坑裂纹和弧坑缩孔。防止凹坑产生的措施：

1）施焊时尽量选用平焊位置，选用合适的焊接规范；

2）收弧时让焊条（焊丝）在熔池内短时间停留或环形摆动，填满弧坑。

（4）除了外观缺陷外，还有焊接变形（角变形、扭曲、波浪形等）、成形不良（余高超标、表面粗糙、焊缝过宽、焊缝与母材过渡不圆滑等）、错边（两个工件在厚度方向上错开一定位置）、未焊满、烧穿、塌陷、表面气孔、弧坑缩孔等外观缺陷。

2.6.3.2　气孔

气孔是指焊接时，熔池中的气体未在金属凝固前逸出，残存于焊缝之中所形成的空穴，其气体可能是熔池从外界吸收的，也可能是焊接冶金过程中反应生成的。气孔从其形状上分，有球状气孔、条状气孔；从数量上可分为单气孔和群状气孔，群状气孔又有均匀分布气孔、密集状气孔和链状分布气孔之分。

（1）气孔的形成机理：常温固态金属中气体的溶解度只有高温液态金属中气体溶解度的几十分之一至几百分之一，在熔池金属凝固过程中，有大量的气体要从金属中逸出来。当金属凝固速度大于气体逸出速度时，就形成气孔。

（2）产生气孔的主要原因：母材或填充金属表面有锈、油等，焊条及焊剂未烘干会增加气孔量。锈、油污及焊条药皮、焊剂中的水分在高温下分解产生气体，会增加高温金属中气体的含量。焊接线能量过小，熔池冷却速度大，不利于气体逸出。

（3）气孔的危害：气孔减小了焊缝的有效截面积，使焊缝疏松，从而降低了焊接接头的强度，降低了塑性。气孔也是引起应力集中的因素，氢气孔还可能促成冷裂纹。

（4）防止气孔的措施：

1）清除焊材、坡口及其附近表面的油污、铁锈、水分和杂物；

2）采用碱性焊条、焊剂，并彻底烘干；

3）采用直流反接并用短电弧施焊；

4）焊前预热，减缓冷却速度；

5）用合适的规范施焊。

2.6.3.3 夹渣

夹渣是指焊后熔渣残存在焊缝中的现象。夹渣分为金属夹渣和非金属夹渣，金属夹渣是指 W、Cu 等金属颗粒残留在焊缝中，习惯上称为夹 W、夹 Cu；非金属夹渣是指未熔的焊条皮或焊剂、硫化物、氧化物、氮化物残留于焊缝中。根据夹渣形状不同，夹渣分为点状夹渣、条状夹渣、链状夹渣和密集夹渣。在受热面相关设备中，该类缺陷主要存在于鳍片焊缝中。

（1）夹渣产生原因：

1）坡口尺寸不合理；坡口有污物；

2）多层焊时，层间清渣不彻底；

3）焊接线能量小；

4）散热太快，液态金属凝固过快；

5）焊条药皮，焊剂化学成分不合理；

6）钨极性气体保护焊时，钨极熔化脱落于熔池中；

7）手工焊时，焊条摆动不正确，不利于熔渣上浮。

可根据以上原因分别采取对应措施，以防止夹渣的产生。

（2）夹渣的危害：点状夹渣的危害与气孔相似，带有尖角的夹渣会产生尖端应力集中，尖端还会发展为裂纹源，危害较大。

2.6.3.4 裂纹

金属原子的结合遭到破坏，形成新的界面而产生的缝隙称为裂纹，它是一种面积型缺陷（具有三维尺寸的缺陷称为体积型缺陷，如气孔、夹渣；当第三维尺寸极小，只考虑二维尺寸的缺陷称为面积型缺陷，如裂纹、未熔合）。裂纹是焊接缺陷中危害性最大的一种缺陷，它的出现将显著减少承载面积，更严重的是裂纹端部形成尖锐缺口，应力高度集中，很容易扩展导致破坏。裂纹有多种分类方法，根据裂纹发生部位，可分为焊缝裂纹、热影响区裂纹、熔合区裂纹、焊趾裂纹、焊道下裂纹、弧坑裂纹等；根据发生条件和时机，可分为热裂纹、冷裂纹、再热裂纹。

下面主要从形成机理、影响因素、防止措施等方面分别介绍热裂纹、冷裂纹、再热裂纹。

（1）热裂纹。

热裂纹一般是在焊接完后出现，即温度在 A_{c3} 线附近，液态金属一次结晶时产生的裂纹。这种裂纹沿晶界开裂，裂纹面上有氧化色彩，失去金属光泽。

1）热裂纹的产生机理。

热裂纹发生于焊缝金属凝固末期，敏感温度区大致在固相线附近的高温区。最常见的热裂纹是结晶裂纹，其形成原因是在焊缝金属凝固过程中，结晶偏析使杂质生成的低熔点共晶物富集于晶界，形成所谓的“液态薄膜”，在特定的敏感温度区（又称脆性温度区），其强度极小，由于焊缝凝固收缩而受到拉应力，最终开裂形成裂纹。热裂纹最常见的情况是沿焊缝中心长度方向开裂，为纵向裂纹，有时也发生在焊缝内部两个柱状晶之间，为横向裂纹。弧坑裂纹是另一种形态的常见热裂纹。热裂纹都是沿晶界开裂，通常发生在杂质较多的碳钢、低合金钢、奥氏体不锈钢等材料焊缝中。

2）影响热裂纹的因素。

影响热裂纹的因素：①合金元素和杂质的影响：碳元素以及硫、磷等杂质元素的增加，会扩大敏感温度区，使结晶裂纹的产生机会增多；②冷却速度的影响：冷却速度增大，一是使结晶偏析加重，二是使结晶温度区间增大，两者都会增加结晶裂纹的出现机会；③结晶应力与拘束应力的影响：在脆性温度区内，金属的强度极低，焊接应力又使这部分金属受到拉应力作用，当拉应力达到一定程度时，就会出现结晶裂纹。

3）防止热裂纹产生的措施。

防止热裂纹产生的措施：①降低钢材和焊材的含碳量，减小硫、磷等有害元素的含量；②加入一定量的合金元素，减小柱状晶和偏析，如加入钼、钒、钛、铌等细化晶粒；③采用熔深较浅的焊缝，改善散热条件，使低熔点物质上浮在焊缝表面而不存在于焊缝中；④合理选用焊接工艺，并采用预热和后热，减小冷却速度；⑤采用合理的装配次序，减小焊接应力。

（2）冷裂纹。

冷裂纹是指在焊缝冷至马氏体转变温度 Ms 点（200～300℃）以下产生的裂纹，一般是在焊后一段时间（几小时，几天甚至更长）才出现，故又称延迟裂纹。

1）冷裂纹的产生机理。

冷裂纹的形成一般需要3个条件：①淬硬组织减小了金属的塑性储备；②焊接残余应力使焊缝受拉；③接头金属内含有较多的原子态的氢。含氢量和拉应力是冷裂纹（氢致裂纹）产生的两个重要因素。一般来说，金属内部原子的排列并非完全有序，而是有许多微观缺陷。在拉应力的作用下，原子氢向高应力区（缺陷部位）扩散聚集，当聚集到一定浓度时，就会破坏金属中原子的结合键，使金属内出现一些微观裂纹。在应力持续作用下，氢不断地聚集，微观裂纹不断地扩展，直至发展为宏观裂纹，最后断裂。由一个临界的含氢量和一个临界的应力值决定冷裂纹的产生与否。当接头内氢的含量小于临界含氢量，或所受应力小于临界应力时，不会产生冷裂纹（即延迟时间无限长）。

2）冷裂纹的特征。

冷裂纹的特征：①冷裂纹一般产生于较低温度（焊接冷却后），且产生于焊后一段时间以后，故又称延迟裂纹；②冷裂纹主要产生于热影响区，也有发生在焊缝区的；③冷裂纹可能是沿晶开裂、穿晶开裂或两者混合出现；④冷裂纹引起的构件破坏是典型的脆断。

3）防止冷裂纹产生的措施。

防止冷裂纹产生的措施：①采用低氢型碱性焊条，严格烘干，在80～110℃下保存，随取随用；②提高预热温度，采用后热措施，并保证层间温度不低于预热温度；③选择合理的焊接工艺，避免焊缝中出现淬硬组织；④选用合理的焊接顺序，减少焊接变形和焊接应力；⑤焊后及时进行消氢热处理。

（3）再热裂纹。

再热裂纹是指接头冷却后再加热至550～700℃时产生的裂纹，在焊后热处理过程中或在再热开裂敏感温度区间长期服役时产生的开裂现象。再热裂纹产生于沉淀强化材料（如含Cr、Mo、V、Ti、Nb元素的金属材料）的焊接热影响区的粗晶区。

1）再热裂纹的产生机理。

再热裂纹的产生机理有多种解释，其中楔形开裂理论的解释如下：近焊缝区金属在高温循环作用下，强化相碳化物（如碳化钛、碳化钒、碳化铌、碳化铬等）沉积在晶内的位错区上，使晶内强化程度大大高于晶界强化，尤其是当强化相碳化物弥散分布在晶粒内时，既会阻碍晶粒内部的局部调整，又会阻碍晶粒的整体变形。这样，由于应力松弛而带来的塑性变形就主要由晶界金属来承担，于是，晶界区金属会产生滑移，且在晶粒的三叉交界处产生应力集中，就会产生裂纹。

2）再热裂纹的特征。

再热裂纹的特征：①再热裂纹于焊后热处理、高温服役等再次加热的过程中，产生于焊接热影响区的粗晶区；②再热裂纹的敏感温度为500～700℃；③再热裂纹沿晶开裂；④最易产生于沉淀强化的钢种中；⑤与较高的焊接残余应力有关。

3）防止再热裂纹产生的措施。

防止再热裂纹产生的措施：①注意冶金元素的强化作用及其对再热裂纹的影响；②合理预热或采用后热，控制冷却速度；③降低焊接残余应力，避免应力集中；④回火热处理时尽量避开再热裂纹的敏感温度区，或缩短在此温度区内的停留时间。

2.6.3.5　未焊透和未熔合

未焊透和未熔合的危害性仅次于裂纹，是不允许存在的，在承压部件焊缝检测中主要通过超声检测、射线检测来检出。

（1）未焊透指母材金属未熔化，焊缝金属没有进入焊接接头根部的现象。产生未焊透的原因：①焊接电流小，熔深浅；②坡口和间隙尺寸不合理，钝边太大；③磁偏吹影响；④层间及焊根清理不良。未焊透的危害之一是减少了焊缝的有效截面积，使接头强度下降；其次，未焊透引起的应力集中严重降低焊缝的疲劳强度，所造成的危害比强度下降的危害大得多。另外，未焊透可能成为裂纹源，是造成焊缝破坏的重要原因。因此，使用较大电流来焊接是防止未焊透的基本方法。另外，焊角焊缝时用交流代替直流以防止磁偏吹、合理设计坡口并加强清理、用短弧焊等措施也可有效防止未焊透的产生。

（2）未熔合是指焊缝金属与母材金属，或焊缝金属之间未熔化结合在一起的缺陷。按其所在部位，未熔合可分为坡口未熔合、层间未熔合、根部未熔合 3 种。产生未熔合缺陷的原因：①焊接电流过小；②焊接速度过快；③焊条角度不对；④产生了磁偏吹现象；⑤焊接处于下坡焊位置，母材未熔化时已被铁水覆盖；⑥母材表面有污物或氧化物影响熔敷金属与母材间的熔化结合等。采用较大的焊接电流、正确地进行施焊操作、注意坡口部位的清洁等措施可有效防止未熔合。

锅炉受热面焊接接头的质量检验项目（宏观检查、无损检测、焊缝光谱检测、金相检验、硬度检验）和质量合格标准可以依据 DL/T 869 执行。在役锅炉受热面检查时，主要是采用宏观检查来排查外观缺陷，有时借助放大镜、钢板尺、塞尺等器具；对有怀疑的或重要的焊接接头（如异种钢焊接接头等），应结合检修采用表面检测（渗透检测或磁粉检测）、相控阵检测、射线检测等手段来排查。

不同类型锅炉重点部位检查清单

3.1 哈尔滨锅炉厂1000MW等级超超临界锅炉

已投产的哈尔滨锅炉厂1000MW等级超超临界锅炉，为哈尔滨锅炉厂引进日本三菱重工业株式会社的技术，采用内螺纹管垂直管圈水冷壁，其目的是解决螺旋管圈水冷壁结构复杂、阻力较大、运行过程中热应力较大的问题。虽然垂直管圈水冷壁具有阻力小、结构简单、安装工作量小等一系列优点，但由于炉膛沿宽度方向和深度方向的热负荷不均匀，垂直管圈水冷壁不环绕炉膛，管间吸热偏差较大。与亚临界锅炉不同，超（超）临界锅炉水冷壁没有自补偿能力，吸热量越大的水冷壁管内工质流量反而越小。在这两种因素的叠加下，超（超）临界垂直管圈直流锅炉水冷壁管的流量分配不均匀，造成水冷壁频繁超温、产生横向裂纹等诸多问题。

为了解决吸热偏差大的问题，锅炉在水冷壁入口设计了节流孔圈，旨在通过控制节流孔径大小，调节各管的流动阻力，达到工质流量合理分配的目的，即高热负荷区域管子对应高工质流量。同时，节流孔圈不在入口集箱内，而是设计在入口集箱的出口管接头上，并增加了管段直径，以期获得更大的流量调节幅度，也便于在检修过程中更换节流孔圈。实际应用效果表明，节流孔圈分配流量的效果并不好，垂直管圈热负荷不均匀的短板仍然突出，特别是在低负荷区间，水冷壁极容易发生超温。究其原因，主要是炉内燃烧工况多变，水冷壁外壁热负荷分布并非一成不变，而是随着煤种、锅炉负荷、设备状态、运行参数等不断变化，而节流孔圈并不能随着工况变化相应调整，也就无法适应水冷壁外壁热负荷多变这一特点，均衡流量分配的效果减弱，甚至可能有加剧流量分配不均匀的负面效果。

为提高节流孔圈的调节效果，哈尔滨锅炉厂在设计上曾做出过改进，增加了水冷壁入口短管直径。华能玉环电厂、华能金陵电厂等早期投产的机组水冷壁入口段短管孔径为ϕ42.7×6mm，通过2次三叉管过渡与ϕ28.6×5.8mm的水冷壁管相接。系统外某电厂三期机组水冷壁入口段短管孔径增大到$\phi 54\times 8$mm，通过3次三叉管过渡与$\phi 28.6\times 5.8$mm的水冷壁管相接，但从该电厂运行情况看，水冷壁超温现象仍然较为突出，可见这种改进型设计的效果不明显。

哈尔滨锅炉厂生产的1000MW等级超超临界锅炉不仅在水冷壁入口集箱处设置了节流孔圈，在屏式过热器、高温过热器、高温再热器的入口集箱处均设置了节流孔圈。由于这些高温受热面同屏各管存在管子长度、弯头角度等结构上的差异，各管的流动阻力也存在差异，为平衡流动阻力，使流量分配更加均匀，同样采用在入口集箱处加装节流孔圈的办法，调节过热器和再热器各管间的蒸汽流量。节流孔圈内径较小，一旦管内出现尺寸较大的异物或数量较多的氧化皮，很容易在节流孔圈处形成堵塞，这也是受热面应用节流孔圈带来的一个问题。

【上层燃烧器至中间过渡集箱区域垂直水冷壁横向裂纹问题】哈尔滨锅炉厂1000MW等级超超临界锅炉采用一次上升垂直管圈水冷壁，存在流量分配不均匀、水冷壁超温的问题。特别是在煤电机组普遍参与深度调峰的新形势下，锅炉低负荷工况下炉内热负荷不均匀程度进一步加剧，锅炉负荷变化速率也经常超过设计值，水冷壁超温、壁温频繁波动的问题更加凸显。由于壁温频繁、大幅度波动，在高热负荷区，如上层燃烧器至中间过渡集箱之间，水冷壁管轴向交变应力较大，长期运行后横向裂纹大量产生。同时，吹灰器附近的水冷壁管在吹灰时局部吸热量变化，或者因为吹灰蒸汽带水冲刷，都会引起水冷壁管壁温度波动，加剧了横向裂纹的产生。

对于存在横向裂纹的机组，一方面需与锅炉厂商讨考虑适当提高工质的质量流速，解决节流孔尺寸与热负荷不匹配问题，根据实际水冷壁壁温分布情况进行水冷壁入口节流孔内径优化改造；另一方面应优化机组协调控制系统，在负荷波动/变动过程中尽量控制水冷壁壁温的变化速率。

【案例1】某电厂历次检修期间均发现前、后墙39～51m标高水冷壁母材存在横向裂纹，如2019年3号锅炉C+级检修通过磁粉检测发现52根水冷壁管有横向裂纹，具体位置见表3-1，横向裂纹形貌见图3-1。

表3-1　水冷壁管缺陷情况表

部位	标高	管子编号（A侧向B侧数）
水冷壁前墙	燃烧器上弯头处	100、101、102、468、469、471、474、664
	燃烧器上弯头向上1.5m处	378、416
	燃烧器上弯头向上2m处	257、263、288、336、349、353
	燃尽风下弯头处	53、228、241、301、302、305
	燃尽风上弯头处	56、58、230、240、302、303、304
	燃尽风上弯头向上2m处	268、317

续表

部位	标高	管子编号（A 侧向 B 侧数）
水冷壁后墙	燃烧器上弯头处	114、256、257、258、259、457、459
	燃尽风下弯头处	49、52、57、106、107、255、256、257、258、263、264
	燃尽风上弯头处	464、465、466

【案例 2】某电厂 2019 年 1 号机组 B+级检修对水冷壁进行磁粉检测抽查，发现横向裂纹管子 134 根，水冷壁横向裂纹发生区域主要集中于 A-A 风底部弯管和 B 层吹灰器高度附近。水冷壁前墙 A-A 风底部弯管标高 9 根管段、B 层吹灰器标高 5 根管段，水冷壁后墙 A-A 风底部弯管标高 13 根管段、B 层吹灰器标高 70 根管段，水冷壁 B 侧墙 B 层吹灰器标高 37 根管段存在横向裂纹，具体位置见表 3-2。

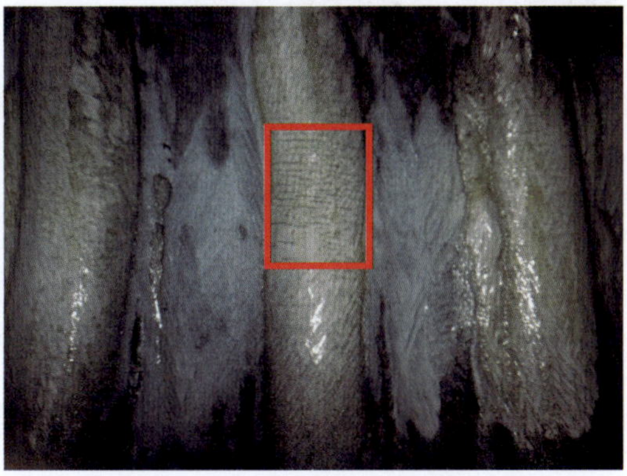

图 3-1　水冷壁管横向裂纹形貌

表 3-2　　水冷壁管横向裂纹磁粉检测情况

位置	检测区域	检测结果
水冷壁前墙	A-A 风底部弯管高度，从 B 侧数第 61～65、80～86、100～112 根管子	第 62～65（弯管）、107～110（弯管）、111 根管子存在横向裂纹
	B 层吹灰器高度，从 B 侧数第 50～54、82～86（87、88 为化学取样割管）、89、99～140、177、199～201、250～252、327～346、351～369 根管子	第 85、86、327、351、352 根管子存在横向裂纹
水冷壁后墙	A-A 风底部弯管高度，从 B 侧数第 51、52、59～64、126～133、139～282 根管子	第 129～132（弯管）、179、197、198、199、206、217、273～275（弯管）根管子存在横向裂纹
	B 层吹灰器高度，从 B 侧数 1～37、56～93、99～180（181、182 为化学取样割管）、183～189、208～268、358～363 根管子	第 75、102～109、114～116、118、119、122～136、139～141、148～156、170～180、183～189、211～221 根管子存在横向裂纹
水冷壁 B 侧墙	B 层吹灰器高度，从炉前数第 219～352 根管子	第 221、222、227～233、235、240～243、246、248～257、259～264、268、272、274、276、278、279 根管子存在横向裂纹（240～242 根裂纹明显）

该电厂 2019 年 2 号机组 D 级检修对水冷壁进行磁粉检测抽查，发现横向裂纹管 178 根，水冷壁横向裂纹发生区域主要集中在水冷壁中间集箱下第 1 道对接焊缝处、C 层吹灰器附近和 B 层吹灰器附近及 A-A 风下弯管区域，横向裂纹典型形貌如图 3-2 所示。

【异物堵塞问题】哈尔滨锅炉厂 1000MW 超超临界锅炉受热面堵塞以水冷壁节流孔堵塞为主。由于节流孔孔径较小，小尺寸的杂物以及成团的氧化皮、锈皮与泥沙等

图 3-2　水冷壁管横向裂纹形貌

都可以引起堵塞，大大增加了受热面管堵塞的概率。在化学清洗、受热面切割/焊接、启停机时，可能出现化学清洗后遗留物、水溶纸、焊瘤、切削片、脱落的氧化皮等异物进入进口集箱，引起节流孔堵塞。针对水冷壁节流孔堵塞问题，应加强化学清洗后和检修过程的清洁化施工管理和集箱异物清理，杜绝异物进入汽水系统。

【案例 1】某电厂 4 月 5 日 2 号机组解列转 D 修，5 月 3 日对锅炉“四管”受热面进行全面冲洗，冷、热态各放水一次。5 月 3 日 17:40 点火，正式进入机组启动程序。5 月 4 日 0:00，运行部检查受热面壁温发现锅炉后墙水冷壁第 91 点温度比其他点高 25℃以上，增加锅炉热负荷，该点与其他点的壁温差不断扩大，初步判断该水冷壁管存在通流不畅情况。汇报省调同意后，5 月 4 日 08:00 停炉，5 月 4 日 20:00 锅炉放水完成。将后墙水冷壁第 91 号水冷壁管（直径ϕ28.6×5.8mm，材质 15CrMoG）及下部入口集箱出口的三叉管和节流孔割除，检查无异物遗留或堵塞；用压缩空气通气试验，未见明显异物吹出，对水冷壁后墙第 91 根管进行多段割管检查以及通压缩空气检查，经多段割管及反复通气、通球、通钢丝绳试验确定第 91 根水冷壁管在标高 38.05m 处附近有堵塞现象，再次割管发现有较大异物卡在水冷壁管内壁，直径为 13～14mm，初步判断异物为焊瘤。异物取出后重新进行通气、通球、通钢丝绳试验正常，无堵塞现象。对本次水冷壁检查处理过程中产生的 20 道焊缝、水冷壁后墙第 91 根管对应的节流孔进行了射线检查，未见异常。

【案例 2】2017 年 9 月 19 日，某电厂机组负荷为 1024MW，主蒸汽压力为 25.19MPa，主蒸汽温度为 597.67℃。锅炉 23 号、26 号、32 号“四管泄漏”报警发出。就地检查锅炉本体 60.5m 处炉前方向有泄漏声，前墙中间观火孔处声音最大，判断为高温过热器发生爆管。停炉后检查发现高温过热器左数第 16 屏外数第 11 个管圈在入口段 TP347HFG 和出口段 Super304H 材料焊缝上侧爆开，爆口处管段严重变形，爆口处管子壁厚减薄不明显，爆口边缘存在大量沿管轴向的蠕胀裂纹，爆口边缘管径明显胀粗，如图 3-3 所示。距爆管边缘约 100、800mm 处的 TP347HFG 管径分别为 47.72、46.75mm（原始外径 45mm），管径胀粗量分别为 6.0%和 3.9%。

对过热器二级喷水减温器检查时，发现混合管前部固定销与混合管垫板结合部位受损，混合管晃动导致此处磨出椭圆孔（销孔原直径为 34mm，椭圆孔长轴达 50mm），且在垫板的销孔边角挤压出金属翻边薄片。最大的未脱落的金属卷边尺寸为 30mm×20mm（见图 3-4），大于高温过热器管圈节流孔，且混合管沿减温器长度方向的最大磨损量估算已达 17mm。

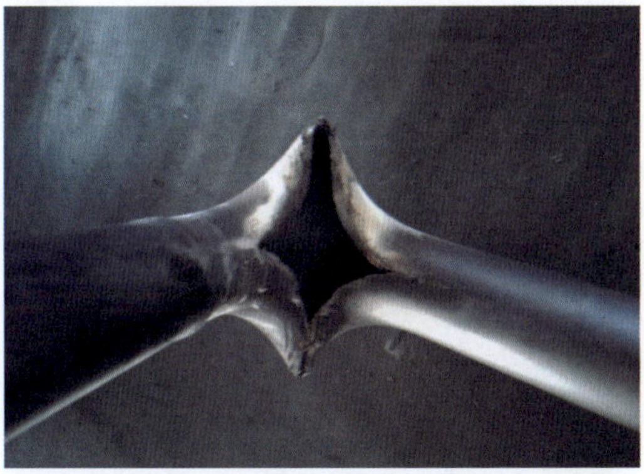

图 3-3　高温过热器爆口形貌

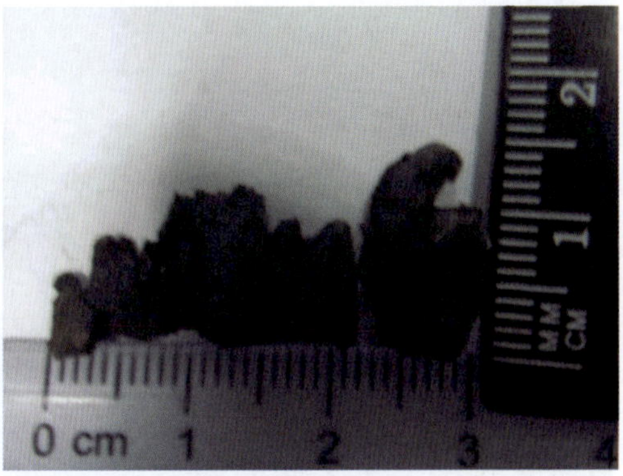

图 3-4　异物形貌

高温过热器爆管的主要原因为过热器二级喷水减温器存在设计缺陷，混合管振动造成圆柱销和混合管、喷管和混合管之间摩擦挤压出金属卷边薄片，金属薄片脱落后，跟随汽流移动到高温过热器入口节流孔处，导致被堵塞的管子蒸汽流通量减小，冷却不足最终造成过热爆管。

【上下炉膛过渡区和其他让管部位水冷壁宽鳍片裂纹问题】哈尔滨锅炉厂 1000MW 超超临界锅炉为减小垂直水冷壁沿炉膛周界的工质温度偏差，在上下炉膛过渡区设置了中间混合集箱，该区域水冷壁鳍片呈“H”型，如图 3-5 所示。其他常规让管区域，如人孔、看火孔、吹灰器、燃烧器等特殊结构附近的水冷壁鳍片也较宽，这些宽鳍片区域容易出现鳍片碳化并产生纵向裂纹和横向裂纹。有研究表明，鳍片中心表面温度与鳍片宽度的平方成正比，与鳍片厚度成反比，即在鳍片厚度不变的情况下，鳍片越宽，其中心表面温度越高，鳍片区域的温差应力越大，由热疲劳导致的开裂情况就越严重。因此，当机组启停过程中温度/压力变化速率较快、AGC 指令频繁波动时，该部位极易产生过大的热应力进而发生疲劳开裂。针对宽鳍片造成的裂纹问题，建议在宽鳍片上设置不同方向、角度的止裂缝或将宽鳍片割除用浇注料替代密封方式进行解决。

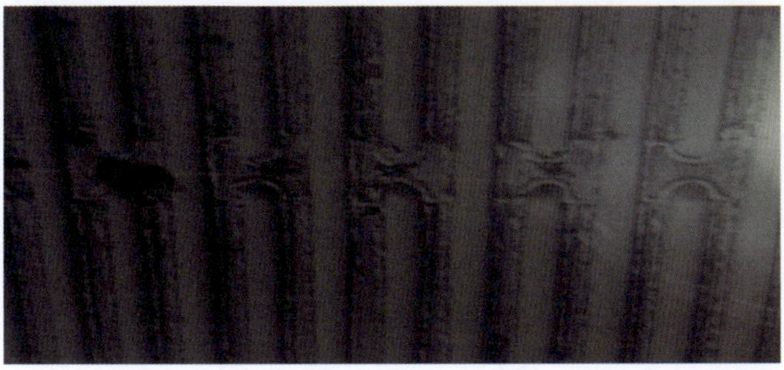

图 3-5　水冷壁中间集箱附近“H”型宽鳍片

【案例】 某电厂3号锅炉2019年C级检修中发现水冷壁中间集箱上下弯头“H”型宽鳍片裂纹100余处，如表3-3所示，宽鳍片开裂形貌如图3-6所示。对开裂严重、延伸至母材的中间集箱管屏进行换管操作，其余通过开止裂孔等止裂措施进行处理。其他吹灰器让位管、燃烧器附近等部位存在多处横向裂纹和纵向裂纹（见表3-4和表3-5），横向裂纹和纵向裂纹开裂形貌如图3-7所示。

图3-6　水冷壁宽鳍片开裂形貌

图3-7　水冷壁鳍片纵向开裂形貌

表3-3　　水冷壁管“H”型鳍片裂纹情况

部位	标高	管子编号
前墙	中间集箱上宽鳍片	Q147、Q149、Q151、Q153、Q155、Q159、Q161、Q163、Q171、Q177、Q179、Q261、Q265
	中间集箱下宽鳍片	Q126、Q134、Q138～Q164中的偶数根、Q168、Q170、Q172
后墙	中间集箱上宽鳍片	H237、H269、H271、H273、H287、H289、H293、H295、H297、H299、H319、H382、H400、H458、H468、H472、H474、H536
	中间集箱下宽鳍片	H150、H152、H182、H190、H198、H200、H210、H216、H218、H220、H230、H232、H234、H236、H240、H246、H248、H254、H256、H296、H304、H312、H318、H320、H324、H326、H328、H330、H334、H336、H340、H342、H348、H350、H354、H358、H381、H393、H401、H411、H421、H431、H441、H451、H487、H491、H533
B侧墙	中间集箱上宽鳍片	R11、R31
	中间集箱下宽鳍片	R10、R22、R24、R32

表3-4　　水冷壁鳍片纵向开裂缺陷情况表

部位	管子编号	开裂范围起止位置
前墙	Q234～235	中间集箱下宽鳍片向下1m至A-A风上弯头向下1m
	Q244～245	A-A风上弯头高度至A-A风上弯头向下0.2m
	Q278～279	燃烧器上弯头高度至燃烧器上弯头向下1m
	Q302～303	燃烧器上弯头高度至燃烧器上弯头向下0.5m
	Q305～306	A-A风下弯头向下1.5m至燃烧器上弯头高度

续表

部位	管子编号	开裂范围起止位置
前墙	Q338～339	中间集箱下宽鳍片向下 0.5m 至向下 1m
	Q360～361	中间集箱下宽鳍片向下 1m 向下 3m
	Q361～362	中间集箱下宽鳍片向下 0.5m 至向下 1m
	Q631～632	A-A 风上弯头向上 3m 至 A-A 风上弯头向下 2m
	Q677～678	A-A 风上弯头向上 1m 至 A-A 风上弯头向下 1m
后墙	H79～80	A-A 风上弯头至 A-A 风上弯头向下 1.5m
	H152～153	中间集箱上宽鳍片向下 2m 至向下 2.3m
	H161～162	中间集箱下宽鳍片向下 2m 至向下 3m
	H179～180	中间集箱下宽鳍片向下 2m 至向下 2.2m
	H243～244	中间集箱下宽鳍片向下 3m 至向下 3.5m
	H277～278	A-A 风上弯头至 A-A 风上弯头向下 1.5m
	H443～444	A-A 风下弯头向上 0.5m 至燃烧器向下 1m
A 侧墙	L32～33	中间集箱下宽鳍片向下 1m 至向下 3m
	L263～264	中间集箱下宽鳍片向下 2m 至 B 层吹灰器向下 0.2m
B 侧墙	R24～25	中间集箱下宽鳍片向下 0.5m 至向下 1.5m
	R29～30	中间集箱下宽鳍片向下 1.3m 至向下 1.5m
	R30～31	中间集箱下宽鳍片向下 1.5m 至向下 2m
	R31～32	中间集箱下宽鳍片向下 2m 至向下 2.5m
	R32～33	中间集箱下宽鳍片向下 2m 至向下 2.5m
	R62～63	中间集箱下宽鳍片至向下 2m
	R65～66	D 层吹灰器向下 0.3m 至 B 层吹灰器向下 6m

表 3-5　　水冷壁鳍片横向开裂陷情况表

部位	管子编号	开　裂　部　位
前墙	Q243～244	2 号角燃烧器右上角
	Q361～362	中间集箱下宽鳍片向下 1m
	Q479～480	3 号角 A-A 风左上角
	Q677～678	4 号角 A-A 风上弯头
后墙	H113～114	5 号角 A-A 风上弯头
	H114～115	5 号角 A-A 风上弯头（已裂至 H114 管子母材）
	H417～418	7 号角 A-A 风右上角
	H606～607	8 号角 A-A 风右上角

【吹灰器吹损问题】哈尔滨锅炉厂 1000MW 锅炉尾部受热面检修通道设计较小，特别是低温再热器区域，蒸汽吹灰器枪管与受热面距离较近，某电厂低温再热器与吹

灰器枪管最小距离仅 493.5mm。同时，尾部低温过热器、低温再热器采用吊挂结构，吹灰器蒸汽遇到悬吊管后转向，可以冲刷到第一排之后的管子，由于一般只在第一排管子处增加防磨瓦，导致蒸汽直接冲刷第一排之后的管排，吹损泄漏现象频发。

【案例】某电厂 1000MW 超超临界锅炉共布置蒸汽吹灰器 176 台，其中水平烟道和炉后受热面共布置 56 只 RL-SL 型长伸缩式蒸汽吹灰器。尾部受热面隔墙布置，炉前侧低温再热器布置于尾部竖井中，共 240 片，每片由 6 根管子组成，节距为 133.5mm，管子规格为ϕ63.5，分下、中、上 3 组，材质依次为 SA209-T1，SA213-T12 及 SA213-T22。后竖井中的水平低温过热器蛇形管共有 240 片，每片由 5 根管子组成，管子为ϕ50.8，节距为 133.5mm，材质为 SA213-T12。吹灰器枪管与管屏距离最小为 514mm。从历次检修中发现，锅炉低温再热器及低温过热器受热面管子吹损严重，吹损部位、规律基本类似，主要位置为：

（1）低温再热器固定装置与省煤器悬吊管耳板之间的第 1 根管普遍被吹损。

（2）低温再热器在紧靠省煤器悬吊管处的第 2～8 根管普遍被吹损。

（3）低温再热器吹灰器上方第 2～6 根管、吹灰器下方第 2、3 根管普遍被吹损。

电厂 2023 年 2 号锅炉 A+级检修中发现低温过热器从上往下数第 1 层检修空间 37 根管子存在吹损（见图 3-8 中 a 区域），测得最小剩余壁厚为 6.83mm，其中 3 根管子剩余壁厚小于最小要求壁厚 7.4mm。吹损管子位于蒸汽吹灰器行进通道侧第 3、第 4 根（第 1、2 根管子安装防磨瓦，第 3、4 根管子无防磨瓦），经过长期的运行管子出现出列导致吹灰蒸汽吹损。低温再热器从上向下第 2 层检修空间，编号为 78-3、90-3 的 2 根管子存在吹损（见图 3-9 中 f 区域），测得最小剩余壁厚分别为 2.98、2.24mm，其中 1 根管子剩余壁厚小于管子最小要求壁厚 2.50mm。吹损管子位于蒸汽吹灰器行进通道侧第 3 根（第 1 根管子安装防磨瓦，第 3 根管子无防磨瓦），经过长期的运行管子出现出列导致吹灰蒸汽吹损。

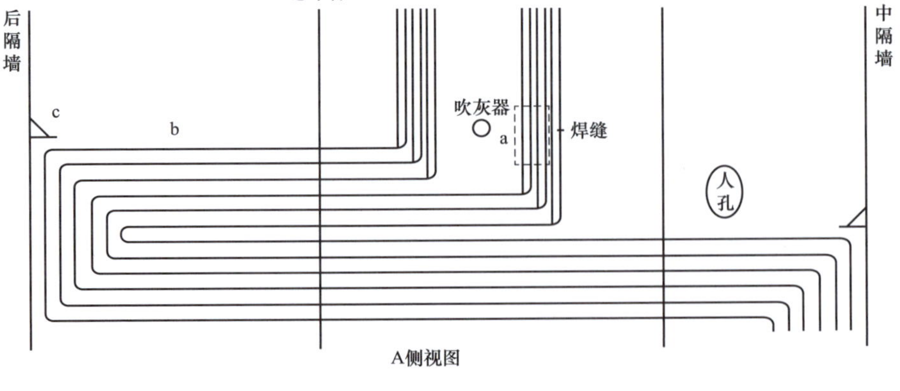

图 3-8　低温过热器上向下第 1 层检修空间检验部位

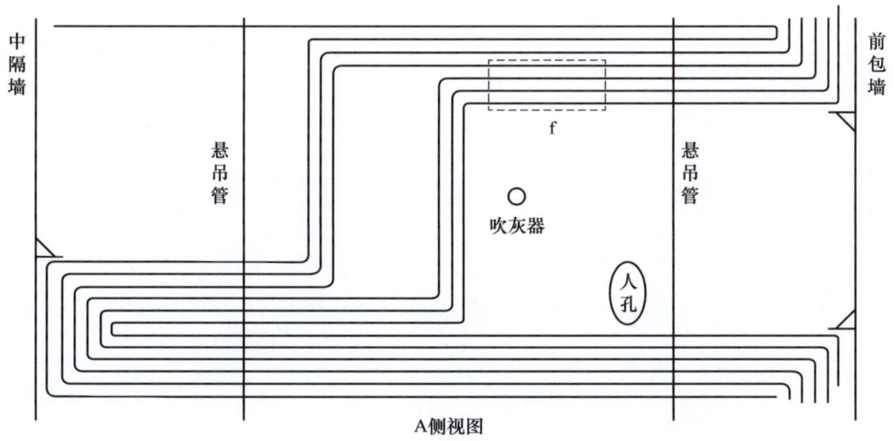

图 3-9　低温再热器上向下第 2 层检修空间检验部位

哈尔滨锅炉厂 1000MW 等级超超临界锅炉受热面重点部位检查表见表 3-6。

表 3-6　　哈尔滨锅炉厂 1000MW 等级超超临界锅炉受热面重点部位检查表

受热面名称	失效类型	失效部位	风险等级	防治措施
省煤器	吹损或磨损	吹灰器通道管排、省煤器中间集箱及下方吊杆	☆☆	执行集团公司《防止锅炉设备事故重点要求》有关吹灰管理的相关规定。保证吹灰蒸汽过热度；大范围吹损需对吹灰器提升阀后压力进行整定、调整；吹灰器吹灰范围内防磨护瓦进行增补，对翻转、吹损的防磨瓦进行修复
		中隔墙挡板/阻流板破损处、中隔墙与侧包墙连接区域等易形成烟气走廊的部位	☆☆☆	修复或恢复破损缺失的挡板/阻流板；增加让出管防磨瓦
		进口集箱接管座附近短管、下层易飞灰磨损部位	☆☆☆	增加防磨瓦；对翻转、吹损的防磨瓦进行修复
		省煤器上部第一根管	☆	增加防磨瓦；对翻转、吹损的防磨瓦进行修复
水冷壁	吹损或磨损	吹灰器区域	☆☆	执行集团公司《防止锅炉设备事故重点要求》有关吹灰管理的相关规定。保证吹灰蒸汽过热度；对短式吹灰器疏水管路进行检查，疏水管路应有不小于0.2%的坡度；测量短式吹灰器喷嘴起吹点位置，喷枪喷孔与水冷壁之间的距离应符合厂家说明书要求；复测喷枪与水冷壁的垂直度；吹灰器鹅颈阀后的蒸汽压力进行整定、调整；开展防磨喷涂
		冷灰斗斜坡	☆	宏观检查、测厚、超标更换
		冷灰斗侧墙与前后墙拐角	☆	对拐角部位进行防磨喷涂、增加浇注料
		水冷壁延伸侧墙	☆	开展防磨喷涂；增加防磨护瓦
		折焰角上部斜坡	☆☆	开展防磨喷涂
		人孔门及吹灰孔弯管	☆	治理漏风的人孔门及吹灰孔

续表

受热面名称	失效类型	失效部位	风险等级	防治措施
水冷壁	吹损或磨损	燃烧器、观火孔区域	☆	对燃烧器喷口密封盒内浇注料进行检查，存在缝隙位置进行封堵；运行巡检看火完毕后应将观火孔关闭严密，消除漏风
	过热（异物堵塞、局部热负荷高）	上层燃烧器至中间混合集箱区域	☆☆☆	加强检修施工过程中清洁度的检查及管理；开展一次风调平、配风优化等燃烧调整试验
	过热（焊接导致）	换管位置对应的整根管子	☆	控制焊缝内部余高，必要时取样割管
	应力拉裂	与刚性梁、限位及止晃装置、支吊架等相配合的拉钩等焊接区域（背火面）	☆☆☆	加强膨胀优化治理（支吊架调整、膨胀优化调整）；采用无损检测的方法检查存在拉裂风险的管子；该区域换管时应注意按设计恢复水冷壁刚性梁附件
		冷灰斗侧墙与前后墙拐角	☆☆☆	启停过程、停炉后通风冷却时注意控制壁温变化速率；检查焊缝，发现缺陷时及时消除
		人孔、吹灰孔、燃烧器、观火孔等附近让位管区域	☆☆	采用无损检测的方法检查存在拉裂风险的管子；恢复完善浇注料；将鳍片端部圆滑过渡；增加止裂孔
		中间过渡集箱H型鳍片	☆☆☆	检查评估裂纹风险，确保焊缝全焊透
		水冷壁管间超过设计的宽鳍片	☆☆☆	检查评估裂纹风险，增加止裂缝、止裂孔
		侧墙与前后墙交界区域	☆☆	采用无损检测的方法检查存在拉裂风险的管子；增加止裂孔或止裂缝
		冷灰斗水封槽梳形板区域	☆☆	
		鳍片对接焊缝区域、负荷变化区域、结构突变区域	☆☆	
		吹灰器密封盒区域（背火面，尤其是背火面四角处）、水冷壁背火面燃烧器法兰密封板焊缝	☆☆	
		水冷壁上集箱、中间集箱角焊缝	☆	宏观检查，对重点区域采用无损检测的方法进行检查
	烟气侧热疲劳（腐蚀）	水冷壁中间集箱区域	☆☆☆	结合锅炉实际运行情况，总结经验，对重点区域（如壁温异常、壁温变化幅度大）划定网格打磨磁粉检测，发现问题更换裂纹管段，注意对更换焊缝进行射线检测及磁粉检测；对于新更换的管子进行防腐蚀喷涂
		火焰刷墙区域	☆☆	开展冷态空气动力场试验，对一次风速进行调平；开展燃烧调整试验，改善水冷壁贴壁气氛；运行中注意控制煤粉细度不超DL/T 5145要求值；对于入炉煤收到基硫分超过0.7%的锅炉，重点检查水冷壁高温腐蚀问题，存在高温腐蚀可开展防腐蚀喷涂

续表

受热面名称	失效类型	失效部位	风险等级	防治措施
水冷壁	烟气侧热疲劳（腐蚀）	燃烧器区域拐角处管子（该类管子向火面约占管子圆周 3/4）	☆	防腐蚀喷涂；采用无损检测的方法检查存在腐蚀裂纹的管子
		高热负荷、还原性气氛较强的炉膛角部等	☆☆	开展燃烧调整试验，改善水冷壁贴壁气氛；运行中注意控制煤粉细度不超DL/T 5145 要求值；对于入炉煤收到基硫分超过 0.7%的锅炉，重点检查水冷壁高温腐蚀问题，存在高温腐蚀可开展防腐蚀喷涂
过热器	吹损或磨损	吹灰器区域	☆☆	执行集团公司《防止锅炉设备事故重点要求》有关吹灰管理的相关规定。保证吹灰蒸汽过热度；对吹灰器提升阀后压力进行整定、调整；低温过热器吹灰器吹灰范围内防磨护瓦进行增补，对翻转、吹损的防磨瓦进行修复
		悬吊管与低温过热器管交叉区域	☆☆	增加 L 型防磨孔板
		夹持管、定位管与管排碰磨区域	☆	增加防磨块
		出列管子	☆	壁厚检测、恢复校正
		易形成烟气走廊区域	☆☆	增加防磨设施
	过热（氧化皮引起）	U 型管排下弯头及附近区域	☆☆☆	执行集团公司《防止锅炉设备事故重点要求》《防止金属部件及锅炉压力容器事故重点要求》有关氧化皮防治的相关规定。通过燃烧优化调整控制受热面壁温不超报警值；机组启动、停机过程中注意控制壁温变化速率在 1.5℃/min 以内；存在氧化皮问题的锅炉停炉后严禁强制通风快冷；检修期间对氧化皮堆积量进行检查、超标时割管清理
	过热（性能不足）	出口集箱异种钢焊缝上侧低等级材质短管	☆☆☆	对异种钢低等级侧材质进行硬度测量，必要时进行金相检验和力学性能试验
	过热（节流孔堵塞引起）	炉内 U 型管圈	☆☆☆	基建监造、安装、吹管阶段注重对集箱、受热面内部清洁检查；检修换管时注意清洁度检查；分析总结节流孔易堵塞位置，停机期间进行射线检查
	开裂	奥氏体不锈钢材质下弯头区域	☆	加强理化分析及无损检测
		U 型管排定位卡块区域（含焊缝）	☆	采用无损检测的方法检查存在开裂风险的区域
		异种钢焊缝	☆☆☆	采用超声相控阵方法检查
	点腐蚀	三级过热器、四级过热器内圈管防磨瓦定位块	☆☆	割除打磨平整，进行壁厚检测，必要时进行更换
	高温腐蚀	管屏外圈管向火面（迎烟面）	☆	通过配煤掺烧控制入炉煤硫分、控制灰分中碱金属含量小于 4%；防腐蚀喷涂
	低温腐蚀	尾部烟道低温过热器区域	☆	对停炉后的水冲洗时机进行优化；防腐蚀喷涂

续表

受热面名称	失效类型	失效部位	风险等级	防治措施
再热器	吹损或磨损	吹灰器区域	☆☆☆	执行集团公司《防止锅炉设备事故重点要求》有关吹灰管理的相关规定。保证吹灰蒸汽过热度；如大范围吹损需对吹灰器提升阀后压力进行整定、调整；吹灰器吹灰范围内防磨护瓦进行增补，对翻转、吹损的防磨瓦进行修复
		悬吊管与低温再热器管交叉区域	☆☆	增加L型防磨孔板
		出列管子	☆	壁厚检测、恢复校正
		夹持管、定位管与管排碰磨区域	☆☆	增加防磨块
		易形成烟气走廊区域	☆	增加防磨设施
	过热（氧化皮引起）	U型管排下弯头及附近区域	☆☆	执行集团公司《防止锅炉设备事故重点要求》《防止金属部件及锅炉压力容器事故重点要求》有关氧化皮防治的相关规定。通过燃烧优化调整控制受热面壁温不超报警值；机组启动、停机过程中注意控制壁温变化速率在1.5℃/min以内；存在氧化皮问题的锅炉停炉后严禁强制通风快冷；检修期间对氧化皮堆积量进行检查、超标时割管清理
	过热	出口集箱异种钢焊缝上侧低等级材质短管	☆☆☆	对异种钢低等级侧材质进行硬度测量，必要时进行金相检验和力学性能试验
	高温腐蚀	管屏外圈管向火面（迎烟面）	☆	通过配煤掺烧控制入炉煤硫分、控制灰分中碱金属含量小于4%；防腐蚀喷涂
	低温腐蚀	尾部烟道低温再热器区域	☆	停炉后的水冲洗时机进行优化；防腐蚀喷涂
	开裂	奥氏体不锈钢材质下弯头区域	☆	加强理化分析及无损检测
		U型管排定位卡块区域（含焊缝）	☆☆	采用无损检测的方法检查存在开裂风险的区域
		异种钢焊缝	☆☆☆	采用超声相控阵方法检查
		进口集箱短管异种钢焊缝	☆☆☆	测厚、无损探伤检查

3.2 哈尔滨锅炉厂600MW等级超超临界锅炉

已投产的哈尔滨锅炉厂600MW等级超超临界锅炉采用墙式切圆燃烧方式，燃烧器布置在四面墙上，火焰喷射方向与墙垂直。墙式切圆燃烧方式具有以下优点：①燃烧器出口射流两侧具有较大的空间，补气条件好，有利于高温烟气回流，炉膛充满度高，热流分配均匀，减少水冷壁附近烟气流扰动的影响，着火稳定，燃烧器效率高，炉膛出口烟气温度均匀；②气流刚性好，不易受到水冷壁的影响造成贴墙，从而有利于防止水冷壁结渣的产生。但在实际工程应用中发现，相同容量的墙式切圆燃烧锅炉假想切圆直径远大于角式切圆燃烧锅炉。如某 660MW 角式切圆燃烧锅炉其假想切圆直径为 873mm，而同容量的墙式切圆燃烧锅炉其假想切圆直径为 9523mm。假想切圆直径偏大，热态运行下锅炉水冷壁更容易受到火焰冲刷。同时墙式切圆燃烧锅炉炉膛出口残余旋转也会远大于四角切圆，造成炉膛出口两侧烟气温度偏差较大，对于控制受热面壁温不利。因此，此类墙式切圆锅炉的受热面超温问题也非常突出。

集团内投产的部分哈尔滨锅炉厂生产的 600MW 等级超超临界锅炉高温受热面材质选用不当，抗蒸汽氧化能力不足，造成机组投产后短时间内受热面内壁氧化皮大量生成和剥落。例如，部分电厂超超临界锅炉高温再热器入口管材质选用 TP347H，由于再热蒸汽温度设计为 603℃，相对于 600MW 超临界机组再热蒸汽温度 569℃偏高较多，粗晶粒的 TP347H 抗蒸汽氧化裕度不足，造成氧化皮生成、脱落严重；部分电厂锅炉高温再热器虽然选用细晶粒的 TP347HFG，但其再热蒸汽温度设计为 623℃，较其余一次中间再热 600MW 超超临界机组再热蒸汽温度 603℃偏高 20℃，TP347HFG 在此温度下的抗蒸汽氧化性能不足，造成氧化皮生成、脱落严重。

【高温受热面氧化皮问题】高温受热面壁温是影响氧化皮生成的主要因素，锅炉受热面材料选用和壁温报警值设置应考虑材料的抗蒸汽氧化性能。《关于印发“锅炉蒸汽侧高温氧化皮专题研讨会会议纪要”的通知》（华能国股生〔2008〕233 号文）中要求“运行机组应有效控制受热面管内壁金属温度，任何工况下各管内壁金属温度确保低于抗氧化许用温度。现有壁温测点安装在炉外的电厂，炉外壁温测点报警值应按照低于抗氧化许用温度 20～40℃设定和控制”。其中，各金属材料的壁温控制值如表 3-7 所示。文件中提出，部分制造厂提供的炉外壁温报警值是基于材料持久强度，应注意其与抗氧化温度的区别，两者都要满足；同一受热面采用多于一种奥氏体不锈钢材料时，炉外测点温度按最低控制温度执行。

已投产的哈尔滨锅炉厂 600MW 等级超超临界锅炉氧化皮脱落造成受热面管堵塞、引起过热爆管的问题比较突出。其主要原因是设计主蒸汽、再热蒸汽温度较同等级超临界机组偏高较多，然而超超临界机组高温受热面使用的材质有些仍为超临界机组高温受热面常用材质，虽然材质本身高温力学性能满足要求，但抗蒸汽氧化裕度偏低。例如，TP347H 内壁抗氧化许用温度为 620℃，考虑炉内炉外壁温差，炉外测点控制温度应为 589℃，但部分电厂 600MW 超超临界锅炉炉外壁温按照 603℃控制，因此在锅炉运行中，高温再热器内壁温度已远远超过其抗氧化许用温度，导致了氧化皮的大量生成。

表 3-7　受热面常用材质抗氧化许用温度和炉外壁温控制值　（℃）

材料	内壁金属抗氧化许用温度	炉外测点控制温度	备注
TP304H	620	589	
TP347H	620	589	
TP347HFG	640	610	

续表

材料	内壁金属抗氧化许用温度	炉外测点控制温度	备注
Super304	640	620	细晶
HR3C	670	630	
T91	600	570	
12Cr1MoVG	580	550	
T22	580	550	
T23	580	550	
X20CrMoV121	600	570	
X8CrNiNb1613	620	589	
12X18H12T	620	589	

对于氧化皮问题，运行机组以控制氧化皮快速产生和无序剥落为重点，检修机组以有效检测和全面清除为关键，新建机组以温度和材料合理匹配为目标。对于已经投产的运行机组，应做到以下要求：

（1）运行机组应有效控制受热面管内壁金属温度，任何工况下各管内壁金属温度确保低于抗氧化许用温度。现有壁温测点安装在炉外的电厂，炉外壁温测点报警值应按照低于抗氧化许用温度 20～40℃设定和控制，见表 3-7。

（2）氧化皮现象较严重或可能产生氧化皮的锅炉，通常情况下，应严格控制停炉速度，瞬时温降速度最高不宜超过 1℃/min。严格控制机组非计划停运，减少不必要的调峰备用等停机。机组若发生非计划停运，如检修时间允许，根据机组实际情况，可采用强制冷却、蒸汽吹扫，清除氧化皮等措施；检修时间受限时，不允许进行强制冷却，应采用闷炉处理（约 72h）。

（3）优化炉内管壁金属温度测量方式，适当增加测点数量，以便更有效地监测和控制炉内管壁的实际金属温度不超过上述温度范围。优化机组自动控制水平，优化喷水减温控制逻辑，减少超温。

（4）加强存在氧化皮问题机组的运行调整、燃烧调整，确保受热面金属壁温水平和偏差在允许范围内。注意一次风粉均匀性、炉内空气动力场均衡、锅炉水动力稳定、蒸汽温度控制品质、受热面积灰结渣等方面问题的控制。

（5）严格控制水汽品质达到水汽质量标准的要求。

【案例 1】某电厂 1 号锅炉后屏过热器（三级过热器）蛇形管共有 35 片屏，每片屏由 16 根管组成，横向节距为 534mm，管子材质为 TP347HFG、Super 304 以及 HR3C，管径为 ϕ51/ϕ63.5，管子平均壁厚为 8.5～11.5mm，后屏过热器出口集箱为 ϕ610×130mm（P91 材质）。1 号机组投产至 2016 年，运行小时数累计为 13387h，在氧化皮专项检查中发现后屏过热器堵塞 41 根共 45 处，堵塞管占 8.6%。后屏过热器氧化皮堵塞具体位置见表 3-8，氧化皮形貌见图 3-10。

表 3-8　　某电厂 1 号锅炉后屏过热器氧化皮堵塞情况

序号	编号	位置	程度（%）	清理
1	2-13	出口弯头块状	100	已清理
2	3-5	出口焊缝	100	已清理
3	3-10	出口焊缝	100	已清理
4	5-9	出口焊缝	100	已清理
5	5-6	出口弯头	100	已清理
6	6-13	出口弯头	50	已清理
7	7-6	出口弯头	100	已清理
8	7-13	出口弯头	100	已清理
9	8-4	进口、出口弯头	100	已清理
10	8-15	出口弯头	100	已清理
11	9-8	出口焊缝	100	已清理
12	9-13	出口焊缝	100	已清理
13	9-13	进口弯头	100	已清理
14	10-13	进口焊缝	100	已清理
15	10-13	出口焊缝	100	已清理
16	11-7	出口焊缝	100	已清理
17	11-13	出口焊缝	100	已清理
18	12-10	出口焊缝	100	已清理
19	12-15	出口焊缝	100	已清理
20	13-13	出口焊缝	100	已清理
21	13-13	进口弯头	100	已清理
22	14-4	出口弯头上 300mm	100	已清理
23	14-13	出口焊缝	100	已清理
24	17-12	出口弯头	100	已清理
25	18-12	出口弯头	100	已清理
26	18-13	出口焊缝	100	已清理
27	19-12	出口焊缝	100	已清理
28	19-13	出口焊缝	100	已清理
29	21-14	出口焊缝	100	已清理
30	22-15	出口焊缝	100	已清理
31	22-12	出口焊缝	100	已清理
32	27-13	出口焊缝	100	已清理
33	29-13	出口焊缝	100	已清理

续表

序号	编号	位置	程度（%）	清理
34	30-4	出口弯头上 300mm	100	已清理
35	30-10	出口焊缝	100	已清理
36	30-11	出口焊缝（割管取样）	100	已清理
37	31-4	出口焊缝	100	已清理
38	31-12	出口焊缝	100	已清理
39	31-13	出口弯头	100	已清理
40	32-15	出口焊缝	100	已清理
41	33-13	出口弯头上 15m	100	已清理
42	34-12	出口弯头	50	已清理
43	34-13	出口弯头	50	已清理
44	5-13	出口弯头	50	已清理

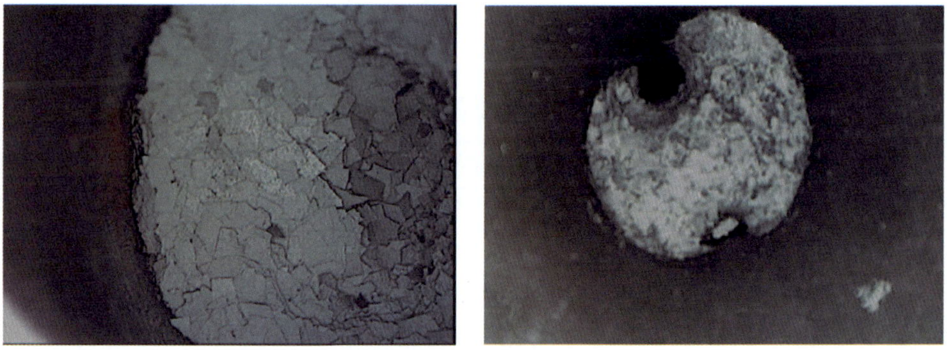

图 3-10　后屏过热器氧化皮形貌

【案例 2】某电厂分隔屏过热器材质以 TP347HFG 材料为主，后屏过热器、末级过热器及高压高温再热器、低压高温再热器中均含有 TP347HFG 材料。1 号锅炉历次氧化皮检查情况如表 3-9 所示。TP347HFG 氧化皮剥落痕迹和氧化皮形貌见图 3-11。

表 3-9　　某电厂 1 号锅炉历次氧化皮检查弯头堵塞数量　　（个）

序号	分隔屏过热器	后屏过热器	末级过热器	高压高温再热器	高压低温再热器	低压高温再热器	低压低温再热器	检修时间
1	13	510	624	0	0	0	0	2016 年 4 月 C 修
2	0	31	85	0	0	0	0	2016 年 12 月 C 修
3	0	33	10	2	0	1	0	2017 年 6 月 C 修
4	0	7	2	1	0	3	0	2017 年 11 月 C 修
5	0	0	0	475	840	0	0	2018 年 6 月 C 修
6	0	0	0	15	6	840	7	2018 年 9 月～10 月 C 修
7	1	0	0	31	0	405	29	2019 年 4 月～6 月 C 修

图 3-11 TP347HFG 氧化皮剥落痕迹和氧化皮形貌

从表 3-9 中可以看出，分隔屏过热器虽然主要以 TP347HFG 材料为主，相对而言蒸汽温度较低，壁温不高，仅个别管内有氧化皮，说明存在一定的烟气温度偏差，个别管因局部烟气温度高使管壁温度偏高产生了氧化皮。后屏过热器、末级过热器氧化皮较多，说明后屏过热器处温度已经超过 TP347HFG 材料的抗氧化许用温度上限。例如，末级过热器出口壁温显示未超温，但其进口温度比设计值 542℃高，达到 560℃以上。进口侧管采用 TP347HFG 管材，随着受热面管壁温度升高，可能存在接近管材温度的上限或超过上限的情况，加剧了氧化皮的产生。高温高压再热器、高温低压再热器、低温高压再热器、低温低压再热器均有 TP347HFG 材料，在过热器系统受热面未优化前，没有氧化皮或者氧化皮数量很少。一方面，高温高压再热器、高温低压再热器出口蒸汽温度未达到设计值 623℃，另一方面，高温高压再热器、高温低压再热器进口蒸汽温度低于设计值，故进汽侧的 TH347HFG 管材温度均在设计范围之内。但在过热器系统受热面优化后，高温高压再热器、高温低压再热器、低温高压再热器产生大量氧化皮，主要原因是烟气温度升高。

【案例 3】某电厂三期锅炉末级再热器共 70 排，每排 11 圈管子。末级再热器材质采用了 TP347H、Super304H、HR3C 三种材质，规格为ϕ63.5×4mm（外 3 圈）或ϕ60×4mm（外数第 4～11 圈）。其中末级再热器入口侧前下弯头部位之前的 11 圈管屏上部均采用了约 9.5m 长度的 TP347H，前下弯头部位最外圈采用了 HR3C，从外往里数第 2 圈、第 3 圈为 Super304H，第 4～11 圈为 TP347H。末再出口侧管屏基本上均为 Super304H、HR3C。末级再热器管屏布置见图 3-12。

2012 年 4 月，5 号锅炉停机后对末级再热器、末级过热器、后屏过热器进行氧化皮堆积磁性检测，结果如下：分隔屏过热器、后屏过热器及末级过热器管未发现氧化物脱落；末级再热器前屏管（TP347H ϕ60×4mm、ϕ63.5×4mm）下部弯头基本均有氧化皮堆积，其中进、出口弯头管内氧化皮堆积总量超 30g 的达 351 根管，主要分布在末级再热器两侧管屏（A1～19 屏及 A48～70 屏、管号为 4～11）出口 120°弯头内。割管清理，发现部分弯头内氧化皮已堵满，收集称重达 200g 以上，入口 60°弯头内部分积水、氧化皮堆积相对较少，大部分均低于 50g，氧化皮形貌为不规则片状，平均厚度为 0.1mm。检修期间将末级再热器管内堆积超 50g 以上的 428 根管割开清理干净并恢复。

2013 年 4 月，5 号机组停机后对末级再热器进行氧化皮堆积检测，结果如下：①高温再热器入口侧炉前下弯头共检测 770 根（70 屏×11 根），存在高风险的 682 根，中风险的 88 根；②高温再热器入口侧炉后下弯头共检测 700 根（70 屏×10 根），存在高风险的 434 根，中风险的 107 根，低风险的 159 根；③高温再热器出口侧侧炉前下弯头、炉后下弯头共检测 700 根（70 屏×10 根），均为无风险（少量氧化物）；④检修期间将高温再热器管内堆积高风险的 713 根管割开清理干净并恢复，氧化皮形貌如图 3-13 所示。

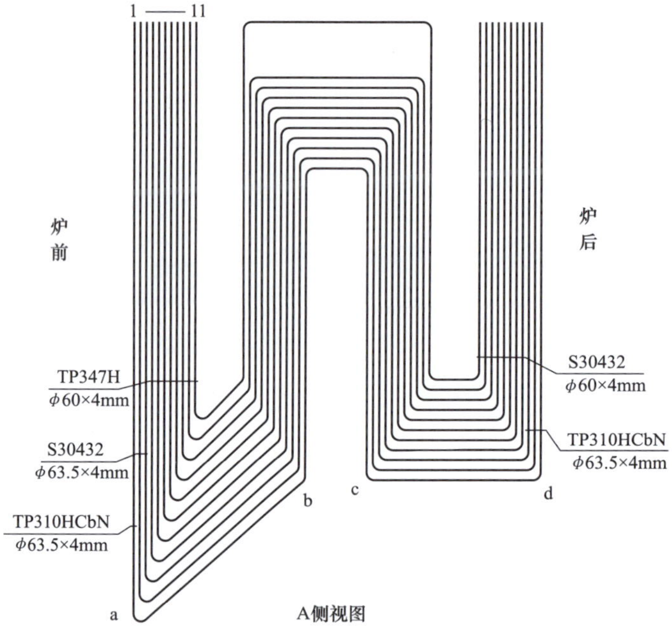

图 3-12　某电厂 5 号锅炉高温再热器氧化皮堆积测点示意图

图 3-13　某电厂 5 号锅炉高温再热器氧化皮形貌

2012 年 6 月，6 号机组停机后对末级再热器进行氧化皮堆积检测，结果如下：发现末级再热器 817 根管内氧化皮堆积超 50g 以上，有堵管的风险。其中，入口侧管屏下部弯头都有不同程度的氧化皮堆积，炉前往炉后数第一根管的氧化皮堆积情况相对较轻。炉前往炉后数第 4～11 根管的氧化皮剥落堆积情况最为严重，有部分管道弯头已被剥落的氧化皮完全堵死，氧化皮剥落情况在整个管屏上分布没有明显的特征规律，其中中、高风险（50g 以上）的共 661 根，氧化皮脱落堆积主要集中在中部管屏 A16-A50 入口弯头处；A68-A70 屏也有部分管内氧化皮堆积。氧化皮都集中于炉前往炉后数第 4～11 根管前弯头处，其中中、高风险（50g 以上）的约 156 根。检修期间将末级再热器管内堆积超 50g 以上的 817 根管割开清理干净后恢复。

【墙式切圆燃烧锅炉水冷壁超温问题】已投产的哈尔滨锅炉厂 600MW 等级 超超临界锅炉均采用墙式切圆燃烧方式，相同容量的墙式切圆燃烧锅炉假想切圆直径远大于角式切圆燃烧锅炉。假想切圆直径偏大，热态运行下锅炉炉墙容易受到火焰冲刷，导致水冷壁壁温超温；叠加垂直管圈水冷壁流量分配偏差大的因素，水冷壁超温幅度很大，存在过热泄漏风险。

【案例】某电厂 1 号锅炉 660MW 负荷，水冷壁前墙温度偏差为 83℃，后墙温度偏差为 39℃，左侧墙温度偏差为 22℃，右侧墙温度偏差为 30℃。前墙最高温度达到 491℃，其余三面墙的最高温度均未超过 440℃。图 3-14 所示为水冷壁出口壁温分布情况，前墙右侧区域第 360～420 号管壁温明显偏高，造成此问题的原因主要是由于炉内燃烧烟气侧的热负荷与水冷壁节流孔圈不匹配导致流量分配不均匀。针对此问题，电厂联系锅炉厂进行了节流孔圈调整，调整方案见表 3-10。水冷壁调整节流孔圈共 10 只，其中 8 只孔径均为 17mm，1 只孔径为 15mm，1 只孔径为 16mm。

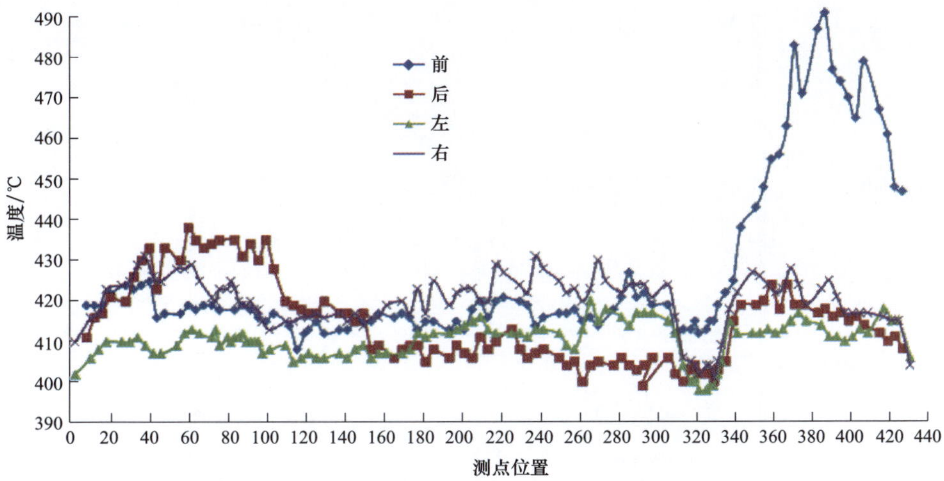

图 3-14　某电厂 1 号锅炉水冷壁出口温度分布

表 3-10　　某电厂 1 号锅炉水冷壁节流孔圈调整方案

项目	单位	位置 1	位置 2	位置 3	位置 4
管子号数（从炉左到炉右）	根	353～360	361～392	393～424	425～432
水冷壁回路	—	LFW15	LFW16	LFW17	LFW18
原节流孔径	mm	14	13	13	13
节流孔圈数量	只	1	4	4	1
调整后节流孔径	mm	16	17	17	15

建议采用墙式切圆燃烧方式的锅炉，应特别注意一次风调平工作和煤粉细度的控制，避免一次风偏差或煤粉偏粗造成火焰冲刷水冷壁、结渣，必要时开展燃烧调整试验。对于通过燃烧调整试验无法从烟气侧解决水冷壁超温问题的锅炉，应联系锅炉厂进行水动力计算，考虑对水冷壁节流孔进行孔径调整。

【水冷壁横向裂纹、水冷壁宽鳍片开裂、节流孔异物堵塞问题】已投产的哈尔滨锅炉厂 600MW 等级超超临界锅炉采用垂直管圈水冷壁，因此与哈尔滨锅炉厂 1000MW 等级超超临界锅炉一样，也存在水冷壁横向裂纹问题、水冷壁宽鳍片开裂问题、节流孔异物堵塞问题。

【案例 1】某电厂 2 台锅炉历次检修期间均发现主燃烧器区至中间集箱水冷壁管有横向裂纹，且出现的位置基本相同，如图 3-15 所示，主要出现在各面墙的左侧 1/4 宽度的左右两侧，标高大致在 47.2m 附近。造成每次检修换管数量较大，检修时间及成本较高，2 台锅炉因水冷壁裂纹泄漏问题连续多次停机处理。

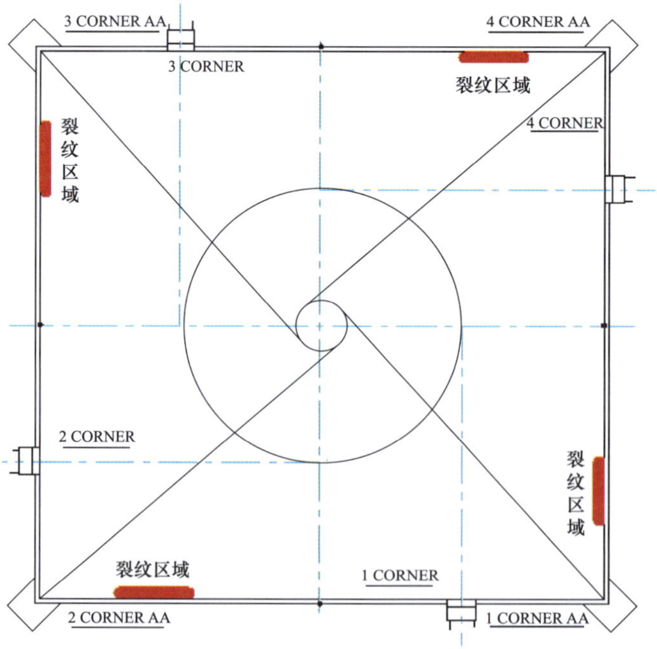

图 3-15　水冷壁横向裂纹发生区域

2011 年检修期间，发现部分横向裂纹深度已经达到整体壁厚的 1/2，裂纹在管子向火侧呈横向分布，裂纹由外壁向内壁发展，形貌如图 3-16 所示，裂纹宏观形貌属于热疲劳开裂。通过相关试验和分析确认水冷壁管表面裂纹属于热疲劳裂纹，产生原因：①水冷壁温度场不均衡，燃烧热负荷分布与管内介质流量不匹配，造成水冷壁相邻管温度梯度过大，产生局部热应力；②“过热度”波动幅度过大、速率过高，尤其是在工况变动期间更为明显。水冷壁出口介质温度大幅、快速波动甚至超温，两个因素相互叠加，使水冷壁产生交变应力，最终形成大面积疲劳裂纹。

图 3-16 水冷壁横向裂纹形貌

【案例 2】某电厂两台锅炉在历次检修中发现水冷壁管鳍片裂纹问题：后墙左数中部散管管屏第 119～121、154～159 根，第 163、164 根鳍片裂纹；前墙左数中部散管管屏第 89～111、141～143 根鳍片裂纹，如图 3-17 所示；左墙 1 号角 A-A 燃烬风区域从前往后数第 98、99 根之间，长度为 8m 左右鳍片裂纹；左墙 1 号角燃烧器区域从前往后数第 6～9 根之间，鳍片开裂长度为整个燃烧器高度，如图 3-18 所示；左墙第二层吹灰器上部从前往后数第 163、164 根之间长度为 6m 左右的鳍片裂纹；右墙第二层吹灰器上部从前往后数第 179、180 根之间有长度为 7m 左右的鳍片裂纹。

图 3-17 水冷壁鳍片横向裂纹和纵向裂纹形貌

图 3-18 燃烧器区域水冷壁鳍片开裂形貌

为在一定程度上解决鳍片裂纹问题，电厂在 1、2 号锅炉炉内安装壁温测点，以真实反映炉内的金属壁温分布情况。同时，对长期超温的水冷壁管敷设热障层，热障敷层材料包括三层，分别为黏结层、陶瓷层及耐磨层，其中黏结层材料为 MCrAlY，其 M 代表 Fe、Ni、Co 元素；热障陶瓷层材料为 YSZ，即 Y_2O_3 部分稳定的 ZrO_2；而最外层为 Ni 基金属陶瓷材料。

【案例 3】2019 年 5 月，某电厂在 1 号机组检修期间对水冷壁进行外观检验、磁粉检测、超声波测厚，发现左、右墙燃烧器区域水冷壁管普遍存在腐蚀及疲劳裂纹，横向裂纹形貌如图 3-19 所示。

图 3-19 某电厂 1 号锅炉水冷壁横向裂纹形貌

前、后墙燃烧器区域水冷壁管普遍存在轻微腐蚀及疲劳裂纹。经对部分管子裂纹进行打磨消缺，发现前、后墙水冷壁管疲劳裂纹深度较浅，普遍深度为 0.1～0.2mm，左、右墙水冷壁管疲劳裂纹深度为 0.2～1.0mm，最大裂纹深度 1.02mm。

【案例 4】2016 年 9 月，某电厂 5 号锅炉 C+检修发现燃烧器标高至中间集箱区域水冷壁管高温腐蚀及应力横向裂纹较多，共换管 970 根，更换总长度约 4579m。2017 年 6 号锅炉 C 级检修发现上千根水冷壁管存在横向裂纹，裂纹形貌见图 3-20，横向裂纹具体位置为：标高 50.7m 水冷壁前墙第 40～74 根、A 侧墙第 55～90 根、B 侧墙第 243～305 根共 134 根管子焊缝下方管壁母材存在横向裂纹；标高 42.7m 水冷壁前墙第 20～212 根、后墙第 69～115 根、B 侧墙第 206～264 根共 299 根管子管壁母材存在横向裂纹；标高 41.7m 水冷壁前墙第 64～83 根、第 107～180 根、A 侧墙第 108～300 根、B 侧墙第 137～171 根共 287 根管子管壁母材存在横向裂纹；标高 40.7m 水冷壁前墙第 46～215 根、A 侧墙第 61～305 根、后墙第 69～

210根、B侧墙第120～272根共612根管子焊缝下方管壁母材存在横向裂纹；前墙第216～272根、B侧墙第273～315根共100根管子管壁母材存在横向裂纹；标高38.7m水冷壁前墙第241～280根、A侧墙第60～109根、后墙第69～210根共232根管子管壁母材存在横向裂纹；标高36.7m水冷壁前墙第100～210根共111根管子管壁母材存在横向裂纹。

图3-20　某电厂6号锅炉水冷壁横向裂纹形貌

哈尔滨锅炉厂600MW等级超超临界锅炉受热面重点部位检查表见表3-11。

表3-11　　哈尔滨锅炉厂600MW等级超超临界锅炉受热面重点部位检查表

受热面名称	失效类型	失效部位	风险等级	防治措施
省煤器	吹损或磨损	吹灰器通道管排、省煤器中间集箱及下方吊杆	☆☆	执行集团公司《防止锅炉设备事故重点要求》有关吹灰管理的相关规定。保证吹灰蒸汽过热度；如大范围吹损需对吹灰器提升阀后压力进行整定、调整；吹灰器吹灰范围内防磨护瓦进行增补，对翻转、吹损的防磨瓦进行修复
		中隔墙挡板破损处、中隔墙与侧包墙连接区域、省煤器与包墙之间等易形成烟气走廊的部位	☆☆☆	修复或恢复破损缺失的挡板/阻流板；增加让出管防磨瓦
		进口集箱接管座附近短管、下层易飞灰磨损部位	☆☆☆	增加防磨瓦；对翻转、吹损的防磨瓦进行修复
水冷壁	吹损或磨损	吹灰器区域	☆☆	执行集团公司《防止锅炉设备事故重点要求》有关吹灰管理的相关规定。对短式吹灰器疏水管路进行检查，疏水管路应有不小于0.2%的坡度；保证吹灰蒸汽过热度；测量短式吹灰器喷嘴起吹点位置，喷枪喷孔与水冷壁之间的距离应符合厂家说明书要求；复测喷枪与水冷壁的垂直度；吹灰器鹅颈阀后的蒸汽压力进行整定、调整；开展防磨喷涂
		冷灰斗斜坡	☆	宏观检查、测厚，更换减薄超标管
		冷灰斗侧墙与前后墙拐角、冷灰斗喉部弯管区域	☆☆☆	开展防磨喷涂、增加浇注料

续表

<table>
<tr><th>受热面名称</th><th>失效类型</th><th>失效部位</th><th>风险等级</th><th>防治措施</th></tr>
<tr><td rowspan="17">水冷壁</td><td rowspan="3">吹损或磨损</td><td>折焰角上部斜坡</td><td>☆</td><td>开展防磨喷涂</td></tr>
<tr><td>人孔门及吹灰孔弯管</td><td>☆</td><td>治理漏风的人孔门及吹灰孔</td></tr>
<tr><td>燃烧器、观火孔区域</td><td>☆</td><td>对燃烧器喷口密封盒内浇注料进行检查，存在缝隙位置进行封堵；运行巡检看火完毕后应将观火孔关闭严密，消除漏风</td></tr>
<tr><td>过热（局部热负荷高、异物堵塞）</td><td>上层燃烧器至中间混合集箱区域</td><td>☆☆☆</td><td>加强检修施工过程中清洁度的检查及管理；开展一次风调平、配风优化等燃烧调整试验</td></tr>
<tr><td rowspan="11">应力拉裂</td><td>与刚性梁、限位及止晃装置、支吊架等相配合的拉钩等焊接区域（背火面）</td><td>☆☆☆</td><td>加强膨胀优化治理（支吊架调整、膨胀优化调整）；采用无损检测的方法检查存在拉裂风险的管子；该区域换管时应注意按设计恢复水冷壁刚性梁附件</td></tr>
<tr><td>水冷壁管穿顶棚处（末端鳍片）</td><td>☆☆</td><td>采用无损检测的方法检查存在拉裂风险的管子；增加止裂孔；进行膨胀优化治理</td></tr>
<tr><td>人孔、吹灰孔、燃烧器、观火孔等附近让位管区域</td><td>☆☆</td><td>采用无损检测的方法检查存在拉裂风险的管子；恢复完善浇注料；将鳍片端部圆滑过渡；增加止裂孔</td></tr>
<tr><td>中间过渡集箱 H 型鳍片</td><td>☆☆☆</td><td>检查评估裂纹风险，确保焊缝全焊透</td></tr>
<tr><td>侧墙与前后墙交界区域</td><td>☆☆</td><td rowspan="4">采用无损检测的方法检查存在拉裂风险的管子；增加止裂孔或止裂缝</td></tr>
<tr><td>冷灰斗水封槽梳形板区域</td><td>☆☆</td></tr>
<tr><td>鳍片对接焊缝区域、负荷变化区域、结构突变区域</td><td>☆☆</td></tr>
<tr><td>吹灰器密封盒区域（背火面，尤其是背火面四角处）</td><td>☆☆</td></tr>
<tr><td>水冷壁上集箱、中间集箱管座角焊缝</td><td>☆☆☆</td><td>宏观检查，对重点区域采用无损检测的方法进行检查</td></tr>
<tr><td>水冷壁延伸侧包墙与尾部烟道交接部位</td><td>☆☆☆</td><td rowspan="2">加强检查；增加止裂缝、止裂孔；对鳍片末端进行圆滑过渡</td></tr>
<tr><td>折焰角背火面水冷壁侧墙与延伸包墙的交接部位</td><td>☆☆☆</td></tr>
<tr><td rowspan="2">烟气侧热疲劳</td><td>水冷壁中间集箱区域</td><td>☆☆☆</td><td>结合锅炉实际运行情况，总结经验，对重点区域（如壁温异常、壁温变化幅度大）划定网格打磨磁粉检测，发现问题更换裂纹管段，注意对更换焊缝进行射线检测及磁粉检测；对于新更换的管子进行防腐蚀喷涂</td></tr>
<tr><td>燃烧器区域拐角处管子（该类管子向火面约占管子圆周 3/4）</td><td>☆</td><td>防腐蚀喷涂；采用无损检测的方法检查存在腐蚀裂纹的管子</td></tr>
</table>

续表

受热面名称	失效类型	失效部位	风险等级	防治措施
水冷壁	烟气侧热疲劳	火焰刷墙区域（切圆燃烧器射流的下游方向）	☆☆	开展冷态空气动力场试验，对一次风速进行调平；开展燃烧调整试验，改善水冷壁贴壁气氛；运行中注意控制煤粉细度不超DL/T 5145要求值；对于入炉煤收到基硫分超过0.7%的锅炉，重点检查水冷壁高温腐蚀问题，存在高温腐蚀可开展防腐蚀喷涂
过热器	吹损或磨损	吹灰器区域	☆	执行集团公司《防止锅炉设备事故重点要求》有关吹灰管理的相关规定。保证吹灰蒸汽过热度；对吹灰器提升阀后压力进行整定、调整；低温过热器吹灰器吹灰范围内防磨护瓦进行增补，对翻转、吹损的防磨瓦进行修复
		悬吊管与低温过热器管交叉区域	☆☆	增加L型防磨孔板
		夹持管、定位管与管排碰磨区域	☆	增加防磨块
		易形成烟气走廊区域	☆☆	增加防磨设施
	过热（氧化皮引起）	U型管排下弯头及附近区域	☆☆☆	执行集团公司《防止锅炉设备事故重点要求》《防止金属部件及锅炉压力容器事故重点要求》有关氧化皮防治的相关规定。通过燃烧优化调整控制受热面壁温不超报警值；机组启动、停机过程中注意控制壁温变化速率在1.5℃/min以内；存在氧化皮问题的锅炉停炉后严禁强制通风快冷；检修期间对氧化皮堆积量进行检查、超标时割管清理
	过热（节流孔堵塞）	U型管排入口段靠近下弯头区域	☆☆☆	基建监造、安装、吹管阶段注重对集箱、受热面内部清洁检查；检修换管时注意清洁度检查；分析总结节流孔易堵塞位置，停机期间进行射线检查；化学酸洗后放空高温受热面U型管屏内的积水及保护液，酸洗后再次开展氧化皮检查清理工作
	开裂	奥氏体不锈钢材质下弯头区域	☆	加强无损检测，必要时进行理化分析
		U型管排定位卡块区域（含焊缝）	☆	采用无损检测的方法检查存在开裂风险的区域
		大包内异种钢焊缝	☆☆☆	采用超声相控阵方法检查
	变形（因大包漏风积灰、大包内保温不良导致）	顶棚过热器区域	☆☆	穿顶棚管密封进行修复改造；大包内集箱及其引入、引出管的保温修复；加强顶棚悬吊设施检查；开展易应力集中部位检查（如管子对接焊缝、管子与鳍片角焊缝等）
	点腐蚀	三级过热器、四级过热器内圈管防磨瓦定位块	☆☆	割除打磨平整，进行壁厚检测，必要时进行更换
	高温硫酸盐腐蚀	管屏外圈管迎烟面	☆	通过配煤掺烧控制入炉煤硫分、控制灰分中碱金属含量小于4%；防腐蚀喷涂

续表

受热面名称	失效类型	失效部位	风险等级	防治措施
再热器	吹损或磨损	吹灰器区域	☆☆☆	执行集团公司《防止锅炉设备事故重点要求》有关吹灰管理的相关规定。保证吹灰蒸汽过热度；对吹灰器提升阀后压力进行整定、调整；低温过热器吹灰器吹灰范围内防磨护瓦进行增补，对翻转、吹损的防磨瓦进行修复
		悬吊管与低温再热器管交叉区域	☆☆	增加 L 型防磨孔板
		夹持管、定位管与管排碰磨区域	☆☆	增加防磨块
		易形成烟气走廊区域、结渣形成烟气走廊	☆	增加防磨设施
	过热（氧化皮引起）	U 型管排下弯头及附近区域	☆☆☆	执行集团公司《防止锅炉设备事故重点要求》《防止金属部件及锅炉压力容器事故重点要求》有关氧化皮防治的相关规定。通过燃烧优化调整控制受热面壁温不超报警值；机组启动、停机过程中注意控制壁温变化速率在 1.5℃/min 以内；存在氧化皮问题的锅炉停炉后严禁强制通风快冷；检修期间对氧化皮堆积量进行检查、超标时割管清理
	过热	出口集箱异种钢焊缝上侧低等级材质短管	☆☆☆	对异种钢低等级侧材质进行硬度测量，必要时进行金相检验和力学性能试验
	高温硫酸盐腐蚀	管屏外圈管迎烟面	☆	通过配煤掺烧控制入炉煤硫分、控制灰分中碱金属含量小于 4%；防腐蚀喷涂
	开裂	奥氏体不锈钢材质下弯头区域	☆	加强无损检测，必要时进行理化分析
		U 型管排定位卡块区域（含焊缝）	☆☆☆	采用无损检测的方法检查存在开裂风险的区域
		高温再热器交叉管下方倒 U 型管附近固定圆钢	☆☆☆	渗透检测，对发现的缺陷及时处理
		大包内异种钢焊缝	☆☆	采用超声相控阵方法检查

3.3 哈尔滨锅炉厂 600MW 等级超临界锅炉

已投产的哈尔滨锅炉厂 600MW 超临界锅炉，前墙水冷壁和两侧墙水冷壁上集箱为整体式一根结构，不进行分段。例如某哈尔滨锅炉厂 600MW 锅炉前墙水冷壁上集箱长 15497.3mm，固定端位于集箱中间，集箱从中间沿轴向向锅炉两侧膨胀。由于近年来火电机组频繁参与调峰，机组负荷波动频繁，而该位置集箱由于设计较长，水冷壁管屏和上集箱之间膨胀不同步，同时二者之间存在温差，有时甚至达到 100℃左右，集箱管座焊缝处在较高的应力下易发生疲劳裂纹。针对水冷壁上集箱管座角焊缝开裂问题，多家电厂已实施局部改造或分段改造。

已投产的哈尔滨锅炉厂 600MW 超临界锅炉再热器分为低温再热器和高温再热器两段布置，中间无集箱连接，低温再热器布置于尾部双烟道中的前部烟道，高温再热器布置于水平烟道中。再热器喷水减温器只能布置在低温再热器入口，导致再热器喷水减温调节滞后，无法实现自动化。同时，由于两级再热器受热面间没有中间集箱混合，热偏差累积叠加，导致高温再热器出口存在蒸汽温度偏差。同时，高温再热器为倒 U 型结构，倒 U 型弯悬吊采用鳍片连接，吊挂于顶棚管以下。倒 U 型弯水平段各炉管之间焊接鳍片的端部存在应力集中点，锅炉长期运行后炉管与鳍片间的连接焊缝端部沿熔合线产生开裂，加之高温再热器管屏梳形定位板与炉管间滑动不畅、高温再热器底部积灰等因素，影响管屏热态膨胀，在鳍片端部的管壁产生压应力，导致管子内壁容易出现疲劳裂纹，甚至导致高温再热器管屏变形。针对以上问题，部分电厂进行了“增加再热器中间集箱+新增中间级减温器+连接管道交叉布置+高温再热器整体优化（减少高温再热器面积和优化结构）”的技术改造，再热器系统优化改造完成后，再热器出口蒸汽温度能够达到额定参数，且再热器在 BMCR 工况（锅炉最大连续出力工况）及 50%额定负荷喷水量均为 0，改造效果良好。

哈尔滨锅炉厂 600MW 超临界机组部分锅炉屏式过热器、高温过热器与高温再热器的异种钢焊缝布置在炉内紧靠顶棚区域，一般距顶棚在 50mm 以内。受热面在炉内晃动或启停过程中膨胀变形时在换热管根部产生的应变最大，即在顶棚根部产生的应变最大，且由于异种钢焊缝两侧的耐热性能和膨胀系数不同，在受到较大或交变应力作用时容易在低等级材料一侧熔合线区域产生裂纹，并且裂纹产生后发展也较快。

【高温受热面炉内异种钢焊接接头开裂问题】已投产的哈尔滨锅炉厂部分锅 炉的高温过热器、高温再热器异种钢焊接接头布置在顶棚向下 50mm 区域，多家电厂均在检修或运行过程中发现过此处异种钢焊接接头开裂。以下原因共同作用下导致异种钢焊接接头易发生开裂：①铁素体/奥氏体不锈钢异种钢焊接接头两侧母材的线膨胀系数存在较大差异，在焊缝与母材的结合面产生较大的内应力，易造成异种钢焊接接头沿低合金钢侧熔合线的开裂；②哈尔滨锅炉厂早期制造的锅炉中，此类焊接接头未做焊后热处理，残余应力过大；③异种钢焊接接头布置在距顶棚管下 50mm 位置，服役温度较高会加速碳迁移且拘束应力大。已有部分电厂将此位置的异种钢焊接接头改造至大包内，同时严格按照相关标准对其进行检验，可在一定程度上避免因异种钢焊接接头开裂导致的锅炉非停。

【案例】某电厂 1 号锅炉高温再热器采用逆顺混合换热布置，高温再热器出口 6 根管子异种钢焊接接头位于顶棚下 50mm 处，如图 3-21 所示，材质为 TP347H 和 T91。

此异种钢焊接接头不但要承受管屏重力荷载且长期受烟气冲刷，工作环境较差。原设计高温再热器管屏固定方式为梳形板固定，运输以及安装过程中梳形板易发生倾斜变形，同时由于 T91、TP347H 两种钢受热膨胀差较大，致使此处异种钢焊接接头长期承受较大应力，进而发生泄漏，泄漏管形貌如图 3-22 所示。

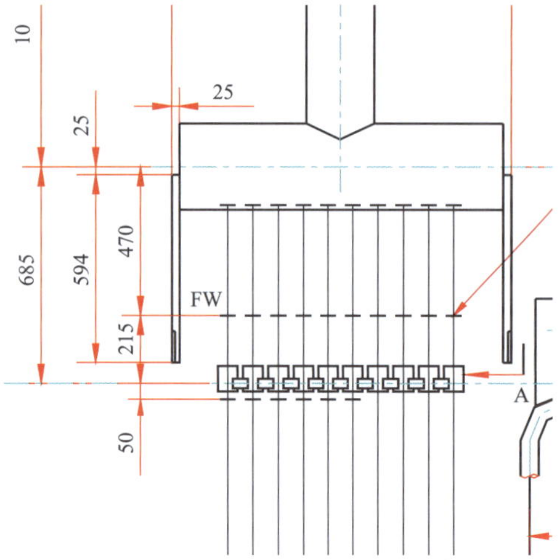

图 3-21 高温再热器异种钢焊接接头位置（单位 mm） 图 3-22 高温再热器异种钢焊接接头开裂泄漏

【水冷壁上集箱管座角焊缝应力拉裂问题】哈尔滨锅炉厂原引进英国巴威公司技术制造的 600MW 超临界锅炉，经过 3～5 年的运行周期，水冷壁上集箱筒身角焊缝区域在停炉检查时频繁发现裂纹，或者运行期间发生泄漏。其原因为：①原设计通长集箱结构是基于机组负荷稳定，只在锅炉启停时存在较小膨胀量，而目前锅炉经常快速启停和快速变负荷，导致此位置膨胀量超出设计范围，经过几个周期后角焊缝被拉裂;②因水冷壁上集箱在炉顶大包内位置较低，水冷壁鳍片管距离水冷壁上集箱距离短，两侧墙设计安装高度仅为 550mm，释放集箱膨胀变形的空间不足；水冷壁上集箱与水冷壁鳍片管的膨胀量不一致，频繁升降负荷过程中，在鳍片与炉管焊缝角部形成应力集中，水冷壁鳍片管根部易发应力集中拉裂现象。

集箱管座角焊缝开裂，多发现在超临界锅炉前墙和两侧墙水冷壁出口集箱管座。机组频繁启停、负荷频繁波动时，集箱与水冷壁间的温差超出正常工况，加速了管座角焊缝开裂。集箱与换热管间膨胀差造成的角焊缝开裂，其裂纹分布具有规律性，裂纹方向在管座角焊缝根部背向膨胀中心。

【案例 1】某电厂 5、6 号锅炉在 2016～2018 年度检修过程中对锅炉水冷壁上集箱管座进行全面检查。前墙水冷壁及两侧墙水冷壁上集箱共有管座 999 个，2016 年 5 号锅炉前墙上集箱及左右墙上集箱共发现裂纹管座 317 个，裂纹管座达管座总数的 31.7%；2017 年 6 号锅炉 488 个水冷壁上集箱管座发现裂纹，裂纹管座达管座总数的 48.8%。裂纹形貌如图 3-23 所示。该机组运行过程中，AGC 调峰情况十分频繁，受“两个细则”考核的限制，机组升降负荷速率较快，煤量增减幅度、给水流量波动较大，炉内热负荷较大幅度的变化与水侧的扰动影响，加快了水冷壁上集箱裂纹的生成速率。

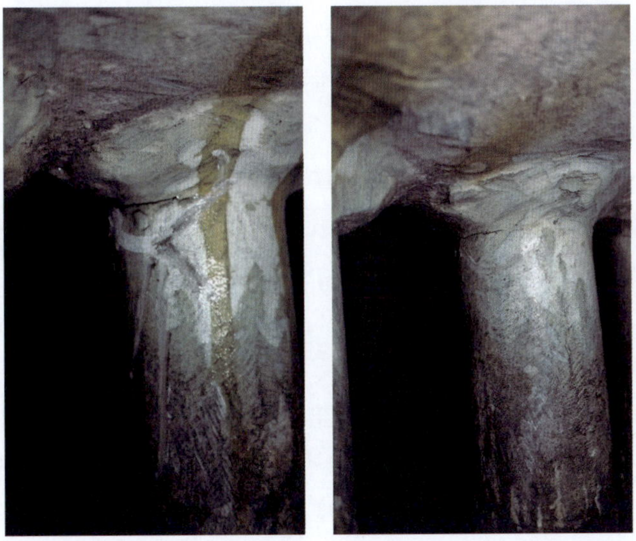

图 3-23　水冷壁上集箱接管座裂纹

【**案例 2**】某电厂锅炉为哈尔滨锅炉厂生产的 640MW 超临界锅炉，两台机组分别于 2006 年 3 月和 6 月投产，累计运行时间已超过 10 万 h。近年来发现水冷壁上集箱管座角焊缝频繁出现开裂现象。2018 年 2 号锅炉检查发现水冷壁上集箱 154 处管座角焊缝存在裂纹；2019 年 2 号锅炉 C 修中检查发现水冷壁上集箱 32 处管座角焊缝存在裂纹；2020 年 2 号锅炉调停检修中检查发现水冷壁上集箱 50 处管座角焊缝存在裂纹。图 3-24 为水冷壁上集箱管座角焊缝裂纹图片，裂纹均位于水冷壁上集箱端部位置。横向裂纹在管座角焊缝与管子变截面处沿管子周向扩展，长度为 5～30mm 不等。

图 3-24　水冷壁上集箱管座角焊缝裂纹

原设计水冷壁集箱为通长集箱结构，温度变化时，集箱沿膨胀中心向两端膨胀。20～430℃时，集箱的热膨胀系数为 1.38×10^{-5}m/（m・℃），水冷壁前墙上集箱最大膨胀量为 62.6mm 左右，水冷壁侧墙上集箱最大膨胀量为 43.14mm 左右，集箱会因管排鳍片固定限制，形成胀差应力，集箱管座承受膨胀差引起的热应力，随着锅炉启停次数的增加和机组负荷大幅度变化，应力集中的角焊缝部位被拉裂。针对此问题，电厂对水冷壁上集箱进行改造，由整体式改造为分段式，集箱分割区域的管排采取让管形式与原水冷壁管排进行焊接。分段后单个集箱的热膨胀量减小，从而减少集箱管座因膨胀差引起的热应力。

【案例 3】某电厂两台锅炉为哈尔滨锅炉厂 660MW 超临界锅炉，锅炉频繁发生水冷壁上集箱角焊缝开裂问题，2018 年 10 月 1 日，1 号机组停备后发现炉内顶棚有漏水痕迹，经检查发现侧墙水冷壁上集箱 2 号角处的接管座开裂，随后扩大检查共发现 284 个管座开裂，全部进行了挖补处理。2019 年 5 月，1 号机组 C 检修全面排查 1 号炉左、右侧水冷壁上集箱接管座裂纹，再次发现了 387 个管座开裂。2019 年 8 月，2 号机组 C 修全面排查 2 号炉左、右侧水冷壁上集箱接管座裂纹，发现了 163 个管座开裂。

该锅炉侧墙水冷壁上集箱采取整根方式设计，长 20.07m，ϕ273×65mm，材质为 15CrMoG。两台机组在电源点中定位于调峰机组，40%～100%额定负荷之间频繁调峰，在机组启停与大幅度变负荷时，集箱与水冷壁管由于所处位置与厚度不一样会产生温度差，进而产生膨胀差，越靠近集箱端部相对膨胀差就越大，集箱管座焊缝承受的应力也越大。集箱管座裂纹分布区域主要集中在集箱两端位置，随着运行时间的延长，裂纹会有向中间发展的趋势。目前，其他电厂采取的主要措施是集箱分段与割开鳍片，集箱管座裂纹较少较轻微的采取以上措施后基本能够解决，但是集箱管座裂纹较多较严重的，在采取以上措施后，在接下来的几个检修周期检查时一般还会发生开裂现象。该厂总结经验，在鳍片修整、管座加强、锅炉膨胀排查治理、增加壁温测点、优化启停机锅炉蒸汽温度升降速率、锅炉冷却方式优化、刚性梁固定夹检修等方面进一步进行了优化，问题得以治理。例如，对存在裂纹的管座全部进行裂纹挖除与环焊缝加固处理，增厚与加宽焊肉并平滑过渡处理。图 3-25 为锅炉侧水冷壁上集箱接管座补焊加强后实物图。

图 3-25　锅炉侧墙水冷壁上集箱
接管座补焊加强后实物图

【高温再热器相关问题】哈尔滨锅炉厂 600MW 超临界锅炉由于低温再热器与高温再热器之间无集箱，直接连接，中间蒸汽没有混合，燃烧侧有偏差时无法及时消除，容易使热偏差累积，最终导致再热蒸汽温度两侧偏差大，再热器局部超温等问题。

【案例】某电厂 2 台锅炉为哈尔滨锅炉厂 600MW 超临界锅炉，高温再热器为倒“U”弯结构，如图 3-26 所示，且低温再热器至高温再热器之间无集箱。

再热器长期存在以下问题：

（1）再热器减温水量大，尾部烟气挡板无调节裕度。603MW 负荷时再热器侧尾部烟道调节挡板开度为–0.17%、3.30%，过热器侧尾部烟道调节挡板开度为 100.57%、99.56%，再热器减温水量为 54.42t/h、53.31t/h，再热蒸汽温度为 579℃。459MW 负荷时，再热器侧尾部烟道调节挡板开度为 1.99%、4.81%，过热器侧尾部烟道调节挡板开度为 100.53%、99.64%，再热器减温水量为 0t/h、0t/h，再热蒸汽温度为 566℃。300MW 负荷时，再热器侧尾部烟道调节挡板开度为–0.21%、39.72%，过热器侧尾部烟道调节挡板开度为 100.44%、94.88%，再热器减温水量为 0t/h、0t/h，再热蒸汽温度为 570℃。

图 3-26 高温再热器倒“U”弯结构

（2）再热器喷水减温调节滞后，在机组升降负荷时，温度控制难度大，阀门操作频繁，故障率较高，无法实现自动化控制。

（3）高温再热器倒 U 弯结构易发生管屏脱开、鳍片和管件拉裂等问题。机组检修过程中，对倒 U 弯相同部位进行全面检查后发现管屏鳍片焊缝端部存在较多开裂现象，部分管屏已发生整屏脱开问题。同时，高温再热器倒 U 弯位于顶棚下 1000mm 范围内，检修中因位置高、工期紧张，不能每次搭设脚手架检查鳍片裂纹，且高温再热器管屏间距 180mm，倒 U 弯鳍片裂纹处检查困难，不能做到逢停必查，不能对鳍片与炉管焊接线进行全面检查评估，存在安全隐患。

哈尔滨锅炉厂 600MW 等级超临界锅炉受热面重点部位检查表见表 3-12。

表 3-12 哈尔滨锅炉厂 600MW 等级超临界锅炉受热面重点部位检查表

受热面名称	失效类型	失效部位	风险等级	防治措施
省煤器	吹损或磨损	吹灰器通道管排、省煤器中间集箱及下方吊杆	☆☆	执行集团公司《防止锅炉设备事故重点要求》有关吹灰管理的相关规定。保证吹灰蒸汽过热度；如大范围吹损需对吹灰器提升阀后压力进行整定、调整；吹灰器吹灰范围内防磨护瓦进行增补，对翻转、吹损的防磨瓦进行修复
		中隔墙挡板破损处、中隔墙与侧包墙连接区域等易形成烟气走廊的部位	☆☆☆	修复或恢复破损缺失的挡板/阻流板；增加让出管防磨瓦
		进口集箱接管座附近短管、下层易飞灰磨损部位	☆☆☆	增加防磨瓦；对翻转、吹损的防磨瓦进行修复
	原始缺陷（母材）	弯管中性面	☆☆	加强弯管中性面的无损检测；加强弯管的取样分析

续表

受热面名称	失效类型	失效部位	风险等级	防治措施
水冷壁	吹损或磨损	吹灰器区域	☆☆	执行集团公司《防止锅炉设备事故重点要求》有关吹灰管理的相关规定。对短式吹灰器疏水管路进行检查，疏水管路应有不小于0.2%的坡度；保证吹灰蒸汽过热度；测量短式吹灰器喷嘴起吹点位置，启吹时喷枪喷孔与水冷壁之间的距离应符合厂家说明书要求；复测喷枪与水冷壁的垂直度；吹灰器鹅颈阀后的蒸汽压力进行整定、调整；开展防磨喷涂
		冷灰斗斜坡	☆	加强检查，对砸伤部位测厚，减薄超标部位进行更换
		冷灰斗四角处	☆☆☆	对拐角部位进行防磨喷涂、增加浇注料
		冷灰斗侧墙与前后墙的交接部位的最下部	☆	鳍片开裂检查
		折焰角上部斜坡	☆	开展防磨喷涂
		人孔门及吹灰孔弯管	☆☆	治理漏风的人孔门及吹灰孔；弯管部位加装防磨瓦
		燃烧器、观火孔区域	☆☆	对燃烧器喷口密封盒内浇注料进行检查，存在缝隙位置进行封堵；运行巡检看火完毕后应将观火孔关闭严密，消除漏风
	应力拉裂	中间过渡集箱、吹灰孔附近等宽鳍片区域	☆☆☆	检查评估裂纹风险，确保焊缝全焊透
		水冷壁管间超过设计的宽鳍片	☆☆☆	检查评估裂纹风险，增加止裂缝、止裂孔
		吹灰孔等让位管弯头处	☆☆☆	采用无损检测的方法检查存在拉裂风险的管子；恢复完善浇注料；将鳍片端部圆滑过渡；增加止裂孔
		冷灰斗水封槽梳形板区域	☆☆	采用无损检测的方法检查存在拉裂风险的区域；缩短梳形板膨胀缝的间隔
		垂直水冷壁出口处上部鳍片与管道连接区域	☆☆	采用无损检测的方法检查存在拉裂风险的管子；增加止裂孔；进行膨胀优化治理
		水冷壁上集箱管座角焊缝	☆☆☆	宏观检查，对重点区域采用无损探伤的方法进行检查
		侧墙与前后墙交界区域	☆☆	采用无损检测的方法检查存在拉裂风险的管子；增加止裂缝、止裂孔并采取有效措施进行密封
		高温炉烟管道引出口附近	☆☆☆	检查调整抽炉烟口恒力弹簧吊架，核对恒力弹簧吊架热态膨胀位移是否与水冷壁一致；与锅炉厂联系，优化加强板处结构，降低局部应力；启停过程中控制升降负荷速率

续表

受热面名称	失效类型	失效部位	风险等级	防治措施
水冷壁	应力拉裂	不同工质管间鳍片（包墙过热器与水冷壁、穿墙过热器与水冷壁）	☆☆	增加止裂缝、止裂孔并采取有效措施进行密封
过热器	吹损或磨损	吹灰器区域	☆	执行集团公司《防止锅炉设备事故重点要求》有关吹灰管理的相关规定。保证吹灰蒸汽过热度；如大范围吹损需对吹灰器提升阀后压力进行整定、调整；吹灰器吹灰范围内防磨护瓦进行增补，对翻转、吹损的防磨瓦进行修复
		悬吊管与低温过热器管交叉区域	☆☆	增加防磨瓦；增加梳形板
		夹持管、定位管与管排碰磨区域	☆	增加防磨设施
		易形成烟气走廊区域	☆☆	增加防磨设施
	过热（氧化皮引起或异物）	U型管排入口段靠近下弯头区域	☆☆☆	执行集团公司《防止锅炉设备事故重点要求》《防止金属部件及锅炉压力容器事故重点要求》有关氧化皮防治的相关规定。通过燃烧优化调整控制受热面壁温不超报警值；机组启动、停机过程中注意控制壁温变化速率在1.5℃/min以内；存在氧化皮问题的锅炉停炉后严禁强制通风快冷；检修期间对氧化皮堆积量进行检查、超标时割管清理；有条件时可进行内壁氧化皮测厚
	过热（制造性能问题）	出口大包内弯头位置	☆	普查同位置弯管的硬度，硬度低于标准要求值的进行更换
	开裂	异种钢焊缝（尤其是顶棚过热器下方异种钢焊缝）、集箱管座角焊缝	☆☆☆	采用超声相控阵方法检测；必要时对异种钢焊缝进行移位改造
		包墙鳍片焊接处	☆	严格把控焊接工艺质量、工艺顺序；加强存在开裂风险区域的防磨防爆检查；启停过程中严格控制升、降温速率，防止疲劳开裂；增加止裂孔
		U型管排定位卡块区域	☆	采用无损检测的方法检查存在开裂风险的区域
		奥氏体不锈钢材质下弯头区域	☆	加强理化分析及无损检测
再热器	吹损或磨损	吹灰器区域	☆☆☆	执行集团公司《防止锅炉设备事故重点要求》有关吹灰管理的相关规定。保证吹灰蒸汽过热度；如大范围吹损需对吹灰器提升阀后压力进行整定、调整；吹灰器吹灰范围内防磨护瓦进行增补，对翻转、吹损的防磨瓦进行修复
		悬吊管与低温再热器管交叉区域	☆☆☆	调整中层吹灰器的吹灰频次；优化固定装置；增加防磨设施
		夹持管、定位管与管排碰磨区域	☆☆	增加防磨设施
		易形成烟气走廊区域（包括水平低温再热器弯头与前包墙、中隔墙过热器区域）	☆	增加均流板、阻流板；增加防磨设施

续表

受热面名称	失效类型	失效部位	风险等级	防治措施
再热器	过热（燃烧导致、管内异物堵塞）	高温再热器管屏	☆	通过燃烧优化调整控制受热面壁温不超报警值；基建监造、安装、吹管阶段注重对集箱、受热面内部清洁检查
	开裂	大包内管子焊缝及附件焊缝	☆☆	采用无损检测的方法检查存在开裂风险的区域
		悬吊管排、跨接管定位卡块区域	☆	采用无损检测的方法检查存在开裂风险的区域
		异种钢焊缝（尤其是顶棚下方异种钢焊缝）、集箱管座角焊缝	☆☆☆	采用超声相控阵方法检查；必要时对异种钢焊缝进行移位改造

3.4 哈尔滨锅炉厂600MW等级亚临界锅炉

集团内投产的哈尔滨锅炉厂600MW等级亚临界锅炉，按烟气流向在炉膛上部依次布置有分隔屏过热器、后屏过热器、后屏再热器，在水平烟道中布置有末级再热器、末级过热器，后烟道竖井布置水平低温过热器和省煤器，如图3-27所示。按蒸汽流向，从汽包中分离出来的饱和蒸汽依次经顶棚过热器、包墙过热器、立式低温过热器、分隔屏过热器、后屏过热器、末级过热器。过热器系统的三级喷水减温器均采用多孔喷管式，喷管水平布置，第一、二、三级减温器分别布置在立式低温过热器和分隔屏过热器之间、分隔屏过热器和后屏过热器之间、后屏过热器和末级过热器之间。

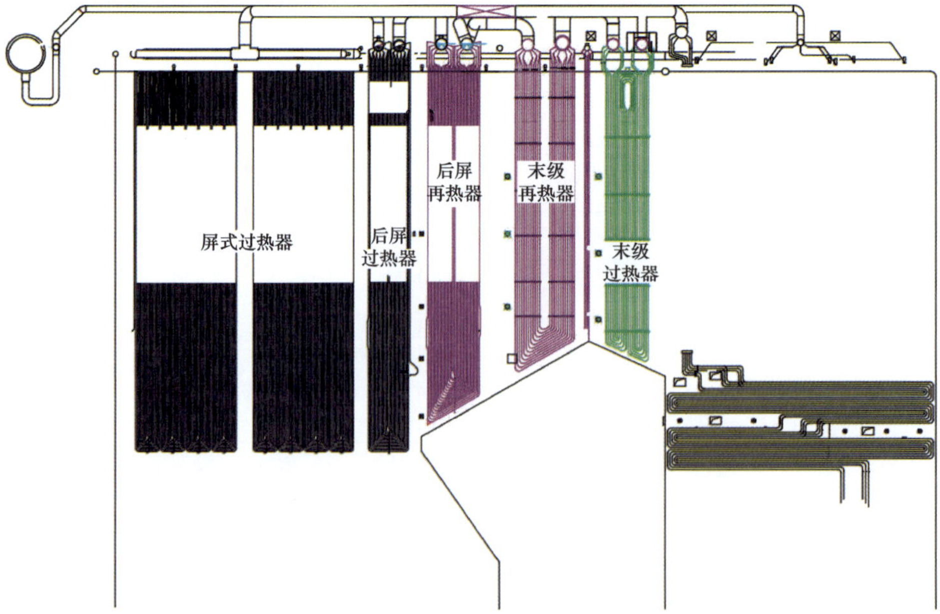

图3-27　哈尔滨锅炉厂600MW等级亚临界锅炉受热面布置位置及管屏结构示意图

已投产的该类型锅炉屏式再热器底部夹屏管圈与内 1 圈为内变径结构形式，管子壁厚由 7mm 变为 4mm 时，厂家直接将管子内径车削 3mm，在变径处形成凸台。大角度变径，造成此处应力集中，长期运行变径处开裂泄漏风险较大。

从图 3-27 可以看出，哈尔滨锅炉厂 600MW 亚临界锅炉末级过热器布置在水平烟道末端，其烟气温度设计值较低。以某电厂 4 号锅炉为例，不同负荷下末级过热器入口/出口烟气温度设计值为 745℃/669℃（BMCR）、736℃/662℃（TRL）、669℃/611℃（75%THA）、616℃/573℃（50%THA）。表 3-13 所示为不同炉型末级过热器入口烟气温度设计值，绝大多数大容量机组锅炉满负荷末级过热器入口烟气温度达到 950℃以上，说明哈尔滨锅炉厂 600MW 亚临界锅炉末级过热器所处位置具有特殊性，烟气温度明显偏低。由于末级过热器所处位置烟气温度设计值相对 12Cr1MoVG 材料相变点 A_{c1} 温度（774～805℃）要低，即使出现异物堵塞，末级过热器仍能在一段时间内超温运行，一般不会出现短时过热失效。

表 3-13　　不同炉型大容量机组锅炉末级过热器入口烟气温度设计值　　（℃）

锅炉容量及等级	BMCR	TRL	75%THA	50%THA
哈尔滨锅炉厂 600MW 亚临界	745	736	669	616
哈尔滨锅炉厂 600MW 超临界	980	960	910	820
哈尔滨锅炉厂 350MW 超临界	1087	1076	992	899
哈尔滨锅炉厂 300MW 亚临界	1043	1019	965	902
东方锅炉厂 1000MW 超超临界	1077	1069	986	891
东方锅炉厂 300MW 亚临界	1019	994	919	832
上海锅炉厂 1000MW 超超临界	1167	1164	1067	973
英国巴威 300MW 亚临界	985	958	859	786

【省煤器区域吹灰器吹损问题】已投产的哈尔滨锅炉厂 600MW 亚临界锅炉 存在吹灰器吹损省煤器共性问题，主要原因在于吹灰器与受热面距离较近，此外部分电厂存在吹灰器提升阀后实际吹灰压力偏高、吹灰频次偏高、吹灰蒸汽带水等问题，是造成受热面吹损的原因。针对该类问题电厂主要的处理措施为：①优化调整吹损严重区域对应吹灰器的吹灰参数和投用频次，当入炉煤质灰分低时可适当减少吹灰频次，保证吹灰蒸汽有足够过热度；②定期开展蒸汽吹灰器吹灰压力的整定工作，并保留吹灰压力的整定记录；③利用检修机会及时修复防磨瓦。

【高温受热面氧化皮问题】已投产的哈尔滨锅炉厂 600MW 亚临界锅炉高温 受热面一般选用 12Cr1MoVG、T22、T91 等铁素体钢以及 TP304H、TP347H 等奥氏体不锈钢，长期服役（即使一直不超温运行）后，管子内壁均会发生高温氧化反应生成不等厚度的氧化皮，氧化皮生成速率随壁温升高而增大。12Cr1MoVG 等铁素体钢，其生成的氧化皮与基体之间的膨胀系数较为接近，因此氧化皮脱落风险相对较低；TP304H等不锈钢，其生成的氧化皮与不锈钢换热管之间的热膨胀系数差异较大，在受热面管壁温变化速率较快时更加容易发生剥落。总体来看，12Cr1MoVG等铁素体钢的氧化皮脱落事件相对较少，但时有发生。可见，亚临界锅炉的氧化皮问题也不容忽视。

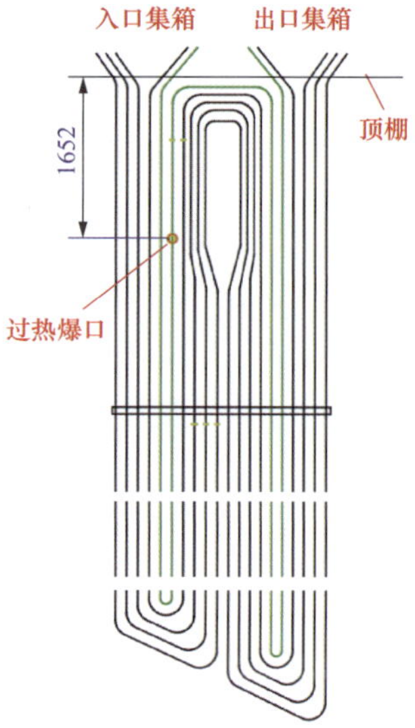

图 3-28　高温过热器 37-6 爆口位置示意图

【案例 1】2023 年 11 月 30 日，某电厂 4 号锅炉 C 级检修后启动，12 月 13 日 4 号机组 600MW 负荷稳定运行过程中，四管泄漏突发多点报警，判断发生受热面泄漏。向网调申请后，于 12 月 18 日手动打闸停机。入炉检查发现高温过热器甲至乙数第 37 屏前至后数第 6 根管（记为 37-6）距顶棚约 1.6m 处爆破，爆口位置如图 3-28 所示。爆口附近有 40 余根高温过热器管子吹损。

37-6 为高温过热器第 37 屏最内圈管，爆管管子材质为 12Cr1MoVG，其外观形貌如图 3-29 所示，初始爆口呈喇叭状且附近存在多个被泄漏蒸汽吹损的漏点，初始爆口长约 70mm、宽约 40mm，边缘壁厚减薄明显，爆口上、下共约 2m 范围内的外壁存在较多纵向裂纹，爆口及附近管段已发生明显胀粗，其中爆口张开最大处直径为 79.20mm、胀粗为 32.0%，密集纵向裂纹处直径为 65.72mm、胀粗为 9.5%。爆口管段具有超温过热的宏观形貌特征。

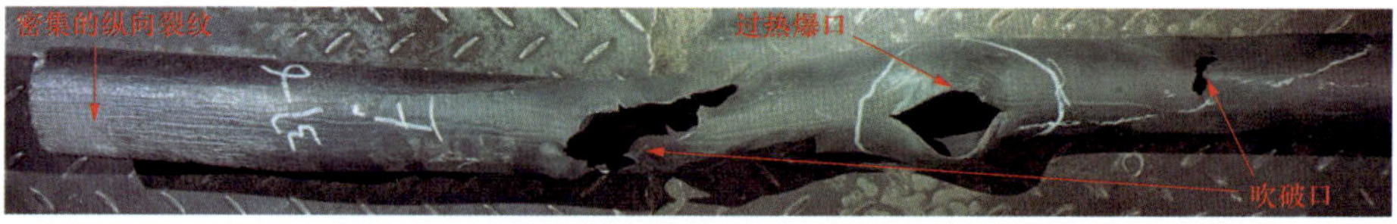

图 3-29　37-6 过热爆口形貌

用高频超声方法测量 12Cr1MoVG 管内壁氧化皮厚度，37-6 管爆口附近内壁氧化皮最厚达 0.5mm；对其他管子进行测量，除个别测点内壁氧化皮厚度为 0.2～0.3mm 外，其余测点内壁氧化皮厚度均小于 0.11mm（服役 100000h 的 12Cr1MoVG 受热面管正常状态下内壁氧化皮厚度在 0.2～0.3mm）。用内窥镜观察 37-6 的 12Cr1MoVG 管、TP304H 管的内壁，大部分范围呈现出如图 3-30 所示的内壁氧化皮脱落痕迹。

现场氧化皮堆积检测结果表明：高温过热器入口侧下弯头（12Cr1MoVG）均为低风险，无需割管清理；高温过热器出口侧下弯头（TP304H）初步判定有超过 300 个弯头需要割管清理。图 3-31 为从出口侧下弯头取出的内壁氧化皮的典型形貌，表现出以片状为主且表面较“新鲜”的特征，即一面为亮灰色，一面为暗灰色。根据以往经验判断大部分氧化皮是最近脱落的。

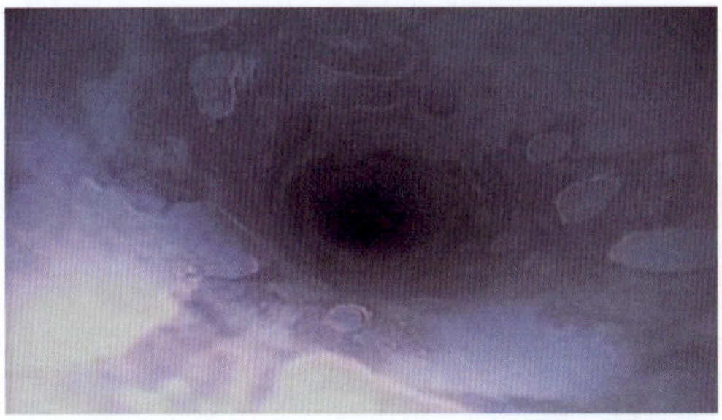

（a）

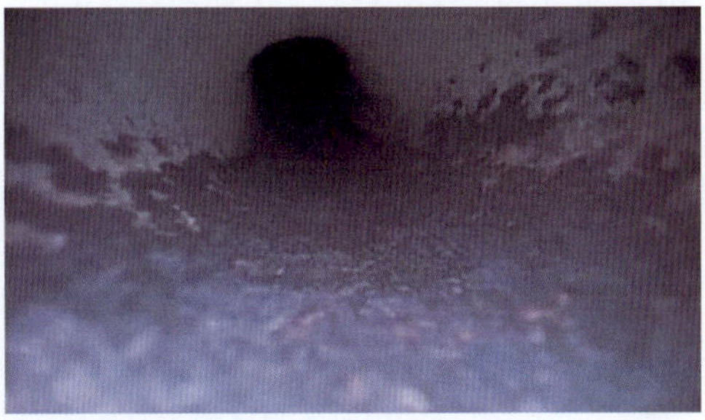

（b）

图 3-30 高温过热器 37-6 管子内壁氧化皮脱落痕迹

（a）12Cr1MoVG 管；（b）TP304H 管

图 3-31 从出口侧 TP304H 材质下弯头取出的内壁氧化皮形貌

综合判断高温过热器 37-6 管出口侧弯头在本次机组启动前已存在氧化皮堆积，由于该管弯头弯曲半径最小，堆积的氧化皮不易被蒸汽携带吹走，C 修启动后连续大负荷运行造成过热爆管。除此之外，与正常停机相比，大面积泄漏后异常停机过程中由于主蒸汽压力无法维持，主蒸汽温度、受热面壁温变化速率过快，导致氧化皮大范围脱落。

【案例 2】某电厂 2 号锅炉为 2006 年投产的哈尔滨锅炉厂 600MW 等级亚临界锅炉，2015 年 12 月 7 日后屏过热器发生爆管，爆管位置为 B 侧数第 1 屏，炉前向炉后数第 11 根管下弯头处，材质为 T91，规格ϕ60×9mm。爆管后进行割管，从管中共清理出约 120g 氧化皮碎片。管屏布置及爆管位置如图 3-32 所示。

爆管管子及爆口的宏观形貌如图 3-33 所示。爆口长约 50mm，环向张口最大为 5mm；爆口周围有大量平行于爆口方向的纵向裂纹，裂纹向上延伸约 60mm，向下延伸约 50mm。爆口位置附近存在明显的胀粗，爆口边缘粗糙，且存在一定减薄。爆管管子外壁存在较厚的氧化皮，内壁氧化皮可见脱落痕迹。对比管子宏观检查无异常。爆管管子位于炉膛 B 侧第一屏，且相邻一屏对比样管组织及性能均正常，表明炉内燃烧无偏烧或该部位烟气温度过高现象。结合上述分析结果，后屏过热器爆管的原因是管内介质流量不足造成超温爆管。

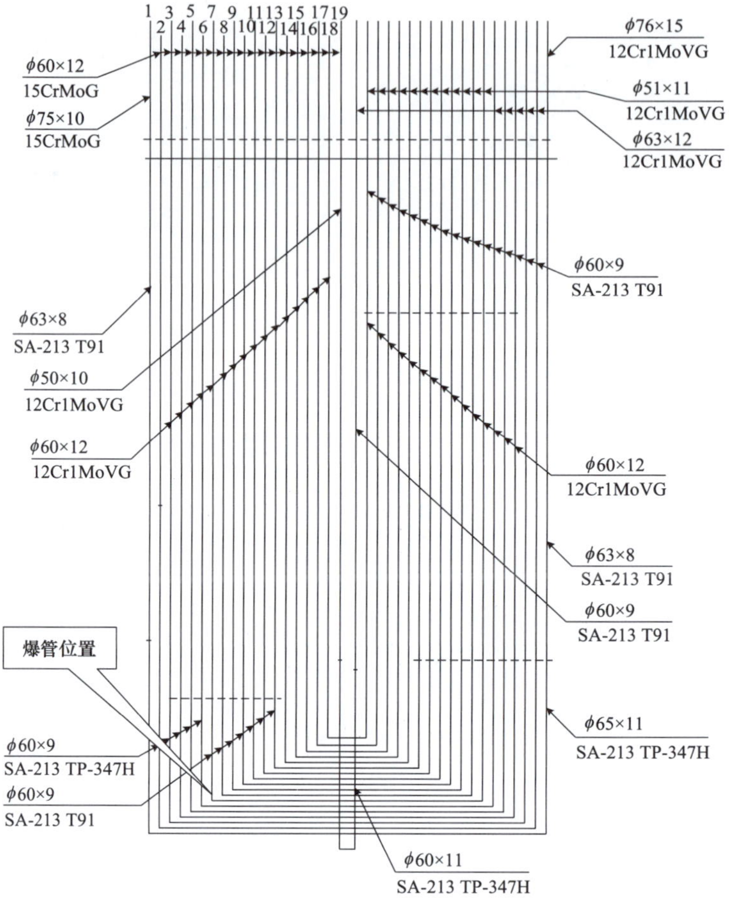

图 3-32　后屏过热器管屏布置及爆管位置示意图

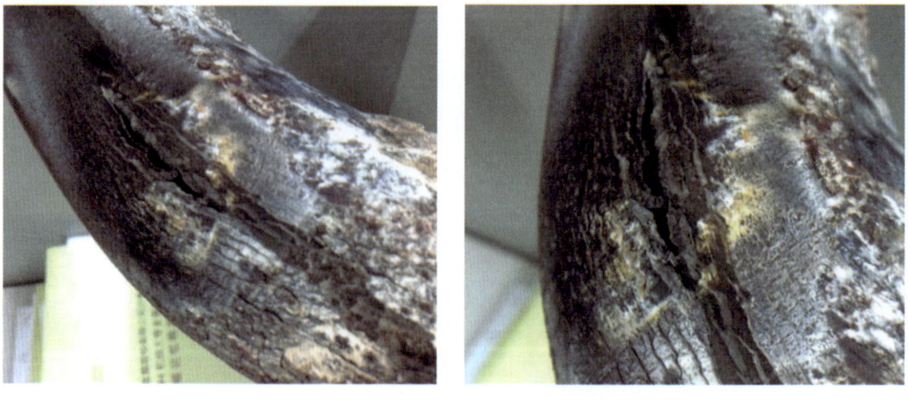

(a)　(b)

图 3-33　爆口宏观形貌照片（一）

（a）爆口整体形貌；（b）爆口表面纵向裂纹形貌

（c）

（d）

图 3-33　爆口宏观形貌照片（二）

（c）爆口环向开口形貌；（d）爆口截面减薄痕迹

【屏式再热器管屏夹持管变壁厚焊缝区域开裂问题】集团内投产的多台机组均发生过屏式再热器管屏夹持管变壁厚焊缝区域开裂引起的泄漏。屏式再热器管屏管子内壁由 7mm 过渡至 4mm 的变径管段结构存在应力集中特性，焊接工艺不完善会进一步加剧应力集中问题。

【案例】某厂屏式再热器布置于前炉膛折焰角上方，为减少再热器阻力，屏式再热器到高温再热器采用管子直接相连，取消了中间集箱。屏式再热器共 48 片，每片由 19 圈管子并联组成，规格ϕ63×4mm，横向节距 381mm，材料为 12Cr1MoVG、T91、TP347H。2016 年 12 月 20 日 12 时 28 分，锅炉四管泄漏报警装置第 5、11、13 三个通道指示偏高，就地检查炉右 53m 标高 IK8 长伸缩式吹灰器附近声音较大，初步判断泄漏部位为炉右 53m 标高屏式过热器、屏式再热器区域。12 月 23 日停炉冷却后进行检查，确认屏式再热器右数第 5 排，前数第 20 根夹持管变径处裂口为首爆口（ϕ63×7mm+ϕ63×4mm，材质为 12Cr1MoVG），如图 3-34 所示。其泄漏后吹漏右数第 5

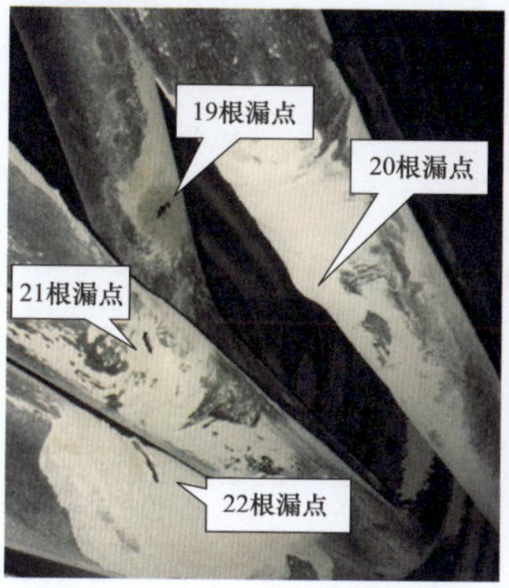

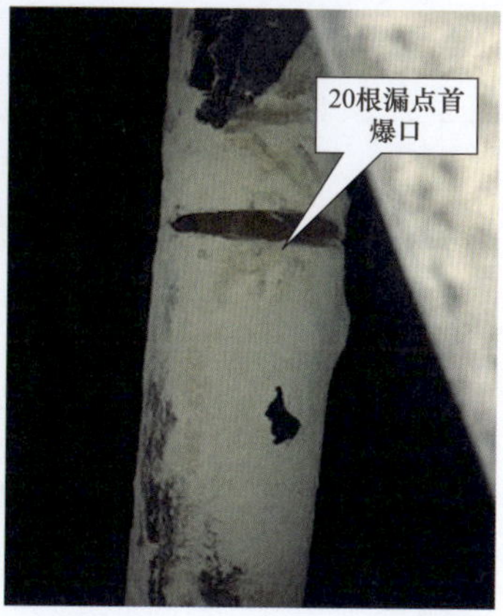

图 3-34　屏式再热器泄漏点

屏前数 19 根，内圈第 1 弯、内圈第 2 弯垂直段，吹损右数第 6 屏从内向外数第 2、3 弯向火面直管段，剩余测厚在 2.4～3.0mm 之间。

裂纹位于 7mm 壁厚管子侧变径退台根部，距离对接环焊缝 28mm 处，沿管子环向延伸发展。原始爆口最大宽度约 15mm，环向长度约 60mm，爆口两端平整，未见明显塑性变形，爆口附近未见明显减薄。对爆口附近进行超声波测厚，发现爆口附近的壁厚减薄不明显，排除磨损和吹损的爆管可能。从爆口断面可以看出，爆口段无明显胀粗现象，断面存在明显的裂纹扩展台阶纹路，内壁部位为裂纹源区，两端为撕裂区，其他部位为裂纹扩展区，具有典型的疲劳断口特征。综合分析认为屏式再热器夹持管在壁厚由 7mm 变为 4mm 时，厂家直接将管子内径车削 3mm，在变径处形成凸台，导致焊接接头处不同壁厚管子变径台阶角度不满足标准要求，不同壁厚管子焊接接头处须平缓过渡，变径台阶角度应为 15°。大角度变径造成此处应力集中，是导致此次泄漏爆管的主要原因。排查同类型锅炉屏式再热器内变径结构形式，只有屏式再热器底部夹持管圈与内 1 圈为内变径结构形式，共计 48 排，每排 4 根管。利用停炉机会对同类型锅炉相同问题屏式再热器底部夹持管圈与内 1 圈进行更换，并将目前的 12Cr1MoVG 材质提升为 T91 材质，在消除变径管凸台易造成应力集中隐患的同时提高管子强度。

哈尔滨锅炉厂 600MW 等级亚临界锅炉受热面重点部位检查表见表 3-14。

表 3-14　　哈尔滨锅炉厂 600MW 等级亚临界锅炉受热面重点部位检查表

受热面名称	失效类型	失效部位	风险等级	防治措施
省煤器	吹损或磨损	吹灰器通道管排	☆☆☆	执行集团公司《防止锅炉设备事故重点要求》有关吹灰管理的相关规定。保证吹灰蒸汽过热度；如大范围吹损需对吹灰器提升阀后压力进行整定、调整；吹灰器吹灰范围内防磨护瓦进行增补，对翻转、吹损的防磨瓦进行修复
		进口集箱接管座附近短管、下层易飞灰磨损部位	☆	增加防磨瓦；对翻转、吹损的防磨瓦进行修复
水冷壁	吹损或磨损	吹灰器区域	☆☆☆	执行集团公司《防止锅炉设备事故重点要求》有关吹灰管理的相关规定。保证吹灰蒸汽过热度；注意对短式吹灰器疏水管路进行检查，疏水管路应有不小于 0.2%的坡度；测量短式吹灰器喷嘴起吹点位置，喷枪喷孔与水冷壁之间的距离应符合厂家说明书要求；复测喷枪与水冷壁的垂直度；吹灰器鹅颈阀后的蒸汽压力进行整定、调整
		冷灰斗斜坡（掉焦）	☆☆☆	宏观检查、测厚，更换减薄超标管
		前后墙斜坡与侧墙交接处	☆	对前后墙斜坡与侧墙交接处漏风进行检查；采取敷设浇注料等方式进行漏风治理

续表

受热面名称	失效类型	失效部位	风险等级	防治措施
水冷壁	吹损或磨损	人孔门及吹灰孔弯管	☆☆	治理漏风的人孔门及吹灰孔；弯管部位加装防磨瓦
		燃烧器、燃尽风、观火孔附近	☆☆	对燃烧器喷口密封盒内浇注料进行检查，存在缝隙位置进行封堵；运行巡检看火完毕后应将观火孔关闭严密，消除漏风
	应力拉裂	与刚性梁、限位及止晃装置、支吊架等相配合的拉钩等焊接区域（背火面）	☆☆	加强膨胀优化治理（支吊架调整、膨胀优化调整）；采用无损检测的方法检查存在拉裂风险的管子
		人孔、吹灰孔、观察孔、燃烧器附近等宽鳍片区域	☆☆☆	增加浇注料；宽鳍片增加止裂孔；采用无损检测的方法检查存在拉裂风险的管子
		高温炉烟抽口密封板附近区域	☆☆	检查筋板与水冷壁之间的焊接部位，消除应力集中
		燃烧器密封盒与水冷壁焊接的角部区域（背火面）	☆☆☆	检查燃烧器密封盒与水冷壁之间的角部焊接部位，消除应力集中
		墙式再热器密封盒与水冷壁焊接部位	☆☆	补焊修复
		侧墙与前后墙交界区域	☆☆	采用无损检测的方法检查存在拉裂风险的管子；增加止裂孔
		冷灰斗水封槽梳型板区域	☆☆☆	
		吹灰器密封盒区域（背火面）	☆☆	
		水冷壁上、下集箱接管角焊缝	☆	
	汽水侧垢下腐蚀（氢损伤）	水冷壁内壁光管转螺旋交接处	☆☆	内窥镜检查；化验炉水水质合格；采用高频超声的方法进行无损检测
过热器	吹损或磨损	吹灰器区域	☆☆	执行集团公司《防止锅炉设备事故重点要求》有关吹灰管理的相关规定。保证吹灰蒸汽过热度；如大范围吹损需对吹灰器提升阀后压力进行整定、调整；吹灰器吹灰范围内防磨护瓦进行增补，对翻转、吹损的防磨瓦进行修复
		悬吊管与低温过热器管交叉区域	☆☆☆	增加 L 型防磨孔板
		夹持管、定位管与管排碰磨区域	☆☆	增加防磨块
		易形成烟气走廊区域	☆☆	增加防磨设施
	开裂	T91/12Cr1MoVG/T22+奥氏体不锈钢异种钢焊接接头	☆☆	采用超声相控阵方法检查
		TP347H、TP304H 材质的夹屏管及下弯头应力腐蚀开裂	☆	加强理化分析及无损检测
		后屏过热器夹屏管变径处	☆☆	过渡区域测厚、无损检测
		后烟道延伸包墙入口集箱管座角焊缝	☆☆☆	无损检测；必要时更换为加强管座及柔性膨胀弯

续表

受热面名称	失效类型	失效部位	风险等级	防治措施
过热器	开裂	人孔、吹灰孔附近的包墙管	☆☆	检修期间重点对人孔、吹灰孔附近包墙受热面弯头、每组受热面上部管子表面的磨损情况进行检查
		集箱管座角焊缝	☆☆☆	对角焊缝采用无损检测方法检查
		管排定位卡块区域	☆☆	采用无损检测的方法检查存在开裂风险的区域
再热器	吹损或磨损	吹灰器区域	☆☆☆	执行集团公司《防止锅炉设备事故重点要求》有关吹灰管理的相关规定。保证吹灰蒸汽过热度；如大范围吹损需对吹灰器提升阀后压力进行整定、调整；吹灰器吹灰范围内防磨护瓦进行增补，对翻转、吹损的防磨瓦进行修复
		折焰角上方屏式再热器底部弯头	☆☆☆	弯头测厚；管排整形
		夹持管、定位管与管排碰磨区域	☆	增加防磨块
		易形成烟气走廊区域	☆☆	增加防磨设施
	开裂	铁素体钢与奥氏体不锈钢异种钢焊接接头	☆☆	采用超声相控阵方法检查
		TP347H、TP304H 材质的夹屏管及下弯头开裂	☆	加强理化分析及无损检测
		集箱管座角焊缝	☆☆☆	对角焊缝采用无损检测方法检查
		墙式再热器管与管连接区域	☆☆☆	检修期间对墙式再热器变形情况进行检查修复
		管排定位卡块区域	☆☆☆	采用无损检测的方法检查存在开裂风险的区域
		屏式再热器管屏夹持管变壁厚焊缝区域	☆☆	测厚检查；用无损检测的方法检查存在开裂风险的区域

3.5 哈尔滨锅炉厂 350MW 等级超临界锅炉

集团内投产的哈尔滨锅炉厂 350MW 等级超临界锅炉同 600MW 等级锅炉一样，每侧仅设置一个水冷壁上集箱，集箱过长。机组负荷升降过程中，集箱的升温和降温速率要显著低于换热管的升温和降温速率，从而导致升、降负荷过程中，集箱和换热管间膨胀变形不协调，进而造成集箱和换热管连接处产生额外的应力，越靠近集箱端部，其承受的应力越大。随着机组频繁调峰运行，集箱入口管子根部频繁受到交变应力的作用，疲劳开裂泄漏的风险增加。

表 3-15 为哈尔滨锅炉厂 350MW 超临界锅炉典型热力设计参数，该类型锅炉设计主蒸汽温度为 571℃，高温过热器部分管段设计材质为 TP347H。以某哈尔滨锅炉厂 350MW 超临界锅炉为例，其高温过热器入口汇集集箱引出 22 根ϕ168×25mm 的连接

管连接到ϕ219×40mm、P91材质的高温过热器入口集箱。高温过热器位于折焰角上方，沿炉宽方向排列共22片管屏，管屏间距为690mm。每片管组由17根管子绕制而成，入口段的管子规格为ϕ44.5×8.5mm、材质为T91，底部和出口段的管子为ϕ44.5×9mm、材质为TP347H。每片高温过热器均连接有入口及出口集箱各一只，在车间内焊接完成出厂。从ϕ245×60mm、P91材质的高温过热器出口集箱引出的蒸汽通过ϕ168×30mm的出口连接管引至ϕ457×95mm、P91材质的高温过热器出口汇集集箱，并经出口汇集集箱两端引出的两根ϕ406×65mm、P91材质的主蒸汽管道在炉前汇成一根管道引向汽轮机。由于TP347H抗蒸汽氧化能力相对较差，对于主蒸汽温度为571℃的超临界锅炉而言，当运行小时数为1万～3万h期间时，TP347H氧化皮剥落概率较高，受热面氧化皮堵塞的风险较大。

表3-15　　哈尔滨锅炉厂350MW超临界锅炉典型设计参数

名称	单位	BMCR	BRL
过热蒸汽流量	t/h	1100.0	1068.0
过热器出口蒸汽压力	MPa（g）	25.40	25.23
过热器出口蒸汽温度	℃	571	571
再热蒸汽流量	t/h	913.2	880.4
再热器进口蒸汽压力	MPa（g）	4.42	4.24
再热器出口蒸汽压力	MPa（g）	4.23	4.06
再热器进口蒸汽温度	℃	318.0	315.0
再热器出口蒸汽温度	℃	569	569
省煤器进口给水温度	℃	289.0	286.5

【水冷壁延伸侧墙与尾部烟道包墙交界区域应力拉裂问题】多家电厂近年来在水冷壁延伸侧墙与尾部烟道包墙交界区域发生水冷壁应力拉裂问题，主要集中发生在从炉后往前数第1、2根水冷壁管，表现为鳍片附近产生横向贯通裂纹，主要原因为：设计上水冷壁延伸侧包墙管内水流动方向为由下向上，尾部烟道包墙管内蒸汽流动方向为由上向下，管间存在温差，形成纵向胀差；顶棚管内介质为蒸汽，水冷壁侧包墙和延伸侧包墙管内均为水，管间存在温差，形成横向胀差，在机组启停和大幅度升降负荷时，管间鳍片承受较大交变应力。

针对此类问题，电厂主要的处理措施为：一是切开水冷壁延伸侧包墙与后烟道连接的炉外部分宽鳍片，并在靠近管子部分做弧形过渡防止开裂到管子上；二是通过更换U型卡位置到第二根管子，并将焊缝焊接在鳍片上，或固定侧墙水冷壁延伸包墙刚性梁，防止晃动使此处弯头产生疲劳裂纹；三是机组启停或升降负荷时防止主蒸汽温度、主蒸汽压力大幅度波动，严禁锅炉超温超压运行，防止锅炉膨胀不均导致应力集中拉裂受热面管。

【案例】某电厂锅炉为哈尔滨锅炉厂生产的350MW等级超临界锅炉，包墙过热器由水平烟道底、侧包覆及尾部烟道四壁包覆、中间隔墙组成。尾部烟道前包墙过热器第一根与水冷壁延伸侧包墙管拼接。右侧水冷壁延伸侧包墙炉前数最后一根、尾部烟道前包墙炉左数最后一根管、尾部侧包墙炉前数第一根管，三根管由炉前向炉后方向通过鳍片连成一片，如图3-35所示。

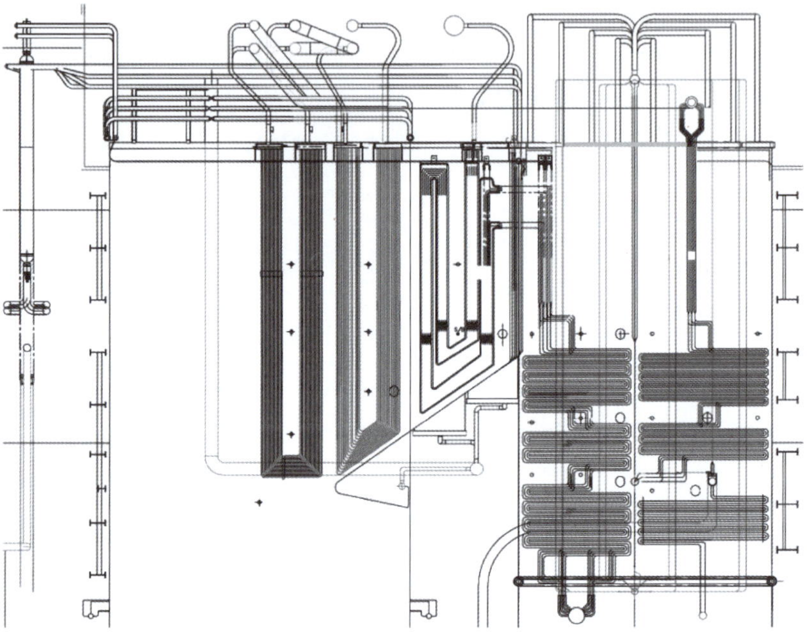

图3-35　350MW超临界锅炉剖面图

2023年2月，锅炉右侧水冷壁延伸侧包墙与尾部烟道前包墙在顶棚管下方约1.2m处泄漏，泄漏位置如图3-36所示，泄漏点位于鳍片焊缝与管道焊缝交接部位，检查发

图3-36　尾部烟道前包墙管泄漏位置

现右侧尾部烟道前包墙第一根后方鳍片裂纹，自大包底板下方 0.5m 处向下裂开，长约 2.7m，至鳍片对接焊缝处转向右侧尾部烟道前包墙第一根管侧鳍片焊缝继续往下开裂约 0.3m，裂纹总长约 3m，其中约 2.5m 是以前裂开，大包底板下方约 0.5m 是本次启机过程中扩展的。

热胀冷缩是金属部件的正常现象。假设单个受热面金属部件可以自由膨胀时，受热面不存在膨胀不畅问题（但是锅炉受热面系统之间是相互关联，必然会存在膨胀和应力问题）。锅炉受热面包含水冷壁系统、过热器系统、再热器系统、省煤器系统，在两个系统相连接位置，锅炉运行过程中会产生胀差，从而产生热应力，若应力过大就会产生变形或拉裂现象。该处水冷壁侧包墙、延伸侧包墙、尾部烟道包墙三种不同管汇集。机组运行中水冷壁延伸侧包墙管内水由下向上；尾部烟道包墙管内蒸汽由上向下，管间存在温差，形成纵向胀差。顶棚管内介质为过热蒸汽，水冷壁侧包墙和延伸侧包墙管内均为水，管间存在温差，形成横向胀差。管间存在温差形成胀差，膨胀系统较复杂。

该机组调峰幅度和频率逐年增加，启停次数明显增多，横向胀差和纵向胀差显著增大是其开裂的一个重要原因。此外，基建安装期间内绑带焊接工艺不良，未按工艺要求打坡口焊接，强度下降，锅炉长期膨胀收缩致使内绑带受力开裂，此区域包墙强度整体下降，机组长期频繁调峰特别是机组启停，存在较大膨胀收缩量时，因缺少内绑带的约束力，鳍片焊缝超过承受极限沿薄弱部位开裂。

【水冷壁上集箱管座角焊缝、连接管鳍片开裂问题】多家电厂近年来在水冷壁上集箱管座角焊缝（下部第一个安装焊缝）或连接管鳍片发生过开裂泄漏问题。主要原因为：水冷壁前墙上集箱固定端位于集箱中间，集箱从中间沿轴向向锅炉两侧膨胀，左、右侧上集箱从炉后向炉前膨胀，由于每侧仅设置一个水冷壁上集箱，集箱过长，刚性较大，锅炉启停过程中，当炉膛温度控制不平衡，温度差逐渐增大，导致水冷壁管屏与集箱膨胀不一致而产生应力。针对该类问题，电厂主要采取了“上集箱分段技术改造”，可有效降低管接头角焊缝处应力，解决角焊缝裂纹问题。

【案例】某电厂 4 号锅炉超低排放改造后多次进行深度调峰，连续安全运行 415d，于 2018 年 4 月 22 日停运检修，炉内防磨防爆检查过程中发现水冷壁上集箱管接头根部开裂现象。

经研究分析，由于锅炉两侧墙水冷壁上集箱、前墙水冷壁上集箱较长，且材质不一致，在给水温度 300℃时，前墙水冷壁出口集箱两端和管屏的膨胀差约为 15.2mm，两侧墙水冷壁出口集箱和管排前端膨胀差约为 22.24mm，两者的膨胀差不一致；同时各集箱和水冷壁二者之间存在温差，温差按照 30℃计算，以一根整长 12m 的前水冷壁上集箱计算其管接头角焊缝最大应力大约 94MPa。为了减小锅炉水冷壁集箱管接头根部的应力，采取水冷壁上集箱分段方案，即将水冷壁上集箱（前，左和右）分段，长度一分为二，中间割除部分集箱，然后在集箱中间左右各插入两个小集箱（带封头），如图 3-37 所示，单个集箱长度变成了 6m 左右，管接头角焊缝最大应力降至 47MPa，减小了集箱和管接头的应力，消除了机组的安全隐患。

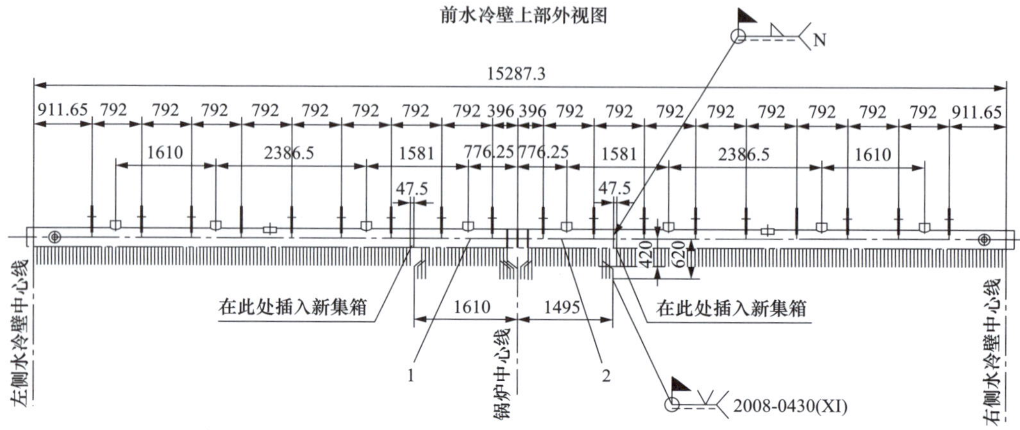

图 3-37　水冷壁上集箱分割处理方案

【高温过热器氧化皮剥落堵塞导致过热爆管问题】已投产的哈尔滨锅炉厂 350MW 超临界锅炉设计主蒸汽温度为 571℃，其高温过热器部分管段为 TP347H 材质，抗蒸汽氧化能力相对较差。对于主蒸汽温度为 571℃的超临界锅炉而言，TP347H 氧化皮剥落通常发生在 1 万～3 万 h 期间。影响奥氏体不锈钢氧化皮剥落的主要因素为内壁氧化膜厚度和管壁温变化幅度。高温环境下，钢的蒸汽氧化不可避免，只有快慢之分，当内壁氧化膜达到一定厚度，管壁温变化幅度达到一定值时，氧化皮剥落的概率就很高。实践与试验研究均表明，管壁温度越高，管内壁蒸汽氧化膜增厚速率越快。部分电厂氧化皮大面积生成与受热面超温问题密切相关，炉外壁温测点部分时间甚至达到 600℃，远大于华能国股生〔2008〕233 号文《关于印发“锅炉蒸汽侧高温氧化皮专题研讨会会议纪要”的通知》中规定的 TP347H 管壁温上限值（589℃）。针对此类问题，电厂主要的处理措施为：一是通过燃烧调整，尽量改善过热器、再热器热偏差；二是合理设置壁温报警值，同时利用检修机会对现有炉外壁温测点进行全面检查和校准，确保测点与管壁接触可靠性和保温良好，避免由于测点失准或向大包散热严重引起壁温测量数据偏低；三是坚持“逢停必检”，采用磁性、射线和割管检测结合方法，开展受热面管氧化皮厚度测量和下弯头堆积物的检测工作。

【案例】2016 年 4 月，某电厂 2 号锅炉高温过热器泄漏，进炉检查发现高温过热器第 15 屏第 10 根在标高 50m 处出现长度约 100mm、宽度 110mm 的喇叭形爆口，高温过热器第 19 屏第 3 根管子在标高 48m 处出现长度 240mm、宽度 70mm 的喇叭形爆口，如图 3-38 所示。爆口沿管子纵向爆开，管子在爆破力的作用下发生明显弯曲，爆口呈喇叭形，爆口外表光滑，爆口边缘锋利，爆口管壁减薄明显，爆口的形状符合管子局部短期显著超温爆破的特征。割管检查发现高温过热器入口 15 屏第 10 根下弯头有部分氧化皮堆积，管内壁有明显氧化皮层，如图 3-39 所示；高温过热器入口 19 屏第 3 根虽未发现有氧化皮堆积情况，但管内壁有明显的氧化皮层，且有部分脱落痕迹，分析可能为爆管后高温过热器出口蒸汽反向冲刷至该弯头处，将堵塞的氧化皮吹出。管内剩余氧化皮部分存在明显的分层松动迹象，轻微触碰即脱落。

图 3-38　高温过热器 15-10 和 19-3 泄漏形貌

图 3-39　高温过热器 15-10 和 19-3 氧化皮堆积和剥落情况

经分析，2 号机组已运行 7 年，尤其是 2013 年超低排放改造后机组长期高负荷运行，过热器管内壁累积有一定厚度的氧化皮，本次机组停运检修后进行了水压试验，机组启机过程中受热面内壁的氧化皮脱落，管内氧化皮堆积导致管内蒸汽流量减少，造成管子局部短期超温爆管。

【低温再热器吹灰器吹损问题】已投产的哈尔滨锅炉厂 350MW 超临界锅炉尾部竖

井烟道的低温再热器吹灰器通道，特别是中间层通道，存在吹灰器吹损低温再热器受热面管的共性问题，主要原因在于该通道设计较为狭小，吹灰枪管与受热面距离较近，此外部分电厂吹灰器提升阀后实际吹灰压力偏高、吹灰频次偏高、吹灰蒸汽带水等也是造成受热面吹损的原因。针对该类问题电厂主要的处理措施为：一是优化吹损严重区域对应吹灰器的吹灰参数和投用频次，当入炉煤质灰分低时可适当减少吹灰频次，并保证吹灰蒸汽有足够过热度；二是定期开展蒸汽吹灰器吹灰压力的整定工作，并保留吹灰压力的整定记录，有条件时可在吹灰器提升阀后加装压力表，一方面吹灰操作时可监督吹灰压力是否正常，另一方面可监视提升阀是否存在内漏；三是利用检修机会及时修复防磨瓦；四是考虑进行声波吹灰器技术改造。

【案例】某电厂低温再热器材质为 15CrMoG，规格为ϕ60×4mm，设计蒸汽压力为 6.4MPa，进口温度为 436℃，最小理论计算壁厚 1.86mm，沿炉宽方向共安装布置 110 屏管排。

2021 年锅炉发生泄漏，漏点位于低温再热器第一级蛇形管排、自炉右向左数第 51、52、53、54 屏管排区域，宏观检查管屏整体无出列，具体泄漏为第 51 屏管排自下向上数第 1～3 根管，第 52 屏管排自下向上数第 1～5 根管，第 53 屏管排自下向上数第 1～3 根管，第 54 屏管排自下向上数第 2、3 根管，共计 13 根，18 个泄漏点。

泄漏区域正下方配套有长伸缩式蒸汽吹灰器，吹灰器外观良好无开裂，出气孔无堵塞，初始起吹角度正常，吹灰器枪管距低温再热器第一层蛇形管排自下向上数第 1 根管垂直距离 335mm，距自下向上数第 2 根管垂直距离 495mm，距自下向上数第 3 根管垂直距离 655mm，枪管与蛇形管设计安装距离较近，如图 3-40 所示。低温再热器第 52 屏自下向上第 3 根直管段爆口位置 4～5 点钟方向，吹损痕迹明显，分析原因为蒸汽吹灰器行进过程中蒸汽对其吹损，吹损严重后承受不住压力首先泄漏，泄漏后又吹损其他管屏。蒸汽吹灰器行进过程中蒸汽对其他管屏存在吹损情况也验证了第 52 屏自下向上第 3 根直管段爆口是因为蒸汽吹灰器吹损导致。

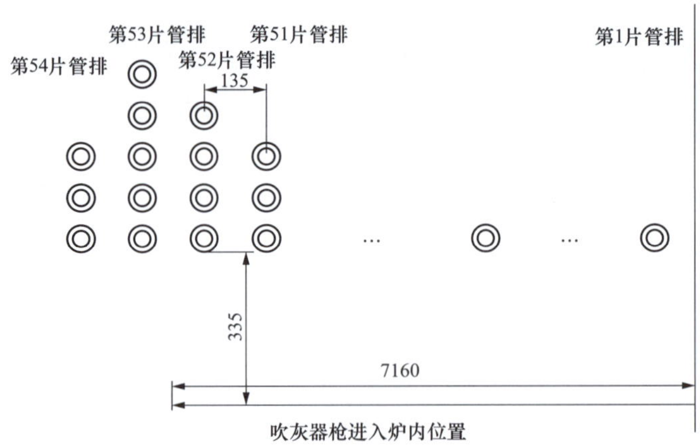

图 3-40　吹灰器与低温再热器管排距离

哈尔滨锅炉厂 350MW 等级超临界锅炉受热面重点部位检查表见表 3-16。

表 3-16　哈尔滨锅炉厂 350MW 等级超临界锅炉受热面重点部位检查表

受热面名称	失效类型	失效部位	风险等级	防治措施
省煤器	吹损或磨损	吹灰器通道管排	☆☆☆	执行集团公司《防止锅炉设备事故重点要求》有关吹灰管理的相关规定。如大范围吹损需对吹灰器提升阀后压力进行整定、调整；保证吹灰蒸汽过热度；吹灰器吹灰范围内防磨护瓦进行增补，对翻转、吹损的防磨瓦进行修复
		中隔墙挡板破损处、中隔墙与侧包墙连接区域等易形成烟气走廊的部位	☆☆☆	修复或恢复破损缺失的挡板/阻流板；增加让出管防磨瓦
		封堵板与省煤器管磨损	☆	加强封堵板的检修维护，避免封堵板与省煤器管碰磨
		进口集箱接管座附近短管	☆	增加防磨瓦；对翻转、吹损的防磨瓦进行修复
水冷壁	吹损或磨损	吹灰器区域	☆☆☆	执行集团公司《防止锅炉设备事故重点要求》有关吹灰管理的相关规定。对短式吹灰器疏水管路进行检查，疏水管路应有不小于 0.2%的坡度；保证吹灰蒸汽过热度；测量短式吹灰器喷嘴起吹点位置，喷枪喷孔与水冷壁之间的距离应符合厂家说明书要求；复测喷枪与水冷壁的垂直度；吹灰器鹅颈阀后的蒸汽压力进行整定、调整；开展防磨喷涂
		冷灰斗斜坡、冷灰斗侧墙与前后墙拐角、冷灰斗喉部弯管区域	☆☆	检查、测厚、超标更换；对磨损严重区域进行防磨喷涂；冷灰斗角部修复浇注料
		人孔门及吹灰孔弯管	☆	治理漏风的人孔门及吹灰孔；让管部位加装防磨设施
		燃烧器、燃尽风、观火孔附近	☆	对燃烧器喷口密封盒内浇注料进行检查，存在缝隙位置进行封堵；运行巡检看火完毕后应将观火孔关闭严密，消除漏风
	过热（燃烧导致、异物堵塞）	上层燃烧器至中间混合集箱区域、燃尽风上方垂直段水冷壁两侧墙中间区域	☆☆☆	开展燃烧优化调整试验；启停机、启磨、升降负荷等阶段做好配风调整，避免火焰中心大幅变动；过热严重区域考虑检查周围焊缝的裂纹情况
	过热（燃烧导致）	折焰角水平烟道底部出口拉稀管	☆☆	更换变形严重管段；开展燃烧优化调整试验
	应力拉裂	人孔、吹灰孔、燃烧器、中间集箱附近等让位管区域	☆☆☆	采用无损检测的方法检查存在拉裂风险的管子；恢复完善浇注料；将鳍片端部圆滑过渡；增加止裂孔
		与刚性梁、限位及止晃装置、支吊架等相配合的拉钩等焊接区域（背火面）	☆	检查内绑带现场安装焊接等薄弱区域；检查刚性梁滑动是否正常；如炉内变形异常应针对性检查炉外刚性梁及附件；加强膨胀优化治理（支吊架调整、膨胀优化调整）；采用无损检测的方法检查存在拉裂风险的区域；该区域换管时应注意按设计恢复水冷壁刚性梁附件

续表

受热面名称	失效类型	失效部位	风险等级	防治措施
水冷壁	应力拉裂	延伸侧墙与尾部烟道包墙过热器交界区域	☆☆☆	采用无损检测的方法检查存在拉裂风险的区域；鳍片横向拼接焊缝割开、圆滑过渡；增加膨胀缝、止裂孔
		冷灰斗水封槽梳形板区域	☆☆	采用无损检测的方法检查存在拉裂风险的区域；增加止裂孔或止裂缝
		冷灰斗前后墙与两侧墙交接部位	☆	无损检测是否存在裂纹；增加止裂孔或止裂缝；检查炉外吊挂、水封插板膨胀受阻情况
		水冷壁上集箱管座角焊缝、连接管鳍片	☆☆☆	宏观检查，对重点区域采用无损检测的方法进行检查；增加止裂孔
		水冷壁与包墙过渡区域管子（主要为垂直水冷壁与水平烟道侧包墙连接处）	☆☆☆	加强检查；增加止裂缝、止裂孔；对鳍片末端进行圆滑过渡
		垂直水冷壁上部或与顶棚交界区域	☆☆☆	采用无损检测的方法检查存在拉裂风险的区域；增加止裂孔
		冷灰斗右后角连接管	☆	采用无损检测的方法检查存在拉裂风险的区域；增加止裂孔
过热器	吹损或磨损	吹灰器区域	☆☆☆	执行集团公司《防止锅炉设备事故重点要求》有关吹灰管理的相关规定。保证吹灰蒸汽过热度；对吹灰器提升阀后压力进行整定、调整；低温过热器吹灰器吹灰范围内防磨护瓦进行增补，对翻转、吹损的防磨瓦进行修复
		悬吊管与低温过热器管交叉区域	☆	增加L型防磨板(为防止积灰可打孔)
		夹持管、定位管与管排碰磨区域	☆☆	增加防磨块
	过热（氧化皮引起）	U型管排下弯头及附近区域	☆☆☆	执行集团公司《防止锅炉设备事故重点要求》《防止金属部件及锅炉压力容器事故重点要求》有关氧化皮防治的相关规定。通过燃烧优化调整控制受热面壁温不超报警值；机组启动、停机过程中注意控制壁温变化速率在1.5℃/min以内；存在氧化皮问题的锅炉停炉后严禁强制通风快冷；检修期间对氧化皮堆积量进行检查、超标时割管清理
	过热（蒸汽流量不足引起）	屏式过热器、高温过热器夹屏管	☆☆	重点进行氧化皮检测、无损检测；必要时进行结构和材质优化
	过热（节流孔堵塞引起）	U型管排入口段靠近下弯头区域	☆☆☆	基建监造、安装、吹管阶段注重对集箱、受热面内部清洁检查；检修换管时注意清洁度检查；分析总结节流孔易堵塞位置，停机期间进行射线检查；化学酸洗后放空高温受热面U型管屏内的积水及保护液，酸洗后再次开展氧化皮检查清理工作
	开裂	奥氏体不锈钢材质下弯头区域	☆☆	加强理化分析及无损检测

续表

受热面名称	失效类型	失效部位	风险等级	防治措施
过热器	开裂	异种钢焊缝（T91+奥氏体不锈钢焊接接头）	☆☆☆	采用超声相控阵、渗透检测方法检查；焊缝及母材进行硬度检测，异常时进行金相检测
		顶棚过热器管及附近过热器管（穿顶棚区域密封盒）	☆☆	采用无损检测的方法检查存在开裂风险的区域
		左右侧包墙过热器与尾部竖井前、后墙过热器连接区域	☆☆	采用无损检测的方法检查存在开裂风险的区域；增加止裂孔
		屏式过热器间隔管固定卡块焊缝	☆☆	采用无损检测的方法检查存在开裂风险的区域；必要时对结构进行优化
		包墙吹灰器让位管鳍片	☆	增加止裂缝、止裂孔，边缘圆滑过渡，注意止裂缝越过横向拼接焊缝
再热器	吹损或磨损	吹灰器区域	☆☆☆	执行集团公司《防止锅炉设备事故重点要求》有关吹灰管理的相关规定。保证吹灰蒸汽过热度；对吹灰器提升阀后压力进行整定、调整；吹灰器吹灰范围内防磨护瓦进行增补，对翻转、吹损的防磨瓦进行修复
		悬吊管与低温再热器管交叉区域	☆☆	调整中层吹灰器的吹灰频次；优化固定装置；增加L型防磨孔板
		夹持管、定位管与管排碰磨区域	☆☆	增加防磨措施
		易形成烟气走廊区域（如低温再热器前部弯头靠近中间隔墙区域；低温再热器最下层炉右侧第一排管；存在结渣搭桥问题时未结渣烟气通道）	☆☆☆	增加均流板、阻流板；增加防磨设施；加强配煤掺烧管理，特别是对高钠煤掺烧比例进行严格控制，防止出现严重结渣现象
	过热（氧化皮引起）	U型管排下弯头及附近区域	☆☆☆	执行集团公司《防止锅炉设备事故重点要求》《防止金属部件及锅炉压力容器事故重点要求》有关氧化皮防治的相关规定。通过燃烧优化调整控制受热面壁温不超报警值；机组启动、停机过程中注意控制壁温变化速率在1.5℃/min以内；存在氧化皮问题的锅炉停炉后严禁强制通风快冷；检修期间对氧化皮堆积量进行检查、超标时割管清理
	过热（节流孔堵塞引起）	U型管排入口段靠近下弯头区域	☆☆	基建监造、安装、吹管阶段注重对集箱、受热面内部清洁度检查；检修换管时注意清洁度检查；分析总结节流孔易堵塞位置，停机期间进行射线检查
	开裂	奥氏体不锈钢材质下弯头区域	☆	加强理化分析及无损检测
		U型管排定位卡块区域（特别是卡块附近异种钢焊缝）	☆☆☆	采用无损检测的方法检查存在开裂风险的区域
		异种钢焊缝（T91+奥氏体不锈钢焊接接头）	☆☆☆	采用超声相控阵、渗透检测方法检查；焊缝及母材进行硬度检测，异常时进行金相检测
		高温再热器中部倒U型弯连接块焊缝	☆	检测母材是否受损；恢复并优化固定措施
		顶棚过热器管附近再热器管	☆	加强理化分析及无损检测

3.6 哈尔滨锅炉厂 300MW 等级亚临界锅炉

已投产的哈尔滨锅炉厂 300MW 等级亚临界锅炉普遍设计了壁式再热器，以某台锅炉设计为例，该锅炉壁式再热器布置在水冷壁前墙和水冷壁侧墙靠近前墙的部分，受热面高度为 18593mm，其最下端在分隔屏过热器下方 4267mm。前墙壁式再热器有 234 根ϕ50 管，两侧墙壁式再热器共有 216 根ϕ50 管，以 s=50.8mm 的节距沿水冷壁表面密排而成。

锅炉运行中水冷壁管和壁式再热器管存在较大温差，膨胀量不同，相对位移较大，膨胀受阻时容易造成受热面管拉裂泄漏。以某台锅炉为例，该锅炉在壁式再热器管与水冷壁之间安装有滑动导块，以消除壁式再热器管和水冷壁管线性膨胀不一致产生的附加应力，并让管排规整有序，壁式再热器管与滑动导块连接焊缝在封盒内顺着水冷壁管滑动。锅炉长期运行后，水冷壁密封盒内容易积灰板结，滑动导块失去自由滑动的空间，膨胀受限，产生内应力。另外，壁式再热器管在长时间运行中产生弯曲塑性变形，定位失效而出列，向炉内变形凸起，导致导块与水冷壁管横向压力过大，滑动不畅。当壁式再热器与水冷壁管之间相互滑动不畅而卡涩时，产生附加应力，附加应力在壁式再热器管连接焊缝的焊趾处造成应力集中，当附加应力达到壁式再热器管强度极限时，将造成管子拉裂泄漏。

哈尔滨锅炉厂生产的 300MW 等级亚临界锅炉普遍采用四角切圆燃烧方式。在电厂普遍燃用劣质煤的形势下，部分锅炉的实际入炉煤硫分远高于设计煤种硫分，锅炉水冷壁高温腐蚀风险明显增加。为满足环保排放要求，大部分锅炉都完成了超低排放改造，低氮燃烧器改造主要是将燃烧器沿着炉膛高度分段，人为地分为 3 个燃烧区域，即主燃烧器区域、还原区域和燃尽区域。这种设计导致主燃烧器区域和还原区域深度缺氧，处于强还原性气氛，CO 和 H_2S 浓度很高，进一步加快了水冷壁高温腐蚀的速率。目前切圆锅炉的高温腐蚀发生区域，在炉膛高度方向上，处于燃烧器至燃尽风区域，主要原因是该区域还原性气氛强；在炉膛圆周方向上，处于燃烧器射流方向的下游半面墙上。以逆时针切圆为例，腐蚀区域主要在粗线区域，如图 3-41 所示。

一方面，燃烧器区域旋转气流流动轨迹如图 3-42 所示。在该燃烧器区域，炉内旋转气流的流动轨迹并非为圆，特别是旋转气流的边界层。以 C 角为例，由于气流从各个角高速射入旋转气流的过程中，抽吸引射周围气体，在其周围形成所谓的“相对低压区”。因补气条件不同，在向火侧，上邻角（B 角）煤粉气流被补充到“相对低压区”，其未燃尽的焦炭颗粒或未燃气体冲向水冷壁；在背火侧，本角自身气流被卷吸到“相对低压区”，由于回流的速度比较低，且总计有数次转角，因此未燃尽的焦炭颗粒会冲向下游水冷壁，被回流携带到该角的煤粉颗粒很少。

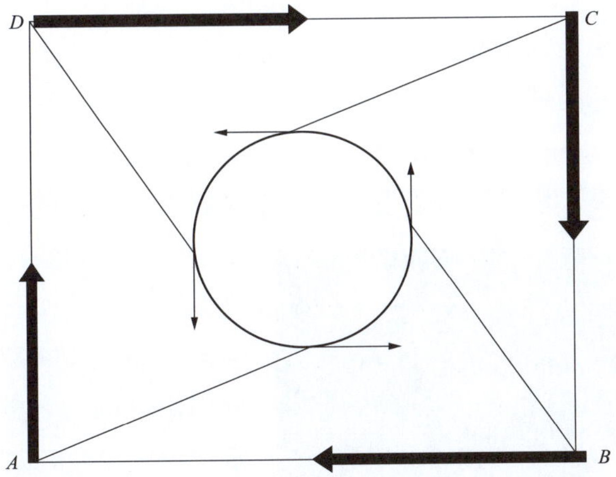

图 3-41　切圆燃烧锅炉高温腐蚀发生区域

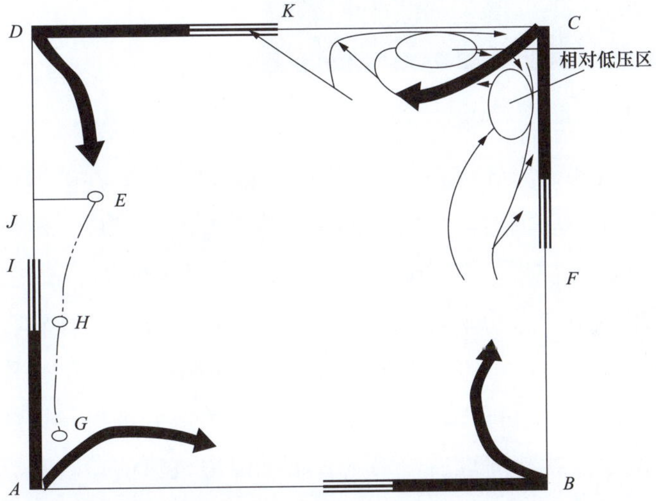

图 3-42　燃烧器区域旋转气流流动轨迹

另一方面，上邻角气流对其紧邻的下角气流产生冲压，致使每个角的气流明显偏向背火侧，从而使上邻角（*B* 角）气流在其下游更容易被下邻角（*C* 角）向火侧气流所抽吸，煤粉颗粒以及未燃气体更容易冲刷到 *C* 角向火侧水冷壁，使水冷壁发生结渣和高温腐蚀（见图 3-42 中 *CF* 段粗线）。气流偏向背火侧后，背火侧回流点位置向燃烧器口移动，回流的转角更小，气流携带的煤粉颗粒将更少，从而使 *C* 角背火侧水冷壁呈现出很强的氧化气氛。因此，在该部分水冷壁无结渣和高温腐蚀现象发生（见图 3-42 中 *CK* 段细线）。

【燃烧器区域向火侧水冷壁高温腐蚀问题】对于燃用高硫煤的四角切圆锅炉，应重视水冷壁高温腐蚀情况。多家电厂均因高温腐蚀发生过泄漏，泄漏位置在标高 23～29m 范围（*C* 层燃烧器以上至燃尽风以下区域）水冷壁。

【案例 1】某电厂锅炉为哈尔滨锅炉厂 300MW 亚临界锅炉，采用四角切圆燃烧方式。该锅炉第一次内部检验时发现水冷壁高温腐蚀区域外表面有未燃尽的煤粉，腐蚀区域与煤粉附着区域基本匹配。通过比较发现腐蚀较严重区域可见煤粉含量也最多。被腐蚀的管壁外表面有黑褐色腐蚀产物，最外层为较坚硬的青灰色焦状物，用打磨机进行打磨去除焦状物后可发现呈片层结构的腐蚀产物，紧附着在金属基体上的腐蚀产物经打磨后可见 2～3 层，高温腐蚀形貌如图 3-43 所示。该层状物硬且脆，剥离后用手可以碾碎。层状腐蚀物剥离完全后可见金属光泽的水冷壁管基体，对不同腐蚀区域的水冷壁管进行测厚发现有 2.0～2.5mm 的腐蚀减薄。

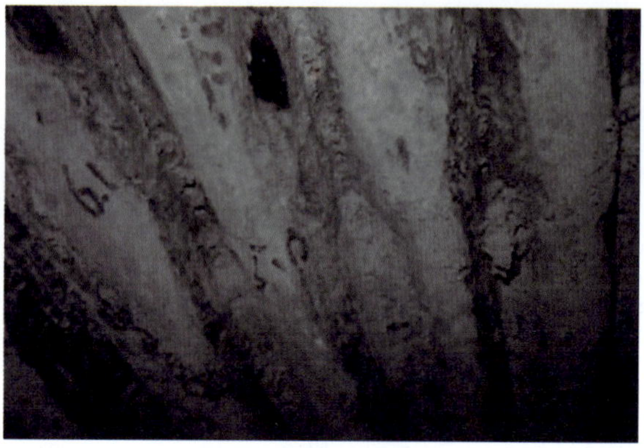

图 3-43　水冷壁高温腐蚀形貌

经分析，主要与以下因素有关：①调峰机组低负荷下火焰刚度弱，配风调整过程中，如果一次风风速太低易被上游二次风吹偏，导致煤粉被吹到炉墙上，煤粉附着在炉墙水冷壁上产生熔炉效应，这部分煤粉受中心辐射热作用直接在水冷壁壁面上燃烧、燃尽，煤中如果含有黄铁矿硫，其分解后产生的原子态硫在还原性气氛作用下对水冷壁产生高温硫腐蚀；②在锅炉启动过程中，由于煤粉不均流或者劣质煤煤粉燃烧延迟导致存在煤粉挂壁现象，炉膛点火后这部分煤粉在水冷壁壁面上燃烧，煤粉中的黄铁矿硫导致水冷壁壁面的高温腐蚀；③在锅炉正常运行过程中，由于燃烧器喷口处结渣导致煤粉管道堵塞，运行人员通过一定的手段紧急清理后，易导致该处煤粉气流的短暂乱流，这种情况下也容易导致未燃尽的煤粉刷墙。

【案例 2】某 300MW 亚临界四角切圆煤粉炉停炉检查时发现该锅炉四面炉墙上均有不同程度的结渣和高温腐蚀现象，向火侧区域比背火侧区域的问题更严重。前墙出现了腐蚀以及结渣、挂渣现象，位于锅炉水冷壁标高 28m 处靠近右墙的位置，挂渣痕迹出现于从右墙到左墙约 2/3 的面积、标高 24m 位置处；在靠近右墙的一侧、标高 21～24m 位置处，部分水冷壁表面被腐蚀，并出现脱落现象，而且颜色锈黄。后墙出现了 2 处渣块，位于靠近左墙的一侧且标高 28m 处，挂渣痕迹出现于从左墙到右墙约 2/3 的面积、标高 20～25m 位置处。左墙的渣块出现在第 1 个吹灰器处，其位置在标高约 29m 处；在标高 20～26m 位置处，前墙一侧的挂渣痕迹明显多于后墙一侧。右墙的渣块出现在燃尽风喷口附近，宽度约为 0.5m，挂渣痕迹出现于从后墙到前墙约 1/3 的面积、标高 23～26m 位置的地方；在靠近后墙侧标高 20～24m 位置处，水冷壁管道表面有明显的腐蚀现象，且其管壁存在脱落的痕迹。

【屏式再热器管屏夹持管变壁厚焊缝区域开裂问题】 多家电厂均发生过屏式再热器管屏夹持管变壁厚焊缝区域开裂引起的泄漏。在屏式再热器管屏管子内壁由 7mm 过渡至 4mm 的变径管段，结构自身存在应力集中特性，焊接工艺不完善会进一步加剧应力集中问题。

【案例 1】 某 300MW 亚临界锅炉屏式再热器布置在水平烟道内折焰角的上部，共 30 片，管径为四种规格尺寸，以 457.2mm 的横向节距沿炉宽方向布置。2007 年 6 月 5 日锅炉右侧 48m 处有异音，检查发现屏式再热器从炉右向炉左数第 5 屏的从炉前向炉后数第 16 根管在标高约 48.5m 的焊缝下的约 30mm 处出现长约 20mm 的环向裂纹，形成原始漏点，原始漏点冲刷该屏第 12 根管与第 19 根管连接段，该管壁减薄泄漏，再冲刷第 6 管屏第 11、12 根管，并造成该屏第 15 根管泄漏，如图 3-44 所示。经分析原因为：①屏式再热器从炉右向炉左数第 5 屏的从炉前向炉后数第 16 根管在标高 48.5m 处的焊缝是$\phi 63\times 4$mm 和$\phi 63\times 7$mm 两种规格锅炉管的对接，为了达到内壁平齐的要求，车削$\phi 63\times 7$mm 管内壁厚度 3mm，但车削过程中由于不同心，造成一侧壁厚仅为 2.9mm，且在退刀过程中伤及内壁，使内壁出现了环向深槽，在经过相对较长时间的运行后发生泄漏；②夹持管不符合安装要求，与斜坡间距不满足膨胀要求。后续利用停机检修机会对锅炉屏式再热器夹持管全部割管，并对屏式过热器的夹持管（$\phi 63\times 7$mm）车削内壁进行检查，更换所有缺陷的管段。

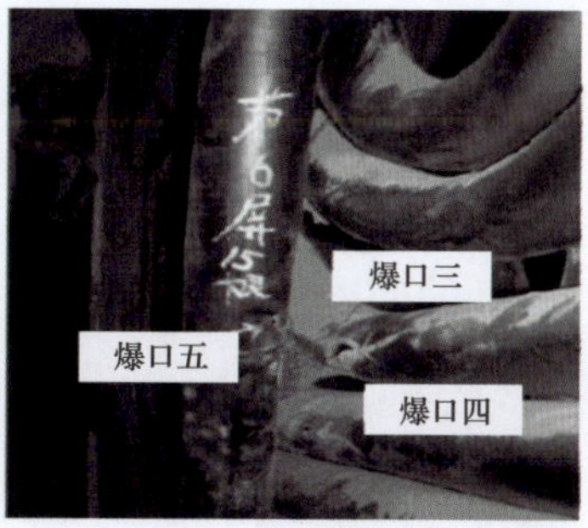

图 3-44 泄漏口形貌

【案例 2】 某电厂 9 号机组于 2007 年 5 月投产，锅炉为哈尔滨锅炉厂生产的 HG1018/18.6-YM23 型亚临界、一次中间再热、自然循环汽包炉。炉膛上部布置有分隔屏过热器和后屏过热器，炉膛出口折焰角处布置后屏再热器（共 30 屏，管屏编号从炉左往右数依次排序 1～30 屏，每屏共 15 个回路 30 根管）。2022 年 2 月 7 日，电厂技术人员就地巡检发现炉膛出口 B 侧后屏再热器区域有异响，退出锅炉本体吹灰器后检查确认炉内发生泄漏。向电网省调申请后，机组停运。进炉检查发现后屏再热器第 28 屏 U 型夹持管的夹持区域 B 侧（介质进口侧）对接焊缝下方热影响区有横向贯穿性裂纹，分析确认为原始漏点，如图 3-45 所示。

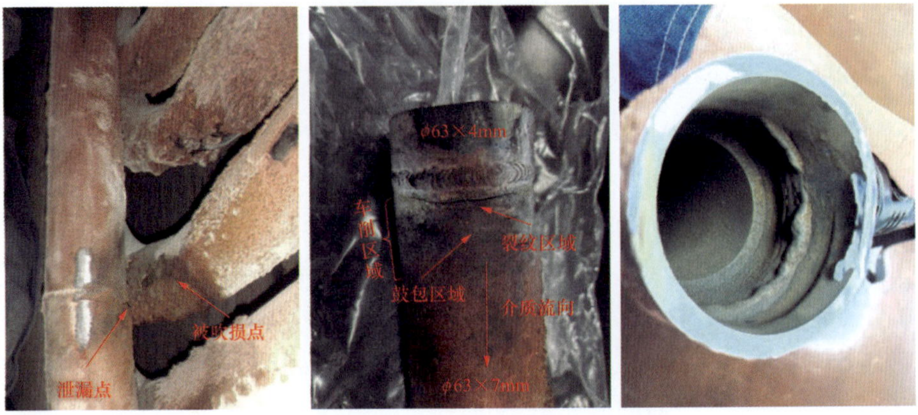

图 3-45 后屏再泄漏夹持管现场情况

结合设计图纸，对此次泄漏的基本位置和情况进行了解，对切割下来的泄漏管样内外壁形貌进行观察，并在外壁进行硬度测量（焊缝及两侧母材），发现夹持管的夹持区域焊缝两侧管子为变壁厚管道（焊缝为制造厂焊缝，焊缝上方管子规格为ϕ63×4mm，焊缝下方 U 型弯管规格为ϕ63×7mm，材质均为 12Cr1MoVG），厚壁 U 型弯管焊缝坡口附近车削过渡，便于变壁厚管子对接焊。裂纹位于后屏再热器第 28 屏 U 型夹持管 B 侧对接焊缝下侧热影响区域，裂纹外表面长度约 45mm，最大张口约 2mm。裂纹正下方存在 1 处长 50mm、宽 10mm、高 1.8mm 的环向鼓包，裂纹位于鼓包塑性变形的起始区域。裂纹处泄漏蒸汽冲刷该屏从外圈向内圈数第 12 根管子水平管段，导致其减薄泄漏。从裂纹形貌来看，管子外壁裂纹张口较大，并有较明显的氧化痕迹，内壁裂纹较小，初步判断裂纹萌生时间较长，且由外壁起裂，向内壁扩展。进一步扩大检查发现后屏再热器第 5、20 屏夹持管 B 侧也有鼓包缺陷。

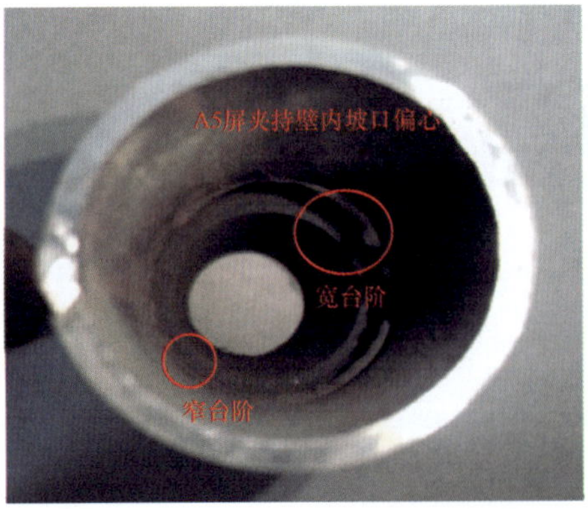

图 3-46 第 5 屏内坡口偏心情况

对切割下来的三根鼓包夹持管进行观察，发现：①鼓包区域均位于厚壁管车削部位，车削存在偏心，如图 3-46 所示，偏向鼓包区域，导致鼓包处壁厚相对较薄，且形成凹槽，易导致该区域介质流场发生变化，介质冷却能力下降而发生局部过热；②三根明显鼓包的夹持管焊缝均有折口现象，偏折方向朝向所夹持管屏，与鼓包方向一致，判断该处可能存在结构应力，使夹持管受力发生塑性变形。

查看后屏再热器近期壁温（见图 3-47），发现 2 月 6 日 23:25～23:29 在机组启动过程中，B 侧再热减温水投入过多，屏式再热器管壁温在 4min 内从 303℃降低至 204℃，平均每分钟温降约 25℃，不符合 DL/T 611—2016《300MW～600MW 级机组煤粉锅炉运行导则》第 3.2.5.9 条的要求“低负荷投减温水应密切监视壁温，壁温变化不宜超过 5℃/min”。

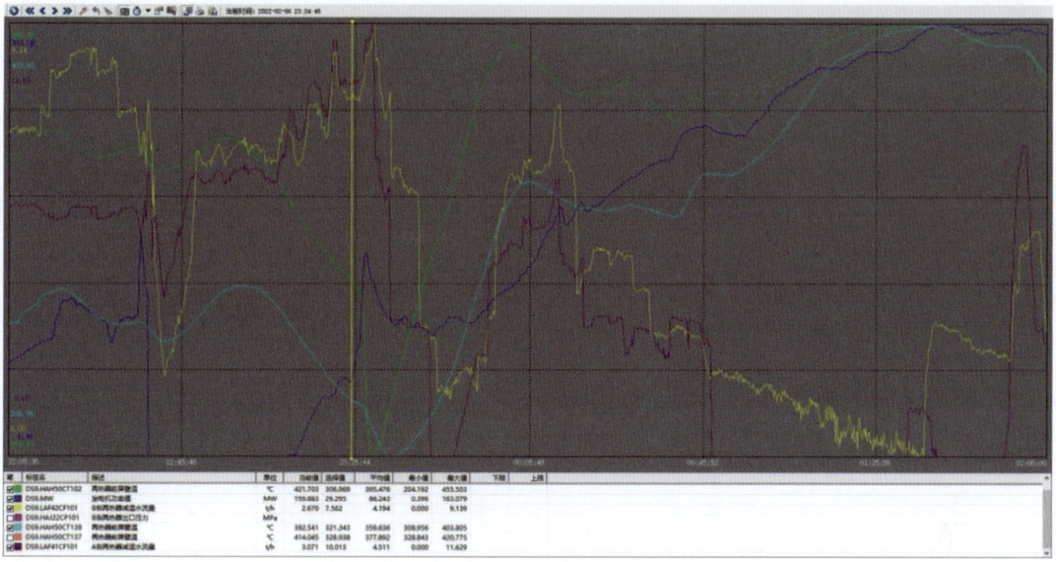

图 3-47 锅炉启动过程后屏再热器壁温变化趋势

综合分析认为本次夹持管开裂原因为：在结构应力及局部过热的影响下，壁厚偏薄部位产生鼓包导致该区域母材发生较明显塑性变形，使薄弱区产生裂纹，在本次机组启动过程中，因运行操作不当造成壁温下降过快产生较大热应力进而导致裂纹贯穿，发生泄漏。

哈尔滨锅炉厂 300MW 等级亚临界锅炉受热面重点部位检查表见表 3-17。

表 3-17　　哈尔滨锅炉厂 300MW 等级亚临界锅炉受热面重点部位检查表

受热面名称	失效类型	失效部位	风险等级	防治措施
省煤器	吹损或磨损	吹灰器通道管排	☆☆	执行集团公司《防止锅炉设备事故重点要求》有关吹灰管理的相关规定。保证吹灰蒸汽过热度；如大范围吹损需对吹灰器提升阀后压力进行整定、调整；吹灰器吹灰范围内防磨护瓦进行增补，对翻转、吹损的防磨瓦进行修复
		侧包墙与省煤器管组等易形成烟气走廊的部位	☆☆	修复或恢复破损缺失的挡板/阻流板；让出管增加防磨瓦
		进口集箱接管座附近短管、下层易飞灰磨损部位	☆	增加防磨瓦；对翻转、吹损的防磨瓦进行修复
水冷壁	吹损或磨损	吹灰器区域	☆☆☆	执行集团公司《防止锅炉设备事故重点要求》有关吹灰管理的相关规定。保证吹灰蒸汽过热度；对短式吹灰器疏水管路进行检查，疏水管路应有不小于 0.2%的坡度；测量短式吹灰器喷嘴起吹点位置，起吹时喷枪喷孔与水冷壁之间

续表

受热面名称	失效类型	失效部位	风险等级	防治措施
水冷壁	吹损或磨损	吹灰器区域	☆☆☆	的距离应符合厂家说明书要求；复测喷枪与水冷壁的垂直度；吹灰器鹅颈阀后的蒸汽压力进行整定、调整；增加防磨瓦
		冷灰斗斜坡	☆☆	宏观检查、测厚、超标更换
		冷灰斗侧墙与前后墙拐角	☆☆	对拐角部位进行防磨喷涂、增加浇注料
		人孔门及吹灰孔弯管	☆	治理漏风的人孔门及吹灰孔；弯管部位加装防磨措施
		燃烧器、观火孔区域	☆☆	对燃烧器喷口密封盒内浇注料进行检查，存在缝隙位置进行封堵；运行巡检看火完毕后应将观火孔关闭严密，消除漏风
	高温腐蚀	火焰刷墙区域（切圆燃烧器射流的下游冲刷壁面区域）	☆☆☆	开展燃烧调整试验，改善水冷壁贴壁气氛；运行中注意控制煤粉细度不超DL/T 5145要求值；对于入炉煤收到基硫分超过0.7%的锅炉，重点检查水冷壁高温腐蚀问题，存在高温腐蚀可开展防腐蚀喷涂
	砸伤（掉焦、燃烧器掉落）	冷灰斗斜坡	☆☆☆	存在结渣的锅炉应在检修期间对冷灰斗斜坡砸伤情况进行检查；冷灰斗斜坡区域水冷壁增加防磨瓦或敷设浇注料；对一、二次风喷口固定结构进行检查及维护，监测燃烧器烧损情况，防止燃烧器掉落
	应力拉裂	与刚性梁、限位及止晃装置、支吊架等相配合的拉钩等焊接区域（背火面）	☆	加强膨胀优化治理（支吊架调整、膨胀优化调整）；采用无损检测的方法检查存在拉裂风险的管子
		水冷壁管穿顶棚处	☆☆	穿顶棚管密封进行修复改造；加强顶棚悬吊设施检查；开展易应力集中部位检查（如管子对接焊缝、管子与鳍片角焊缝等）
		人孔、吹灰孔、燃烧器附近等宽鳍片区域	☆☆	增加浇注料；宽鳍片增加止裂孔；采用无损检测的方法检查存在拉裂风险的管子
		吹灰孔让管弯头处鳍片区域	☆☆☆	采用无损检测的方法检查存在拉裂风险的管子；增加止裂孔
		侧墙与前后墙交界区域	☆☆☆	采用无损检测的方法检查存在拉裂风险的管子；增加止裂孔
		冷灰斗水封槽梳形板区域	☆☆	采用无损检测的方法检查存在拉裂风险的区域；增加止裂孔
		吹灰器密封盒区域（背火面）	☆	采用无损检测的方法检查存在拉裂风险的管子
		水冷壁下集箱管座角焊缝	☆	采用无损检测的方法检查存在拉裂风险的管子

续表

受热面名称	失效类型	失效部位	风险等级	防治措施
水冷壁	应力拉裂	冷灰斗喉弯处四角水冷壁管	☆☆	采用无损检测的方法检查存在拉裂风险的管子
过热器	吹损或磨损	吹灰器区域	☆☆	执行集团公司《防止锅炉设备事故重点要求》有关吹灰管理的相关规定。保证吹灰蒸汽过热度；如大范围吹损需对吹灰器提升阀后压力进行整定、调整；吹灰器吹灰范围内防磨护瓦进行增补，对翻转、吹损的防磨瓦进行修复
		悬吊管与低温过热器管交叉区域	☆☆☆	增加防磨措施；增加 L 型防磨孔板
		夹持管、定位管与管排碰磨区域	☆☆☆	增加防磨措施
		易形成烟气走廊区域	☆	增加防磨措施
	过热（异物堵塞、局部热负荷高、工质流量偏差）	U 型管排入口段靠近下弯头区域、U 型管排出口段	☆☆☆	开展燃烧优化调整试验，避免燃烧偏差造成局部壁温超温；执行集团公司《防止锅炉设备事故重点要求》有关防止锅炉水塞的相关规定，锅炉水压试验后启动时注意控制升温速率；启动初期投运如需投运过热器减温水时，应平稳操作
	疲劳开裂	夹屏管下弯头	☆☆	宏观检查，必要时无损检测
	开裂	铁素体钢+奥氏体不锈钢异种钢焊接接头	☆☆☆	采用超声相控阵方法检查
		人孔、吹灰孔附近的包墙管	☆	采用无损检测的方法检查存在开裂风险的区域；鳍片端部打止裂孔
		大包内密封板焊接区域	☆	采用无损检测的方法检查存在开裂风险的区域
		集箱管座角焊缝	☆	采用无损检测的方法检查存在开裂风险的区域
		管排定位卡块区域	☆	采用无损检测的方法检查存在开裂风险的区域
	烟气侧热疲劳	夹屏管及下弯头向火侧	☆☆☆	加强理化分析及无损检测
再热器	吹损或磨损	吹灰器区域	☆	执行集团公司《防止锅炉设备事故重点要求》有关吹灰管理的相关规定。保证吹灰蒸汽过热度；如大范围吹损需对吹灰器提升阀后压力进行整定、调整；吹灰器吹灰范围内防磨护瓦进行增补，对翻转、吹损的防磨瓦进行修复
		夹持管、定位管与管排碰磨区域	☆☆	增加防磨设施
		易形成烟气走廊区域	☆	增加防磨设施
	过热（异物堵塞、局部热负荷高、工质流量偏差）	U 型管排入口段靠近下弯头区域、U 型管排出口段	☆☆☆	通过燃烧优化调整控制受热面壁温不超报警值；检修割管时注意清洁度检查

续表

受热面名称	失效类型	失效部位	风险等级	防治措施
再热器	开裂	铁素体钢+奥氏体不锈钢异种钢焊接接头	☆☆☆	采用超声相控阵方法检查
		夹屏管下弯头	☆☆	加强理化分析及无损检测
		人孔、吹灰孔附近的包墙管	☆	采用无损检测的方法检查存在开裂风险的区域
		大包内密封板焊接区域	☆	采用无损检测的方法检查存在开裂风险的区域
		集箱管座角焊缝	☆	采用无损检测的方法检查存在开裂风险的区域
		管排定位卡块区域	☆☆☆	采用无损检测的方法检查存在开裂风险的区域
		管屏夹持管变壁厚焊缝区域	☆☆☆	测厚检查；采用无损检测的方法检查存在开裂风险的区域
		穿顶棚管与密封盒焊接区域	☆	加强宏观检查及无损检测，必要时进行改造优化

3.7 上海锅炉厂 600MW 等级超超临界及超临界锅炉

【锅炉再热器集箱管接头对接焊缝开裂问题】已投产的上海锅炉厂 600MW 等级超超临界及超临界锅炉的再热器出口集箱连接管第一个对接焊缝使用较薄的设计壁厚，叠加膨胀受阻及制造时的壁厚负偏差影响，在此部位易发生开裂。

【案例 1】某电厂 1、2 号锅炉自 2019 年投产以来共发生 15 次再热器集箱管接头对接焊缝开裂问题，开裂部位主要集中在低温再热器出口集箱连接管管座焊缝部位。

【案例 2】某电厂 2 号锅炉发生过 3 次再热器集箱管接头对接焊缝开裂问题，开裂部位主要集中在高温再热器集箱连接管管座下方第一道对接焊缝处。上述部位开裂原因主要是锅炉运行期间再热器集箱与再热器管子膨胀不协调，导致角焊缝或第一道对接焊缝应力集中，进而发生开裂。

【锅炉过热器氧化皮堵塞爆管问题】锅炉高温受热面氧化皮问题主要与材料自身性能及温度有关，相关研究给出了不同材料抗氧化许用温度，如表 3-18 所示。管壁温度报警值的确定依据除考虑材料组织老化和高温持久性能外，还应考虑其内壁抗蒸汽氧化性能。电厂应严格执行厂家设计的启动、停止方式和变负荷、变温速率，重点监测负荷变化期间变温速率。氧化皮剥落现象较严重或可能发生氧化皮剥落的锅炉，应严格控制启停炉速度。加强高温段集箱、管排下部弯管和节流圈的检查，防止由于异物和氧化皮剥落造成的堵管爆破事故。对弯曲半径较小的弯管应进行重点检查。水压试验前发现有大量氧化皮剥落的机组，在水压试验后，应对氧化皮的剥落情况再次进行检查。长时间停运的机组，启炉前应对奥氏体不锈钢管内壁氧化皮的剥落情况进行检查。对于T91材质氧化皮问题突出的受热面管材应检查其老化情况。

表3-18　　受热面常用材质抗氧化许用温度和炉外壁温控制值　　（℃）

材料	内壁金属抗氧化许用温度	炉外测点控制温度
TP304H	620	589
TP347H	620	589
TP347HFG	640	610
Super304	640	620
HR3C	670	630
T91	600	570
12Cr1MoVG	580	550
T22	580	550
T23	580	550
X20CrMoV121	600	570
X8CrNiNb1613	620	589
12X18H12T	620	589

【案例】某电厂3、4号锅炉高温过热器T91管材氧化皮厚度逐年增加，达到脱落的临界值，在机组启停、深度调峰、升降负荷等工况下受热面壁温变化速率加快，导致氧化皮快速剥落，逐渐堆积在下部弯头处堵塞管子造成短期过热爆管。电厂通过对锅炉过热器系统进行化学酸洗来缓解氧化皮的生成速率，但随着时间增长，氧化皮问题重复出现。

【锅炉大风箱角部密封与水冷壁管焊接处开裂问题】锅炉大风箱角部密封与水冷壁管焊接处易出现裂纹，进而发展为泄漏，此问题在多个电厂同类型锅炉都有发生，此外已投产的上海锅炉厂制造的300MW级、135MW级锅炉也有发生，原因是水冷壁与风箱膨胀差引起的应力在大风箱角部集中，大风箱角部立板与支撑梁等刚性强的结构不变形，导致膨胀由焊缝吸收，最终造成焊缝开裂。

【案例】2022年4月29日，某600MW超临界锅炉由于空气预热器堵塞影响机组正常运行，申请停机，在停机降负荷过程中发现2号角燃烧器水冷套下部渗水（该处水冷壁管材质为15CrMoG，规格为ϕ38×6.5mm），判断水冷壁泄漏。将4个角燃烧器水冷套下部保温拆除，发现2号角燃烧器水冷套角部梳型板与水冷壁管焊接的角焊缝开裂，开裂位置在角焊缝与水冷壁管的熔合线处，长度约30mm。3号角相同部位存在熔合线皱褶现象，判断该位置已经出现疲劳或即将开裂，打磨后渗透检测发现裂纹长度25mm，经打磨后裂纹消除，打磨深度约4mm（即将泄漏），裂纹清除后采用氩弧焊进行补焊处理。

【锅炉冷灰斗四角处水冷壁拉裂问题】冷灰斗四角水冷壁管及鳍片设计结构复杂，若锅炉加减负荷过快、深度调峰、日内启停，会造成水冷壁压力、温度大幅变化，不同区域温差过大使水冷壁膨胀不均，产生较大应力，最终导致水冷壁拉裂或疲劳损伤。

【案例】某电厂 1、2 号锅炉下部冷灰斗水冷壁多次发生拉裂泄漏，泄漏原因为频繁调峰导致局部应力过大拉裂。

【锅炉包墙过热器开裂问题】近几年，不同制造厂家的部分锅炉在机组运行期间均出现包墙过热器鳍片末端开裂问题，原因为鳍片末端未圆滑过渡，且部分位置因汽水流程的差异导致温差较大，存在较大应力，在负荷频繁波动的情况下沿着焊缝薄弱位置发生开裂。部分电厂鳍片末端附近存在横向拼接焊缝，鳍片末端开裂后，纵焊缝开裂至横向拼接焊缝时可能会沿着横向拼接焊缝薄弱区域继续开裂，最终导致管子泄漏。电厂后期割纵向膨胀缝时，应避开横向焊缝。

【案例】某电厂 3 号锅炉包墙过热器鳍片根部裂纹横向发展，扩展至管子母材上造成爆管。

上海锅炉厂 600MW 等级超超临界及超临界锅炉受热面重点部位检查表见表 3-19。

表 3-19　上海锅炉厂 600MW 等级超超临界及超临界锅炉受热面重点部位检查表

受热面名称	失效类型	失效部位	风险等级	防治措施
省煤器	吹损或磨损	吹灰器通道管排	☆☆	执行集团公司《防止锅炉设备事故重点要求》有关吹灰管理的相关规定。保证吹灰蒸汽过热度；如大范围吹损需对吹灰器提升阀后压力进行整定、调整；吹灰器吹灰范围内防磨护瓦进行增补，对翻转、吹损的防磨瓦进行修复
		省煤器悬吊管迎烟面	☆☆☆	检查测厚；采取防磨措施
		中隔墙挡板破损处、中隔墙与侧包墙连接区域、省煤器与侧包墙等交接区域等易形成烟气走廊的部位	☆☆☆	修复或恢复破损缺失的挡板/阻流板；增加让出管防磨瓦
水冷壁	吹损或磨损	吹灰器区域	☆☆	执行集团公司《防止锅炉设备事故重点要求》有关吹灰管理的相关规定。保证吹灰蒸汽过热度；对短式吹灰器疏水管路进行检查，疏水管路应有不小于0.2%的坡度；测量短式吹灰器喷嘴起吹点位置，喷枪喷孔与水冷壁之间的距离应符合厂家说明书要求；复测喷枪与水冷壁的垂直度；吹灰器鹅颈阀后的蒸汽压力进行整定、调整；开展防磨喷涂
		冷灰斗斜坡	☆	宏观检查、测厚、超标更换
		火焰电视周围水冷壁	☆	检查火焰电视伸进炉膛距离是否合适；检查火焰电视冷却风套管焊缝是否开裂
		冷灰斗侧墙与前后墙拐角（包括冷灰斗下折弯处对角灰渣磨损）	☆☆☆	开展防磨喷涂；增加浇注料
		人孔门及吹灰孔弯管	☆☆	治理漏风的人孔门及吹灰孔

续表

<table>
<tr><th>受热面名称</th><th>失效类型</th><th>失效部位</th><th>风险等级</th><th>防治措施</th></tr>
<tr><td rowspan="7">水冷壁</td><td>吹损或磨损</td><td>燃烧器、燃尽风、观火孔附近</td><td>☆☆</td><td>对燃烧器喷口密封盒内浇注料进行检查，存在缝隙位置进行封堵；运行巡检看火完毕后应将观火孔关闭严密，消除漏风</td></tr>
<tr><td rowspan="3">应力拉裂</td><td>大风箱角焊缝</td><td>☆☆☆</td><td>采用无损检测的方法检查存在拉裂风险的区域；检查大风箱附近吊架、膨胀节</td></tr>
<tr><td>冷灰斗处管子、鳍片焊缝区域</td><td>☆☆☆</td><td>增加止裂孔；采用无损检测的方法检查存在拉裂风险的管子；检查冷灰斗对应的外部刚性梁安装是否符合要求</td></tr>
<tr><td>水冷壁下集箱水平引出管下方与膨胀节的交接处</td><td>☆☆</td><td>加强检测；增加、优化膨胀缝</td></tr>
<tr><td>高温腐蚀</td><td>燃烧器射流方向的下游区域（冷灰斗至燃尽风标高）</td><td>☆☆</td><td>开展燃烧调整试验，改善水冷壁贴壁气氛；运行中注意控制煤粉细度不超DL/T 5145要求值；对于入炉煤收到基硫分超过0.7%的锅炉，重点检查水冷壁高温腐蚀问题，存在高温腐蚀可开展防腐蚀喷涂</td></tr>
<tr><td>过热</td><td>后墙水冷壁悬吊管</td><td>☆☆</td><td>加强检修监督；加强理化分析</td></tr>
<tr><td rowspan="8">过热器</td><td rowspan="4">吹损或磨损</td><td>吹灰器区域</td><td>☆☆</td><td>执行集团公司《防止锅炉设备事故重点要求》有关吹灰管理的相关规定。保证吹灰蒸汽过热度；对吹灰器提升阀后压力进行整定、调整；低温过热器吹灰器吹灰范围内防磨护瓦进行增补，对翻转、吹损的防磨瓦进行修复</td></tr>
<tr><td>悬吊管与低温过热器管交叉区域</td><td>☆☆☆</td><td>增加防磨瓦；增加梳形板；优化吹灰频次、对蒸汽吹灰器提升阀后压力进行整定</td></tr>
<tr><td>夹持管、定位管与管排碰磨区域</td><td>☆☆☆</td><td>增加防磨块</td></tr>
<tr><td>易形成烟气走廊区域</td><td>☆</td><td>增加防磨设施</td></tr>
<tr><td rowspan="2">开裂</td><td>包墙过热器人孔门让管与鳍片连接处</td><td>☆☆☆</td><td>采用无损检测的方法检查存在开裂风险的区域；增加止裂孔</td></tr>
<tr><td>低温过热器出口集箱管座角焊缝</td><td>☆☆</td><td>加强检测</td></tr>
<tr><td>过热（氧化皮引起）</td><td>U型管排下弯头及附近区域</td><td>☆☆☆</td><td>执行集团公司《防止锅炉设备事故重点要求》《防止金属部件及锅炉压力容器事故重点要求》有关氧化皮防治的相关规定。通过燃烧优化调整控制受热面壁温不超报警值；机组启动、停机过程中注意控制壁温变化速率在1.5℃/min以内；存在氧化皮问题的锅炉停炉后严禁强制通风快冷；检修期间对氧化皮堆积量进行检查、超标时割管清理</td></tr>
<tr><td>高温点腐蚀</td><td>高温过热器Super304、TP347H材质迎烟面</td><td>☆</td><td>打磨测厚、超标更换</td></tr>
</table>

续表

受热面名称	失效类型	失效部位	风险等级	防治措施
再热器	吹损或磨损	吹灰器区域	☆☆☆	执行集团公司《防止锅炉设备事故重点要求》有关吹灰管理的相关规定。注意检查上、下、侧方吹灰器吹扫范围内管子吹损情况；保证吹灰蒸汽过热度；如大范围吹损需对吹灰器提升阀后压力进行整定、调整；吹灰器吹灰范围内防磨护瓦进行增补，对翻转、吹损的防磨瓦进行修复
		悬吊管与低温再热器管交叉区域	☆☆☆	增加防磨瓦；增加梳形板
		夹持管、定位管与管排碰磨区域	☆☆☆	增加防磨块
		易形成烟气走廊区域	☆☆☆	增加防磨设施；增加、修复或优化导流板
	开裂	穿顶棚密封盒焊缝	☆	加强检测，必要时优化焊接方式（如增加套管，密封盒与套管相焊接等）
		低温再热器出口管排对接焊缝、高温再热器入口管排对接焊缝、大包内低温再热器对接焊缝	☆☆☆	采用无损检测的方法检查
		低温再热器、高温再热器出口集箱管座角焊缝	☆	采用无损检测的方法检查；对集箱连接管进行膨胀优化

3.8 上海锅炉厂 300MW 等级亚临界锅炉

【锅炉水冷壁高温腐蚀问题】已投产的上海锅炉厂锅炉设计热负荷较集中， 切圆偏大。当入炉煤硫分偏高时，锅炉水冷壁易发生高温腐蚀，造成腐蚀减薄泄漏。电厂在检修期间应对水冷壁高温腐蚀区域（燃烧器射流下游方向区域水冷壁）管子减薄情况进行重点检查。

图 3-48　水冷壁高温腐蚀形貌

【案例】某电厂检修期间发现 4 号锅炉水冷壁高温腐蚀较为严重，如图 3-48 所示，其中 B 侧墙剩余壁厚小于 5.60mm 的管子共 358 根，A 侧墙剩余壁厚小于 5.60mm 的管子共 151 根，前、后墙剩余壁厚小于 5.60mm 的管子共 3 根。

燃煤锅炉水冷壁高温腐蚀一般与燃煤特性、贴壁还原性气氛、贴壁燃烧（刷墙）情况、水冷壁壁温等因素有关：①入炉煤硫分偏高，且水冷壁未得到有效的高温防腐喷涂保护，是本次大面积高温腐蚀的主要原因之一。一般认为，入炉煤收到基硫分高于 0.7%时，应采取必要的防止锅炉受热面高温腐蚀的技术措施；②煤粉颗粒喷入炉膛后，在未完全燃烧时，近壁面存在一定的还原性气体，含氧量较低。随着 CO 的增加，H_2S 含量快速上升，进而加快水冷壁管硫化物型高温腐蚀速度。还原性气氛一般与负荷正相关，4 号机组累计高负荷运行时间较长，强还原性气氛下运行时间较长。除此之外，4 号锅炉存在一定的偏烧现象，B 侧出口氧量较 A 侧低，导致 B 侧高温腐蚀问题更为突出，换管数量更大；③B、D、E 层燃烧器一次风管前段及扩锥烧损严重。燃烧器烧损严重，会造成煤粉初期着火不充分，会进一步提高燃烧器区域还原性气氛；除此之外，还会造成火焰偏斜，易造成气流刷墙，显著提高 CO 浓度，同时还会导致腐蚀产物不断脱落，使腐蚀不断循环加剧；④相关研究表明水冷壁管壁温在 400～500℃的范围内，壁温提高 50℃，腐蚀速度要提高一倍。4 号机组存在长期高负荷工况运行，水冷壁温度提高，也是造成高温腐蚀的不利因素。

【受热面穿顶棚密封盒角焊缝开裂泄漏问题】2021 年 11 月 24 日，某电厂 2 号锅炉低温再热器出口段管子与炉顶密封盒角焊缝开裂泄漏，角焊缝开裂形貌见图 3-49。低温再热器出口段管子穿炉顶棚密封盒后与密封盒单面焊接，焊接质量不佳，且机组运行中负荷变化频繁，角焊缝处易发生应力疲劳开裂。电厂后期检修期间也常在类似部位发现裂纹，主要集中在管子穿顶棚后与顶棚区域密封板的角焊缝或与套管角焊缝处，故检修期间应对受热面穿顶棚密封盒角焊缝进行重点检查。

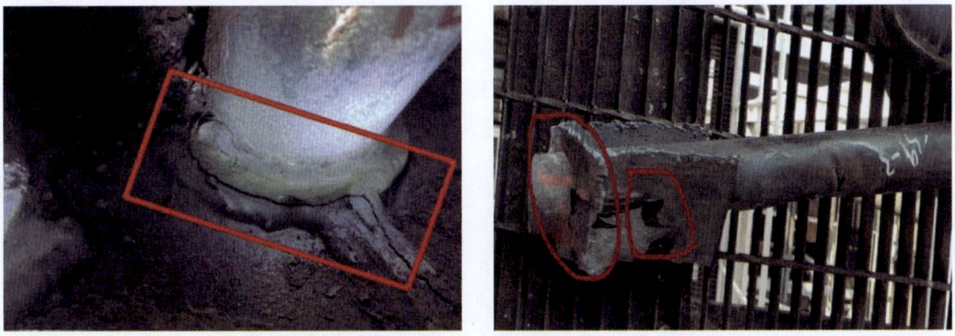

图 3-49　低温再热器出口段管子与炉顶密封盒角焊缝开裂形貌

【包墙过热器宽鳍片横向裂纹问题】包墙过热器宽鳍片区域的鳍片宽度较大，鳍片冷却不足，长期承受高温产生横向裂纹，裂纹不断扩展至母材导致管子泄漏。检修期间应对包墙过热器宽鳍片横向裂纹进行重点检查。

【案例】某电厂 3 号锅炉后烟井延伸前墙过热器鳍片产生横向裂纹造成管子泄漏断裂，断裂位置鳍片处管子壁厚 4.2mm（原厚度 9mm），此处有原始制造缺陷修复的痕迹，致使该处管子强度降低，鳍片裂纹向此处扩展造成管子开裂泄漏。因该管子悬吊承重较大，随着管子裂口持续扩大，最终因强度不足造成管子断裂。

【分隔屏过热器蒸汽冷却定位管支撑块焊缝开裂问题】 分隔屏过热器横向采用蒸汽冷却管定位。定位管从分隔屏进口集箱引出共 4 根，分别穿过分隔屏过热器及后屏过热器，将分隔屏过热器夹持定位，然后引入后屏过热器出口集箱。在长时间运行过程中，蒸汽冷却定位管支撑块焊缝由于管排晃动产生疲劳裂纹引发管子泄漏。

【案例】 某电厂锅炉为上海锅炉厂制造的 300MW 亚临界机组，锅炉过热器由五级组成，按蒸汽流程分别是炉顶及旁路过热器、延伸侧墙及尾部包覆过热器→低温过热器→分隔屏过热器→后屏过热器→末级过热器。分隔屏过热器位于炉膛前上方，沿炉宽方向布置 4 大片，横向节距为 2736、3420、2736mm，每片又分成 6 小片，每小片由 9 根并联套管组成，管子外径为ϕ51，材料除最外圈底部采用 T91 外，其余均为 12Cr1MoVG 和 15CrMoG，分隔屏过热器横向采用蒸汽冷却管定位。

2020 年 10 月 10 日 08:57，8 号机组负荷为 218MW、主蒸汽压力为 15.1MPa、主蒸汽流量为 645t/h、给水流量为 637t/h、炉膛负压–47Pa。08:59，8 号机组炉膛负压异常冒正，负压最大至 913Pa，光字牌发四管泄漏报警，之后给水流量异常上升，最大至 795t/h（此时主蒸汽流量为 656t/h），就地有蒸汽泄漏的声音，综合分析锅炉发生泄漏，向调度申请停机，09:58 机组解列。停炉检查发现左数第 3 屏第 3 片分隔屏过热器换热管处变形严重，换热管扭缠交错在一起，墙式再热器、顶棚处存在机械碰磨。经分析，原始爆口位于第 3 屏第 3 片让位管支撑块下方（见图 3-50），爆口形状为 V 字形，此支撑块主要作用是支撑分隔屏过热器蒸汽冷却定位管，裂纹产生的原因是锅炉运行过程中，蒸汽冷却定位管晃动造成让位管支撑块处发生疲劳裂纹，进而发生泄漏。对于蒸汽冷却定位管开裂问题，应定期对分隔屏过热器、后屏过热器的蒸汽冷却定位管支撑块进行检查，检查是否存在裂纹、管子碰磨、定位管脱落等问题；支撑块焊缝可采用磁粉或渗透探伤方法进行抽检，发现开裂及时处理。焊接修复时应严格控制熔深，避免对受热面管壁造成损伤。

图 3-50　第 3 屏第 3 片让位管支撑块下方漏点形貌

上海锅炉厂 300MW 等级亚临界锅炉受热面重点部位检查表见表 3-20。

表 3-20　　上海锅炉厂 300MW 等级亚临界锅炉受热面重点部位检查表

受热面名称	失效类型	失效部位	风险等级	防治措施
省煤器	吹损或磨损	吹灰器通道管排	☆☆	执行集团公司《防止锅炉设备事故重点要求》有关吹灰管理的相关规定。保证吹灰蒸汽过热度；如大范围吹损需对吹灰器提升阀后压力进行整定、调整；吹灰器吹灰范围内防磨护瓦进行增补，对翻转、吹损的防磨瓦进行修复
		中隔墙挡板破损处、中隔墙与侧包墙连接区域等易形成烟气走廊的部位	☆☆☆	修复或恢复破损缺失的挡板/阻流板；增加让出管防磨瓦
		进口集箱接管座附近短管、下层易飞灰磨损部位	☆	增加防磨瓦；对翻转、吹损的防磨瓦进行修复；恢复浇注料
		阻流板下方易飞灰磨损的直管段及弯头部位	☆	增加防磨瓦
水冷壁	吹损或磨损	吹灰器区域	☆☆☆	执行集团公司《防止锅炉设备事故重点要求》有关吹灰管理的相关规定。保证吹灰蒸汽过热度；对短式吹灰器疏水管路进行检查，疏水管路应有不小于0.2%的坡度；测量短式吹灰器喷嘴起吹点位置，喷枪喷孔与水冷壁之间的距离应符合厂家说明书要求；复测喷枪与水冷壁的垂直度；吹灰器鹅颈阀后的蒸汽压力进行整定、调整
		冷灰斗斜坡	☆☆	宏观检查、测厚、超标更换
		冷灰斗喉口与侧墙交接处的密封盒区域	☆☆	冷灰斗与侧墙交界处敷设浇注料；密封盒内浇注料修复
		后水排管底部、后水冷壁悬吊管底部	☆	开展防磨喷涂；敷设或恢复浇注料
		人孔门及吹灰孔弯管	☆	治理漏风的人孔门及吹灰孔；弯管部位加装防磨瓦
		燃烧器、燃尽风、观火孔附近	☆☆☆	对燃烧器喷口密封盒内浇注料进行检查，存在缝隙位置进行封堵；运行巡检看火完毕后应将观火孔关闭严密，消除漏风
	应力拉裂	人孔、吹灰孔等宽鳍片区域；吹灰器让位管与直管间的鳍片	☆☆☆	增加浇注料；增加止裂孔；采用无损检测的方法检查存在拉裂风险的管子；让位管与直管间的鳍片割除并进行圆滑过渡
		现场拼接区域、结构突变区域鳍片焊缝	☆☆☆	采用无损检测的方法检查存在拉裂风险的管子；增加止裂孔
		冷灰斗斜坡与侧墙之间的 Y 型密封块	☆	检查焊缝裂纹；必要时可改为单侧焊接
		冷灰斗喉部下方梳型板拼接处及其四角处	☆☆	无损检测；梳形板的焊接生根点应在鳍片上
		燃烧器、吹灰器、人孔门密封盒四角角焊缝	☆☆	无损检测；圆滑过渡处理

续表

受热面名称	失效类型	失效部位	风险等级	防治措施
水冷壁	应力拉裂	燃烧器与水冷壁交界处 L 型梳形筋板焊缝	☆☆	无损检测；打磨裂纹；增加止裂孔
过热器	吹损或磨损	吹灰器区域	☆☆☆	执行集团公司《防止锅炉设备事故重点要求》有关吹灰管理的相关规定。保证吹灰蒸汽过热度；对吹灰器提升阀后压力进行整定、调整；低温过热器吹灰器吹灰范围内防磨护瓦进行增补，对翻转、吹损的防磨瓦进行修复
		悬吊管与低温过热器管交叉区域	☆	增加防磨瓦；增加梳形板
		夹持管、定位管与管排碰磨区域	☆☆	增加防磨块
		高温过热器夹屏管底部与折焰角斜坡之间的碰磨	☆	加强检查；壁厚检测；减薄超标换管
		易形成烟气走廊区域	☆	增加防磨设施
	过热	后屏过热器、高温过热器出口集箱短管	☆☆	加强理化检验，必要时取样分析；运行中控制蒸汽温度不超温
		高温过热器、后屏过热器入口集箱三通下方管	☆☆☆	执行集团公司《防止锅炉设备事故重点要求》有关防止启动过程中水塞的有关规定。启动初期注意控制减温水用量；减温水操作应平稳；有条件在三通下方管增设壁温测点以进行监视
		后屏过热器、高温过热器高热负荷区域	☆☆☆	开展燃烧优化调整试验，避免燃烧偏差造成局部壁温超温
	开裂	包墙下部环形集箱四角处、顶棚过热器变形区域	☆☆☆	无损检测；消除裂纹；对顶棚过热器变形区域易应力集中部位（如管子焊缝、管子与鳍片角焊缝等）进行无损探伤
		分隔屏过热器、后屏过热器蒸汽冷却定位管支撑块	☆☆☆	加强无损检测；必要时可更换管卡或优化管卡结构
		高温过热器集箱管座角焊缝	☆☆	采用无损检测的方法检查存在开裂风险的区域
		过热器连通管三通连接焊缝	☆☆	加强无损检测；发现裂纹及时处理
再热器	吹损或磨损	吹灰器区域	☆☆	执行集团公司《防止锅炉设备事故重点要求》有关吹灰管理的相关规定。保证吹灰蒸汽过热度；如大范围吹损需对吹灰器提升阀后压力进行整定、调整；吹灰器吹灰范围内防磨护瓦进行增补，对翻转、吹损的防磨瓦进行修复
		悬吊管与低温再热器管交叉区域	☆☆	增加防磨瓦；增加梳形板
		夹持管、定位管与管排碰磨区域	☆☆	增加防磨块
		易形成烟气走廊区域	☆☆☆	增加防磨设施；增加导流板
	过热	低氮改造后屏再热器 U 型管排下弯头及附近区域	☆	加强理化分析及无损检测；注重对集箱、受热面内部清洁检查
	开裂	高温再热器集箱管座角焊缝	☆	采用无损检测的方法检查存在开裂风险的区域

续表

受热面名称	失效类型	失效部位	风险等级	防治措施
再热器	开裂	再热器连通管三通连接焊缝	☆☆	加强无损检测；发现裂纹及时处理
		再热器减温器喷水管及焊缝	☆☆	加强减温器及其集箱无损检测；定期抽芯检查

3.9 东方锅炉厂 660MW/1000MW 等级超超临界锅炉

已投产的东方锅炉厂 660MW、1000MW 等级超超临界锅炉为东方锅炉厂引进日本巴布科克-日立公司（BHK）技术生产的超超临界参数变压直流炉，采用对冲燃烧方式、固态排渣、单炉膛、一次再热、平衡通风、全钢构架、全悬吊 Π 型结构。

已投产的东方锅炉厂 660MW、1000MW 等级超超临界锅炉采用前后墙对冲燃烧方式，依靠旋流燃烧器自身形成的回流卷吸高温烟气来加热点燃煤粉，对冲布置的火炬在燃烧室中心相遇对冲，然后转弯向上。由于携带的煤粉易冲刷两侧墙，且炉膛两侧墙中间区域易形成流动停滞区，氧量偏低，还原性气体含量偏高，当炉内燃烧工况不佳、配风不合理时，两侧墙水冷壁附近还原性气氛增强，为高温腐蚀的发生创造了有利条件，易在侧墙冷灰斗至燃尽风区域产生高温腐蚀问题。

已投产的东方锅炉厂 660MW、1000MW 等级超超临界锅炉早期将锅炉尾部的低温再热器垂直管材质设计成 T23，部分电厂检修期间发现该区域 T23 材质管子存在比较明显的老化问题，部分电厂已将该处 T23 材质管子升级。

【减温器喷水管及焊缝问题】东方锅炉厂早期设计制造的减温器喷水管易断裂，从减温器的结构分析，早期设计的悬臂式喷管减温器结构（见图 3-51），当减温器工作时会在支点处产生交变热应力，导致减温器喷水管发生开裂。检修期间应加强减温器喷水管、焊缝及减温器集箱的检查。

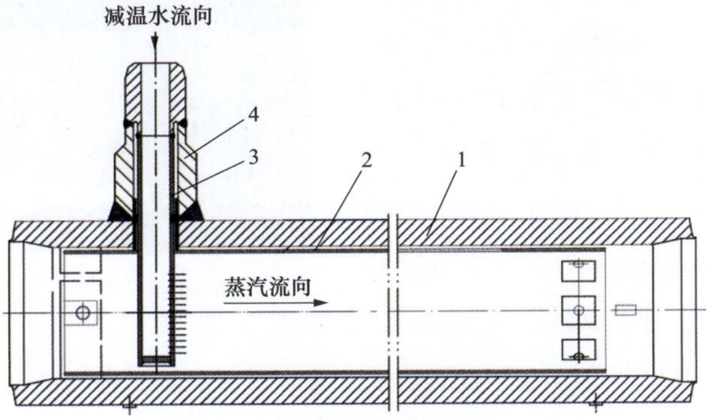

图 3-51 悬臂结构喷水管

1—筒体；2—混合管；3—喷管；4—管座

【案例 1】 2011 年 4 月，某运行时间约 10500h 的超超临界锅炉进行内部检验时，发现左、右侧过热器一级减温器喷管根部断裂，炉右侧过热器二级减温器喷管根部断裂，喷管根部断裂实物如图 3-52 所示。一级减温器套筒材质为 P12，规格为ϕ508×88mm，二级减温器套筒材质为 P91，规格为ϕ508×78mm。

【案例 2】 2012 年 5 月，某运行时间不足 5000h 超超临界锅炉进行内部检验时发现锅炉左、右侧材质为 P91，规格为ϕ495.3×70mm 的过热器二级减温器喷管根部断裂，且锅炉左侧过热器二级减温器喷管套管固定焊缝开裂，喷管限位块磨损。

图 3-52　断裂的减温器喷水管

图 3-53　减温器喷水管被内套筒横切

【过热器、再热器减温器混合管轴向移位造成喷管横切问题】 东方锅炉厂多台机组曾发生过热器、再热器减温器混合管轴向移位造成喷管横切问题，如图 3-53 所示。运行中减温器内套筒会有往复的膨胀和位移，长期运行造成内套筒出口定位螺钉磨损而造成出口下沉。减温水喷入内套筒后迅速汽化扩容激振，内套筒存在交变晃动。长期运行下，内套筒交变晃动、往复位移与自身重力作用叠加，造成内套筒下部定位销钉明显磨损，内套筒明显下沉。内套筒与蒸汽流动方向不同轴，在蒸汽流动作用下内套筒受力造成入口固定销钉及垫板磨损失效。内套筒进口定位销及垫板磨损后失去定位作用，内套筒所受轴向推力全部作用在减温水喷管处，造成喷管产生“锯口”磨穿。

图 3-54　减温器喷水管碰磨痕迹

【案例】 某电厂 5 号机组检修期间发现 B 侧二级减温器喷水管与内套筒碰磨，喷水管已磨透（见图 3-54），分析原因为内套筒定位不牢，在运行过程中定位销和内套筒不断碰磨，使定位孔不断扩大，导致内套筒在运行中位移和喷水管碰磨，致使喷水管磨穿。

东方锅炉厂 660MW/1000MW 等级超超临界锅炉受热面重点部位检查表见表 3-21。

表 3-21 东方锅炉厂 660MW/1000MW 等级超超临界锅炉受热面重点部位检查表

受热面名称	失效类型	失效部位	风险等级	防治措施
省煤器	吹损或磨损	吹灰器通道管排	☆☆☆	执行集团公司《防止锅炉设备事故重点要求》有关吹灰管理的相关规定。保证吹灰蒸汽过热度；如大范围吹损需对吹灰器提升阀后压力进行整定、调整；吹灰器吹灰范围内防磨护瓦进行增补，对翻转、吹损的防磨瓦进行修复
		中隔墙挡板破损处、中隔墙与侧包墙连接区域等易形成烟气走廊的部位	☆☆☆	修复或恢复破损缺失的挡板/阻流板；增加让出管防磨瓦
		进口集箱接管座附近短管、下层易飞灰磨损部位	☆	增加防磨瓦；对翻转、吹损的防磨瓦进行修复
水冷壁	吹损或磨损	吹灰器区域	☆☆☆	执行集团公司《防止锅炉设备事故重点要求》有关吹灰管理的相关规定。保证吹灰蒸汽过热度；对短式吹灰器疏水管路进行检查，疏水管路应有不小于0.2%的坡度；测量短式吹灰器喷嘴起吹点位置，喷枪喷孔与水冷壁之间的距离应符合厂家说明书要求；复测喷枪与水冷壁的垂直度；吹灰器鹅颈阀后的蒸汽压力进行整定、调整
		冷灰斗斜坡	☆	宏观检查、测厚、超标更换
		冷灰斗侧墙与前后墙拐角（包括冷灰斗下折弯处对角灰渣磨损）	☆☆☆	对拐角部位进行防磨喷涂、敷设浇注料
		折焰角上部斜坡（尤其是高温再热器入口下方位置、斜坡拐点向炉后）	☆	开展防磨喷涂
		人孔门及吹灰孔弯管	☆	治理漏风的人孔门及吹灰孔；弯管部位加装防磨瓦
		燃烧器（注意背火面燃烧器导流筒与水冷壁弯管之间的间隙是否存在漏风）、燃尽风、观火孔附近	☆	对燃烧器喷口密封盒内浇注料进行检查，存在缝隙位置进行封堵；运行巡检看火完毕后应将观火孔关闭严密，消除漏风
	应力拉裂	冷灰斗管子与密封塞块焊缝	☆☆☆	采用无损检测的方法检查存在拉裂风险的区域
		上部鳍片末端（垂直水冷壁出口各小集箱端部下 0.5m 左右处）	☆☆☆	鳍片末端圆滑过渡；增加膨胀缝和止裂孔
		水冷壁过渡段（螺旋段出口 135°弯头）的下方	☆☆	采用无损检测的方法检查存在拉裂风险的区域；增加止裂孔
		大风箱角焊缝	☆☆	采用无损检测的方法检查存在拉裂风险的区域
		入口集箱管座角焊缝	☆	采用无损检测的方法检查存在拉裂风险的区域
		与刚性梁、限位及止晃装置、支吊架、密封盒、二次风箱预埋件等相配合的拉钩等焊接区域（背火面）	☆☆☆	加强膨胀优化治理（支吊架调整、膨胀优化调整）；采用无损检测的方法检查存在拉裂风险的区域

续表

受热面名称	失效类型	失效部位	风险等级	防治措施
水冷壁	应力拉裂	出口集箱进汽让管管座焊缝	☆☆☆	采用无损检测的方法检查存在拉裂风险的区域
		吹灰器孔/观火孔让位管鳍片焊缝（起/收弧区域）	☆☆☆	采用无损检测的方法检查存在拉裂风险的区域；鳍片圆滑过渡
		水冷壁前墙中部现场拼接宽鳍片区域	☆☆☆	采用无损检测的方法检查存在拉裂风险的区域
	高温腐蚀	两侧墙水冷壁区域（冷灰斗上方至燃尽风标高区域）	☆☆☆	开展水冷壁防腐蚀喷涂；保证锅炉高负荷下运行氧量达到要求；靠近两侧墙燃烧器外二次风开度应适当开大，以降低旋流强度；考虑开展贴壁风改造
过热器	吹损或磨损	吹灰器区域	☆☆	执行集团公司《防止锅炉设备事故重点要求》有关吹灰管理的相关规定。保证吹灰蒸汽过热度；对吹灰器提升阀后压力进行整定、调整；低温过热器吹灰器吹灰范围内防磨护瓦进行增补，对翻转、吹损的防磨瓦进行修复
		悬吊管与低温过热器管交叉区域	☆	增加防磨瓦；增加梳形板
		易形成烟气走廊区域	☆	增加防磨设施
	过热（入口集箱堵塞引起、氧化皮堆积）	U 型管排入口段靠近下弯头区域	☆☆☆	基建监造、安装、吹管阶段注重对集箱、受热面内部清洁检查；检修换管时注意清洁度检查。 执行集团公司《防止锅炉设备事故重点要求》《防止金属部件及锅炉压力容器事故重点要求》有关氧化皮防治的相关规定。通过燃烧优化调整控制受热面壁
		U 型管排入口段靠近下弯头区域	☆☆☆	温不超报警值；机组启动、停机过程中注意控制壁温变化速率在 1.5℃/min 以内；存在氧化皮问题的锅炉停炉后严禁强制通风快冷；检修期间对氧化皮堆积量进行检查、超标时割管清理
	开裂	水平烟道侧墙水冷壁与水平烟道包墙过热器连接处	☆☆☆	采用无损检测的方法检查存在开裂风险的区域；增加止裂孔
		水平烟道包墙过热器与尾部烟道包墙过热器连接处	☆☆☆	采用无损检测的方法检查存在开裂风险的区域；增加止裂孔
		尾部包墙下集箱管座角焊缝（靠近端部）	☆☆	采用无损检测的方法检查存在开裂风险的区域
		尾部烟道吹灰孔、人孔宽鳍片	☆☆	采用无损检测的方法检查存在开裂风险的区域
		顶棚过热器入口集箱接管鳍片端部	☆☆	采用无损检测的方法检查存在开裂风险的区域
	高温硫酸盐、焦下腐蚀	管屏外圈管迎烟气侧垂直管段	☆	加强配煤掺烧，通过配煤掺烧控制入炉煤硫分、控制灰分中碱金属含量小于 4%；防腐蚀喷涂

续表

受热面名称	失效类型	失效部位	风险等级	防治措施
再热器	吹损或磨损	吹灰器区域	☆☆	执行集团公司《防止锅炉设备事故重点要求》有关吹灰管理的相关规定。保证吹灰蒸汽过热度；如大范围吹损需对吹灰器提升阀后压力进行整定、调整；吹灰器吹灰范围内防磨护瓦进行增补，对翻转、吹损的防磨瓦进行修复
		夹持管、定位管与管排碰磨区域	☆☆	增加防磨块
		易形成烟气走廊区域	☆	增加防磨设施
		顶棚过热器管附近再热器管	☆	外观检查
	过热（氧化皮堆积）	U 型管排入口段靠近下弯头区域	☆☆☆	执行集团公司《防止锅炉设备事故重点要求》《防止金属部件及锅炉压力容器事故重点要求》有关氧化皮防治的相关规定。通过燃烧优化调整控制受热面壁温不超报警值；机组启动、停机过程中注意控制壁温变化速率在 1.5℃/min 以内；存在氧化皮问题的锅炉停炉后严禁强制通风快冷；检修期间对氧化皮堆积量进行检查、超标时割管清理
	高温硫酸盐、焦下腐蚀	管屏外圈管迎烟气侧垂直管段	☆	加强配煤掺烧，通过配煤掺烧控制入炉煤硫分、控制灰分中碱金属含量小于 4%；防腐蚀喷涂
	开裂	高温再热器入口集箱管座角焊缝	☆☆☆	采用无损检测的方法检查存在开裂风险的区域
		高温再热器入口集箱接管梳形板焊缝	☆☆	采用无损检测的方法检查存在开裂风险的区域，割除或磨除梳形板
		滑动块焊缝	☆☆☆	采用无损检测的方法检查存在开裂风险的区域
		再热器减温器喷水管、焊缝、集箱	☆☆☆	加强理化分析；加强减温器的检修维护，防止减温器内漏；尽量减少减温水投用，并防止减温水量大幅度波动；采用无损检测的方法检查存在开裂风险的区域

3.10 东方锅炉厂 600MW 等级超临界锅炉

已投产的东方锅炉厂 600MW 等级超临界锅炉与 1000MW/660MW 等级超超临界锅炉具有部分类似问题，如侧墙水冷壁高温腐蚀问题、减温器悬臂结构喷水管断裂问题、减温器内套筒横切喷水管问题、过热器进口段节流孔异物堵塞问题。

已投产的东方锅炉厂早期减温器喷水管设计为单侧固定的悬臂结构，伸进蒸汽管道内的喷水管在投用时会受到蒸汽的冲击、介质温差、流速影响，喷水管会产生高频振动。冲击和振动会沿喷水管传递到根部位置并产生应力，在减温器喷水管根部产生疲劳裂纹，已有多家电厂检修期间发现减温器喷管断裂的情况。减温器内套筒上的固定销钉起固定作用，机组运行期间受减温器内套筒的往复膨胀、位移和变形等影响，易造成内套筒下部固定销钉及垫板磨损失效，导致内套筒下沉，导致减温器喷水管频繁受内套筒碰磨。

【燃烧器区域侧墙及冷灰斗区域水冷壁高温腐蚀问题】采用前后墙对冲燃烧方式的东方锅炉厂600MW等级超临界锅炉，在最下层燃烧器标高（有的锅炉甚至在冷灰斗标高）至下层燃尽风燃烧器标高的两侧墙区域水冷壁存在高温腐蚀、壁厚减薄问题。主要原因是靠近侧墙的燃烧器距离侧墙较近，煤粉容易刷墙，再加上燃用高硫煤等因素叠加，导致侧墙水冷壁腐蚀减薄速率加快，换管量增加，换管周期缩短。针对此类问题，燃用高硫煤机组，检修期间应加强检查两侧墙区域及冷灰斗拐角区域水冷壁，及时更换减薄超标管子，对水冷壁管进行防腐蚀喷涂。

【案例】某电厂6号锅炉A侧水冷壁（螺旋管段，标高44.5m）IR35炉膛吹灰器下方管子发生泄漏，泄漏区域管子外表存在明显腐蚀区，腐蚀区内可见大小不一、深度不等的腐蚀坑，腐蚀坑呈溃疡状，伴有弯弯曲曲的小沟槽。腐蚀产物用锐器即可剥离，腐蚀产物剥离后管子呈红棕色，管样及腐蚀形貌见图3-55。分析泄漏原因为侧墙高温腐蚀造成管壁减薄泄漏。6号炉为前后墙对冲燃烧方式，理想状态下其两侧墙高温腐蚀情况应该一致，但是对B侧墙相同部位进行检查发现，其腐蚀减薄程度好于A侧墙。查看运行参数，发现6号炉两侧烟气含氧量偏差较大，因此6号炉存在风粉分配不均的现象，导致A侧墙较B侧墙近壁区还原性气氛更强、高温腐蚀严重。

图3-55　水冷壁高温腐蚀减薄泄漏

【高温过热器、屏式过热器异物和氧化皮堵塞引起过热爆管问题】东方锅炉厂制造的600MW等级超临界锅炉的屏式过热器、高温过热器设计有节流孔，以调整换热管内冷却蒸汽流量与烟气热负荷匹配，达到缩小换热管壁温分布偏差的目的。节流孔一般设置在进口集箱开孔处，异物或氧化皮在高温过热器、屏式过热器节流孔堵塞后易引起过热爆管。针对此类问题，检修期间需加强高温过热器进口集箱异物检查，对高温过热器和屏式过热器区域的氧化皮进行检查。

【案例 1】某电厂 2018 年 6 月 1 号锅炉高温过热器发生泄漏，泄漏部位材质为 TP347H，尺寸规格为ϕ45×7.8mm。用内窥镜检查发现爆口下方弯头氧化皮堵塞严重，用磁铁将氧化皮全部吸出后称重为 546g。分析泄漏原因为氧化皮堵塞导致过热爆管。查阅台账发现 2011 年 9 月 1 号机组 C 修期间对该管屏第 6、7 根管整体更换，新管经过长时间（34247h）运行后进入第一次氧化皮脱落高峰期（据统计约 3 万 h），氧化皮集中脱落堵塞造成爆管。

【案例 2】2008 年，某电厂 4 号锅炉高温过热器发生泄漏，泄漏位置位于高温过热器出口段，距离下弯头约 3m。检查发现高温过热器进口集箱内部存在铁屑等异物，铁屑外形尺寸约 26mm，高温过热器进口管屏在集箱内部入口处设计装有节流圈，尺寸为ϕ12，异物尺寸超过节流孔圈尺寸，异物在节流孔圈堵塞后导致管子超温爆管。

【案例 3】2009 年，某电厂 3 号锅炉高温过热器发生泄漏，泄漏部位位于高温过热器出口段，为查明本次爆管原因，对高温过热器进口集箱进行内窥镜检查，发现集箱中部区域有一弧形钢板堵塞该管屏节流孔（节流孔径ϕ10），怀疑该铁板是从二级减温器上脱落，随着汽流带到高温过热器进口集箱中部，在节流孔堵塞后造成过热爆管。对屏式过热器至高温过热器连接管上的二级减温器进行内窥镜检查，发现靠 A 侧二级减温器上的衬环脱落一块。根据铁板的大致尺寸确认高温过热器进口集箱上的铁板即为减温器上脱落的衬环。

【案例 4】某电厂 2 号锅炉高温过热器布置在水冷壁折焰角上部，管子规格为ϕ45×8.5mm/7mm，进口段管子材质为 T91，出口段管子材质为 TP347H。高温过热器在 2019 年和 2020 年发生过 2 次爆管，均为入口段的 T91 管子，均发生在启动过程中，爆管宏观形貌如图 3-56 所示。根据异物检查、金相组织试验、综合判断，失效类型为

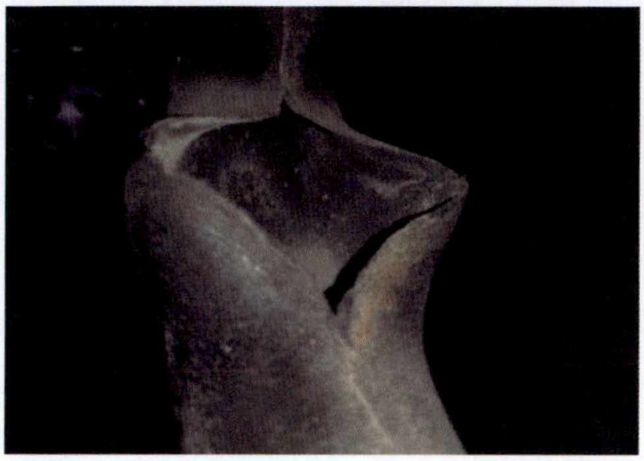

(a)

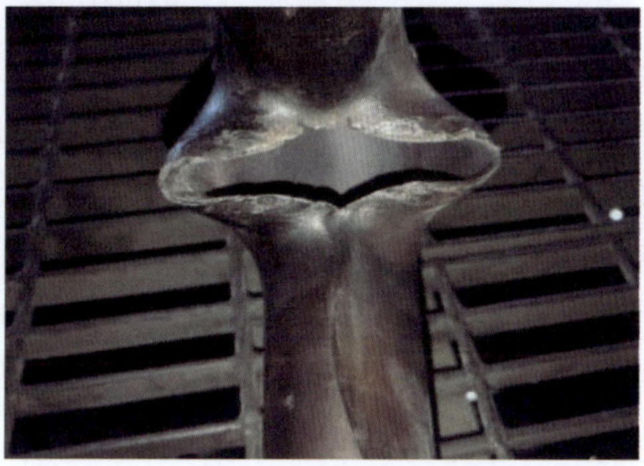

(b)

图 3-56　某电厂 2 号炉 2 次高温过热器爆管宏观形貌

（a）2019 年；（b）2020 年

典型短期过热，当管壁温度超过材料临界温度时，材料强度明显下降，在内压力的作用下，发生胀粗和爆管现象。集箱内管子入口异物堵塞、氧化皮脱落后在弯头处堵塞后导致介质通流面积减小，是造成短时过热的主要原因。

2019 年发生爆管后，在入口集箱管口处发现异物堵塞，如图 3-57 所示。由此判断本次爆管是因集箱内管子入口异物堵塞造成蒸汽通流面积减小后导致。

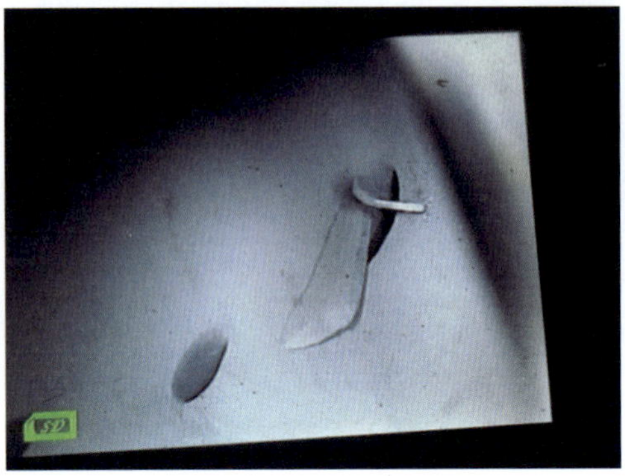

（a）

（b）

图 3-57 某电厂 2 号炉 2019 年高温过热器入口集箱异物照片

（a）内窥镜检查；（b）取出异物

查看 2020 年爆管前启动过程、壁温变化曲线。2020 年，启动过程中壁温剧烈变化，左右侧变化速率达 12.3、4.6℃/min，高温过热器第 7 屏、第 9 屏、第 17 屏壁温变化速率分别为 11.47、11.61、10.01℃/min。壁温的短时大幅波动，很可能造成氧化皮大面积脱落，从而导致受热面堵塞爆管。

【异种钢焊接接头开裂问题】异种钢焊接接头（大包内 T92/T91+奥氏体不锈钢焊接接头）的两侧材料为马氏体不锈钢和奥氏体不锈钢，两侧弹性模量和热膨胀系数有较大差异。若一侧管材为 T92/T91 钢，则 T92/T91 钢侧焊接热影响区常为焊接接头的薄弱环节，焊接接头在机组启停、冷热交替过程中存在轴向热胀应力，在长期运行中，马氏体钢一侧细晶区晶界蠕变出现孔洞，并长大、聚集最后形成微裂纹，微裂纹扩展失稳至最后断裂失效。针对此类问题，检修期间需加强大包内异种钢焊接接头检查。

【案例 1】2019 年，某电厂 6 号锅炉后屏过热器发生泄漏，漏点位于后屏过热器异种钢焊接接头 T91 侧，爆口沿 T91 侧焊接接头熔合线整圈断开，爆口上下无明显胀粗、纵向裂纹、弯曲变形、腐蚀等痕迹。其开裂原因为异种钢焊接接头的两侧材料是马氏体不锈钢和奥氏体不锈钢，两侧弹性模量和热膨胀系数有较大差异，若一侧管材为 T91 钢，则 T91 钢侧焊接热影响区（HAZ 细晶区）常为焊接接头的薄弱环节，焊接接头在机组启停、冷热交替过程中存在轴向热胀应力，在长期运行中，马氏体钢一侧细晶区晶界蠕变出现孔洞，并长大、聚集最后形成微裂纹，微裂纹扩展至最后断裂失效。

【案例 2】某电厂 1 号机组累计运行时间约 8.8 万 h，2018 年对高温过热器出口段全部 31 屏 620 道异种钢焊接接头（T91+TP347H）进行渗透检测，共有 15 处异种钢焊接接头存在早期失效裂纹，受热面异种钢对接焊缝裂纹形貌见图 3-58。其开裂原因与以下因素有关：①原始焊接电流过大，焊缝晶粒较粗，焊缝处韧性较低；②原始异种钢焊接接头热处理效果不好，焊缝处有较大残余应力；③高温过热器出口管在顶棚至集箱距离较短，管子与顶棚密封壳之间相互拘束形成较大结构性热应力，且异种钢焊接接头两侧材料弹性模量和热膨胀系数有较大差异，易使焊接接头存在较大应力集中，最终在性能薄弱的 T91 侧热影响区发生开裂。

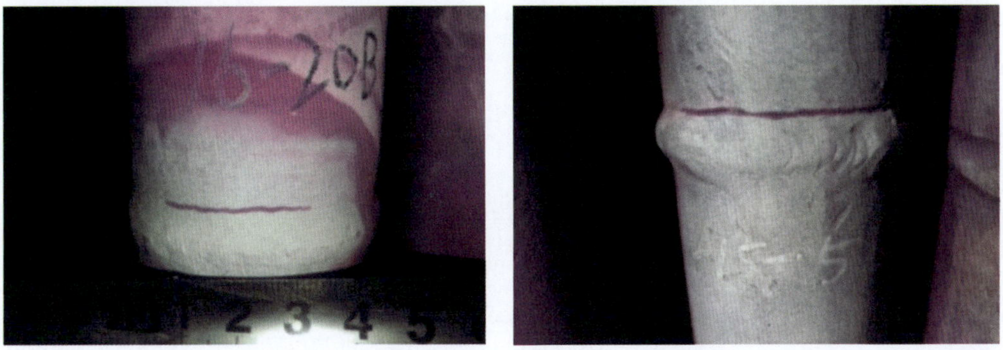

图 3-58　受热面异种钢对接焊缝裂纹形貌

【减温器喷水管及焊缝问题】悬臂式喷管结构减温器工作时会在支点处产生热应力。如某电厂悬臂式喷管减温器出现了喷管断裂情况，检修期间应加强再热器减温器喷管及焊缝检查。

【过热器减温器混合管轴向移位造成喷管横切问题】东方锅炉厂多台机组曾发生过热器减温器混合管轴向移位造成喷管横切问题。运行中减温器内套筒会有往复的膨胀和位移，长期运行造成内套筒出口定位螺钉磨损而造成出口下沉。减温水喷入内套筒后迅速汽化扩容激振，内套筒存在交变晃动。长期运行下，内套筒交变晃动、往复位移与自身重力作用叠加，造成内套筒下部定位销钉明显磨损，内套筒明显下沉。内套筒与蒸汽流动方向不同轴，在蒸汽流动作用下内套筒受力造成入口固定销钉及垫板磨损失效。内套筒进口定位销及垫板磨损后失去定位作用，内套筒所受轴向推力全部作用在减温水喷管处，造成喷管产生“锯口”磨穿。

【案例】2020 年，某电厂 4 号机组检修期间发现 A 侧过热器二级减温器筒身内套管进口端 2 个固定销、垫板均磨损松脱，内套管出口端 6 点钟位置的 3 个定位螺钉（整圈共 6 个）磨损，向后滑移，导致减温器喷管部分磨穿。其原因为：①长周期运行导致减温器内套管螺钉磨损，引发固位销定位失效；②减温器内套管设计、制造工艺不合理，内套管长3115mm，由3张钢板进行翻卷、拼焊组成，套筒整体同心度有偏差，与汽流的接触面积增大，内套管受轴向推力相应增大。据调研，目前国内超临界级以上机组减温器内套管均为整段管材，无拼缝；③减温器采取内窥镜的检查方式难以做到全覆盖，不全面；④4号锅炉二级减温水量较大，调门开度均值在70%～80%范围，减温水投停对喷管产生逆蒸汽流动方向的推力，这一推力与失去定位的内套管顺蒸汽流动方向滑移产生相互作用，加剧喷管的磨损。

东方锅炉厂600MW等级超临界锅炉受热面重点部位检查表见表3-22。

表3-22　　东方锅炉厂600MW等级超临界锅炉受热面重点部位检查表

受热面名称	失效类型	失效部位	风险等级	防治措施
省煤器	吹损或磨损	吹灰器通道管排（注意吹灰通道下第2/3/4排管吹损/磨损情况）	☆☆	执行集团公司《防止锅炉设备事故重点要求》有关吹灰管理的相关规定。保证吹灰蒸汽过热度；如大范围吹损需对吹灰器提升阀后压力进行整定、调整；吹灰器吹灰范围内防磨护瓦进行增补，对翻转、吹损的防磨瓦进行修复
		中隔墙挡板破损处、中隔墙与侧包墙连接区域等易形成烟气走廊的部位	☆☆☆	修复或恢复破损缺失的挡板/阻流板；增加让出管防磨瓦
		进口集箱接管座附近短管、下层易飞灰磨损部位	☆	增加防磨瓦；对翻转、吹损的防磨瓦进行修复
	母材缺陷	省煤器弯头内壁	☆☆☆	对存在原始制造缺陷的省煤器弯头测厚，及时修复或更换
水冷壁	吹损或磨损	吹灰器区域	☆	执行集团公司《防止锅炉设备事故重点要求》有关吹灰管理的相关规定。对短式吹灰器疏水管路进行检查，疏水管路应有不小于0.2%的坡度；保证吹灰蒸汽过热度；测量短式吹灰器喷嘴起吹点位置，喷枪喷孔与水冷壁之间的距离应符合厂家说明书要求；复测喷枪与水冷壁的垂直度；吹灰器鹅颈阀后的蒸汽压力进行整定、调整；增加防磨喷涂
		冷灰斗斜坡	☆☆	宏观检查、测厚，更换减薄超标管
		冷灰斗侧墙与前后墙拐角（包括冷灰斗下折弯处对角灰渣磨损）	☆☆	开展防磨喷涂、增加浇注料
		冷灰斗喉口附近向上斜坡区域	☆☆	宏观检查；测厚
		折焰角上部斜坡	☆	开展防磨喷涂
		人孔门及吹灰孔弯管	☆	治理漏风的人孔门及吹灰孔
		燃烧器、观火孔附近	☆☆☆	对燃烧器喷口密封盒内浇注料进行检查，存在缝隙位置进行封堵；运行巡检看火完毕后应将观火孔关闭严密，消除漏风

续表

受热面名称	失效类型	失效部位	风险等级	防治措施
水冷壁	高温腐蚀	冷灰斗至燃尽风标高区域两侧墙水冷壁	☆☆☆	控制燃煤硫分，水冷壁区域防腐蚀喷涂
	过热（局部热负荷高、管内介质流量低）	高热负荷区域	☆☆☆	开展燃烧优化调整；对水冷壁上游区域泄漏对应的整根管进行检查
	应力拉裂	与刚性梁、限位及止晃装置、支吊架等相配合的拉钩等焊接区域（背火面）	☆	加强膨胀优化治理（支吊架调整、膨胀优化调整）；采用无损检测的方法检查存在拉裂风险的管子；该区域换管时应注意按设计恢复水冷壁刚性梁附件
		人孔、吹灰孔、燃烧器、观火孔等附近让位管区域	☆	采用无损检测的方法检查存在拉裂风险的管子；恢复完善浇注料；将鳍片端部圆滑过渡；增加止裂孔
		水冷壁过渡段（螺旋段出口 135° 弯头）的下方	☆☆	采用无损检测的方法检查存在拉裂风险的区域；增加止裂孔
		水冷壁下集箱水平引出管下方吊挂密封塞块处	☆	加强检查
		侧墙与前后墙交界区域	☆☆	采用无损检测的方法检查存在拉裂风险的区域；增加止裂孔或止裂缝
		鳍片焊接质量较差区域（折焰角鳍片焊缝、水冷壁下集箱小管鳍片焊缝、人孔门、吹灰器孔等让位管鳍片焊缝等）	☆☆	
		冷灰斗斜坡区域鳍片焊缝（注意喉口四角螺旋起弯的背火面）	☆☆	
过热器	吹损或磨损	吹灰器区域（注意吹灰通道下第 2/3/4 排管吹损/磨损情况）	☆☆	执行集团公司《防止锅炉设备事故重点要求》有关吹灰管理的相关规定。保证吹灰蒸汽过热度；对吹灰器提升阀后压力进行整定、调整；低温过热器吹灰器吹灰范围内防磨护瓦进行增补，对翻转、吹损的防磨瓦进行修复；重点注意半伸缩式吹灰器提升阀内漏监视以及吹灰器退出后喷口方向位置
		悬吊管与低温过热器管交叉区域	☆	增加 L 型防磨孔板
		易形成烟气走廊区域	☆	增加防磨设施
	过热（异物堵塞，如氧化皮）	U 型管排下弯头及附近区域	☆☆☆	执行集团公司《防止锅炉设备事故重点要求》《防止金属部件及锅炉压力容器事故重点要求》有关氧化皮防治的相关规定。通过燃烧优化调整控制受热面壁温不超报警值；机组启动、停机过程中注意控制壁温变化速率在 1.5℃/min 以内；存在氧化皮问题的锅炉停炉后严禁强制通风快冷；检修期间对氧化皮堆积量进行检查、超标时割管清理

续表

受热面名称	失效类型	失效部位	风险等级	防治措施
过热器	过热（异物堵塞，如氧化皮）	大包内高温过热器出口段的 T91 材质管段	☆☆	对异种钢焊缝低等级侧材质加强理化分析
	过热（节流孔堵塞引起）	高温过热器出口段下弯头附近区域	☆	基建监造、安装、吹管阶段注重对集箱、受热面内部清洁检查；检修换管时注意清洁度检查；分析总结节流孔易堵塞位置，停机期间进行射线检查
	过热（烟气热偏差）	高温过热器下弯头附近	☆	进行制粉和燃烧系统运行优化调整，减少烟气热偏差
	开裂	包墙过热器背火侧吹灰器密封盒焊缝	☆	采用无损检测的方法检查存在拉裂风险的区域
		顶棚过热器出口集箱疏水管座角焊缝	☆☆	
		顶棚过热器鳍片	☆	采用无损检测的方法检查存在拉裂风险的区域；增加止裂孔或止裂缝
		水平烟道侧墙水冷壁与水平烟道包墙过热器连接处	☆☆☆	采用无损检测的方法检查存在开裂风险的区域；增加止裂孔或止裂缝
		异种钢焊缝（大包内 T92/T91+奥氏体不锈钢焊接接头）	☆☆☆	采用超声相控阵方法检查
		高温过热器、屏式过热器奥氏体不锈钢材质弯头	☆☆	加强理化分析及无损检测
		过热器滑动连接副（如有）	☆☆	加强 T91 材质过热器滑动副焊缝的检查
	减温器轴向移位	过热器减温器混合管	☆☆☆	检修期间，对过热器减温器混合管检查修复
再热器	吹损或磨损	吹灰器区域（注意最下层低温再热器出口吊挂装置附近区域）	☆	执行集团公司《防止锅炉设备事故重点要求》有关吹灰管理的相关规定。保证吹灰蒸汽过热度；对吹灰器提升阀后压力进行整定、调整；吹灰器吹灰范围内防磨护瓦进行增补，对翻转、吹损的防磨瓦进行修复
		悬吊管与低温再热器管交叉区域	☆	增加防磨瓦；增加梳形板
		中隔墙挡板破损处、中隔墙与侧包墙连接区域等易形成烟气走廊的部位	☆☆☆	修复或恢复破损缺失的挡板/阻流板；增加让出管防磨瓦
		易形成烟气走廊区域	☆☆	增加防磨设施
	过热（氧化皮堵塞、局部热负荷高）	低温再热器出口垂直段	☆	进行制粉和燃烧系统运行优化调整，减少烟气热偏差
		高温再热器出口段靠近顶棚区域	☆	执行集团公司《防止锅炉设备事故重点要求》《防止金属部件及锅炉压力容器事故重点要求》有关氧化皮防治的相关规定。通过燃烧优化调整控制受热面壁温不超报警值；机组启动、停机过程中注意控制壁温变化速率在 1.5℃/min 以
		高温再热器 U 型管排下弯头及附近区域	☆☆	

续表

受热面名称	失效类型	失效部位	风险等级	防治措施
再热器	过热（氧化皮堵塞、局部热负荷高）	高温再热器U型管排下弯头及附近区域	☆☆	内；存在氧化皮问题的锅炉停炉后严禁强制通风快冷；检修期间对氧化皮堆积量进行检查、超标时割管清理
		大包内高温再热器出口段的T91材质管段	☆	对异种钢低等级侧材质进行硬度测量，必要时进行金相检验和力学性能试验
	开裂	集箱管座角焊缝	☆☆	采用无损检测的方法检查存在开裂风险的区域
		高温再热器入口集箱接管梳形板焊缝	☆☆	采用无损检测的方法检查存在开裂风险的区域，割除或磨除梳形板
		异种钢焊缝（大包内T92/T91+奥氏体不锈钢焊接接头）	☆	采用超声相控阵方法检查
		奥氏体不锈钢材质弯头	☆	加强理化分析及无损检测
		再热器减温器喷水管及焊缝、内套筒固定扁钢、减温器集箱	☆☆☆	检修期间，对再热器减温器喷水管及焊缝检查修复，对内套筒销钉数量进行检查；用内窥镜检查内套筒固定连接片与销钉的磨损情况；检查内套筒出口段定位块；对松动的内套筒固定扁钢加固或取消；加强减温器集箱内壁裂纹的无损检测

3.11 东方锅炉厂350MW等级超临界锅炉

【折焰角区域安装加强板的水冷壁焊缝裂纹泄漏问题】加强板的焊缝质量差、机组快速变负荷热应力集中、焊接附件存在未悬吊或支承质量产生的额外应力等问题是导致水冷壁焊接附件焊缝失效的主要原因。电厂应认真梳理水冷壁各种焊接附件台账，对纳入台账的焊缝进行滚动检查。检修期间各种水冷壁附件焊接时应加强质量验收，变负荷运行期间应控制机组管壁温度在规定范围内变化，同时开展各类水冷壁焊接附件额外载荷治理，如吹灰器蒸汽管及疏水管无悬吊和支承对吹灰器密封盒焊缝的额外载荷等。

【案例】某电厂3号锅炉水冷壁悬吊管弯头与折焰角连接筋板角焊缝连续3次发生撕裂（见图3-59）。作为悬吊式锅炉结构，水冷壁悬吊管承载折焰角以下水冷壁的部分质量，而这些质量通过钢筋棍传递给筋板，筋板与悬吊管采用焊接方式连接后传递给水冷壁悬吊管，因此悬吊管承载较大的拉力。筋板焊接在悬吊管上，并焊在折焰角鳍片上，造成在焊接的端部过渡区

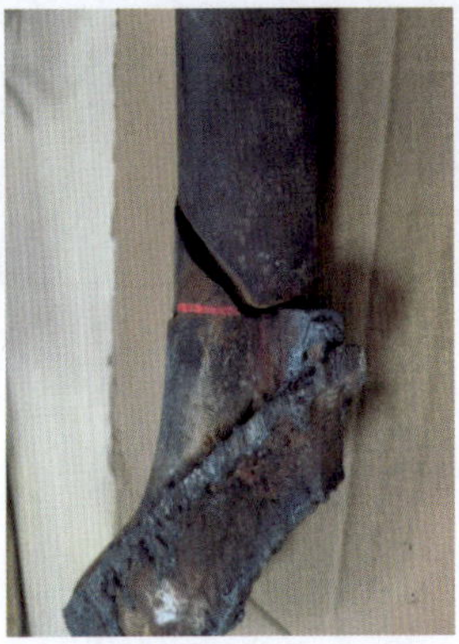

图3-59 水冷壁悬吊管弯头与折焰角连接筋板角焊缝发生撕裂

域形成应力集中点，最终发生撕裂。

【管内异物/氧化皮堆积过热爆管泄漏问题】东方锅炉厂 350MW 等级超临界锅炉因氧化皮堆积造成的过热爆管案例较多，主要集中在屏式过热器及高温过热器区域，电厂应重视相关区域氧化皮堆积情况的检查监督。

【案例 1】某电厂 1、2 号锅炉累计出现 5 次过热器管内弯头处氧化皮堵塞、超温爆管泄漏故障，其中屏式过热器 3 次、高温过热器 2 次，均为氧化皮脱落堆积堵塞造成。泄漏管材质均为 TP347H、T91、其中三次发生在 2015、2016 年，两次发生在 2020、2021 年，氧化皮问题突显时间间隔 5 年左右。

【案例 2】某电厂 2 号锅炉于 2013 年投产，在深度调峰低负荷运行状态下，易出现受热面局部短时超温情况。2023 年 4 月检修检查发现，2 号锅炉高温再热器氧化皮问题严重，65 屏高温再热器管排最外圈氧化皮均超标（见图 3-60），脱落严重，进行了割管清理。超温管屏主要集中在高温再热器第 17、18、19 屏，壁温测点安装在每屏从外往里数第 2 根管出口段，壁温报警值设置为 587℃。根据 2023 年锅炉受热面超温台账统计，高温再热器第 17 屏（壁温测点 17）共计超温 30 次，合计超温时间 9h 12min，最高壁温 606.5℃；高温再热器第 18 屏（壁温测点 18）共计超温 97 次，合计超温时间 19h 1min，最高壁温 610.9℃；高温再热器第 19 屏（壁温测点 19）共计超温 101 次，合计超温时间 17h 9min，最高壁温 612.9℃。

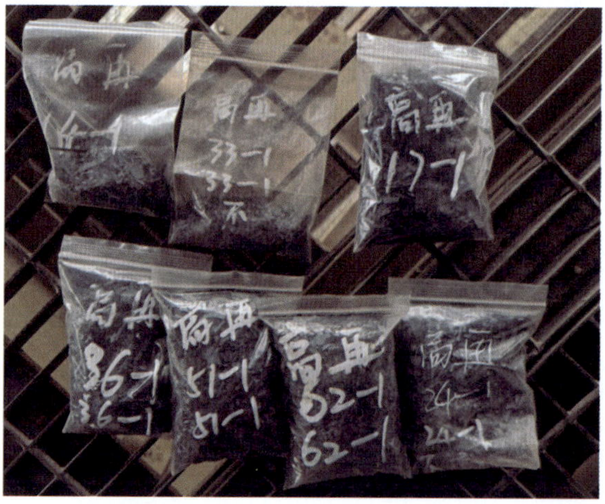

图 3-60　高温再热器氧化皮照片

高温受热面管内氧化皮生成不可避免，关键要避免管壁温大幅波动及加强氧化皮集中脱落期的检查工作。控制启停及变负荷期间的管壁温变化速率、控制超温、投用减温水时避免急投急停，重点监测负荷变化期间壁温变化速率，是缓解管壁温波动的主要手段；针对集中脱落期的检查工作，应加强检修期间氧化皮生成量的统计，掌握氧化皮脱落量的变化趋势，提前预判集中爆发期并加强清理。锅炉受热面氧化皮问题主要与材料自身性能及服役温度有关，电厂管壁温度报警值的确定依据除考虑材料组织老化和高温持久性能外，还应考虑其内壁抗蒸汽氧化性能。对于氧化皮剥落现象较严重或可能发生氧化皮剥落的锅炉，应严格控制停炉速度；加强高温段集箱、管排下部弯管和节流圈的检查，防止由于异物和氧化皮剥落造成的堵管爆破事故；对弯曲半径较小的弯管应进行重点检查；水压试验前发现有大量氧化皮剥落的机组，在水压试验后，还应对氧化皮的剥落情况进行检查。对于长时间停运的机组，启炉前应对奥氏体不锈钢管内壁氧化皮的剥落情况进行检查；对于负荷变动阶段或深度低负荷运行时高温受热面易超温的问题，应开展针对性的燃烧优化调整试验或者开展协调控制系统优化工作。

【减温器焊缝泄漏问题】再热减温器焊缝泄漏故障，包括喷嘴入口根部变径焊缝和减温器母管不等厚焊缝开裂。变径焊缝和不等厚壁焊缝如存在结构不合理、焊缝质量问题，则在长期运行过程中易出现裂纹。对于减温器，由于减温水与蒸汽存在较大温差，若频繁投用会对焊缝持续冲击，加速变径、不等厚壁焊缝失效。建议电厂梳理各类减温器变径、不等厚壁焊缝台账，检修期间对台账焊缝开展重点、滚动排查。对焊缝结构不合理的设计，应及时优化整改。投用减温水时应平稳操作，避免大幅突开突关减温水调节阀造成管壁温度剧烈变化。

【案例】2019 年，某电厂 2 号锅炉 B 侧再热减温器主管道第二道焊缝存在裂纹，长度约 180mm，裂纹长度占焊缝周长的 9.4%。泄漏原因为该环向焊缝两侧外径相等，但内壁为不等厚结构（前墙侧规格为ϕ609.6×30mm，后墙侧规格为ϕ609.6× 22.2mm），在制造期间未按照要求开坡口，造成焊缝单边未焊透，焊缝易应力集中。2 号机组长周期运行，在长期热交变应力作用下，造成再热减温器管道焊缝开裂。

东方锅炉厂 350MW 等级超临界锅炉受热面重点部位检查表见表 3-23。

表 3-23　东方锅炉厂 350MW 等级超临界锅炉受热面重点部位检查表

受热面名称	失效类型	失效部位	风险等级	防治措施
省煤器	吹损或磨损	吹灰器通道管排	☆☆	执行集团公司《防止锅炉设备事故重点要求》有关吹灰管理的相关规定。保证吹灰蒸汽过热度；如大范围吹损需对吹灰器提升阀后压力进行整定、调整；吹灰前做好疏水，避免蒸汽带水吹灰；吹灰器吹灰范围内防磨护瓦进行增补，对翻转、吹损的防磨瓦进行修复；吹灰器投运及退出进行现场确认
		中隔墙挡板破损处、中隔墙与侧包墙连接区域等易形成烟气走廊的部位	☆☆☆	修复或恢复破损缺失的挡板/阻流板；增加相关区域防磨瓦
		进口集箱接管座附近短管、下层易飞灰磨损部位	☆	增加防磨瓦；对翻转、吹损的防磨瓦进行修复
水冷壁	吹损或磨损	吹灰器区域	☆☆	执行集团公司《防止锅炉设备事故重点要求》有关吹灰管理的相关规定。保证吹灰蒸汽过热度；如大范围吹损需对吹灰器提升阀后压力进行整定、调整；吹灰前做好疏水，避免蒸汽带水吹灰；吹灰器吹灰范围内防磨护瓦进行增补，对翻转、吹损的防磨瓦进行修复；吹灰时现场安排人员就地跟踪

续表

受热面名称	失效类型	失效部位	风险等级	防治措施
水冷壁	吹损或磨损	冷灰斗斜坡	☆	宏观检查、测厚、超标更换
		冷灰斗侧墙与前后墙拐角	☆☆	对拐角部位进行防磨喷涂、增加浇注料
		人孔门及吹灰孔弯管	☆	治理漏风的人孔门及吹灰孔；检修期间加强弯管厚度检测
		燃烧器、观火孔附近	☆	对燃烧器喷口密封盒内浇注料进行检查，存在缝隙位置进行封堵；运行巡检看火完毕后应将观火孔关闭严密，消除漏风
	高温腐蚀	燃烧器区域侧墙水冷壁	☆☆☆	开展防腐蚀喷涂；优化燃烧器旋流强度，减轻火焰冲刷侧墙；考虑增加贴壁风，风源可考虑选择刚性强的热一次风
	过热（燃烧导致、管内介质堵塞）	高热负荷区域	☆☆	开展燃烧优化，避免火焰偏斜造成的局部过热；加强检修施工过程中清洁度的检查及管理
	应力拉裂	与刚性梁、限位及止晃装置、支吊架等相配合的拉钩等焊接区域（背火面）	☆	加强膨胀优化治理（支吊架调整、膨胀优化调整）；采用无损检测的方法检查存在拉裂风险的管子；该区域换管时应注意按设计恢复水冷壁刚性梁附件；梳理管子附件台账，检修时滚动检查
		人孔、吹灰孔、燃烧器、中间集箱附近等宽鳍片区域（包括膨胀缝结构端头非圆形的不合理设计）	☆☆☆	增加或恢复完善浇注料；增加膨胀缝与止裂孔；采用无损检测的方法检查存在拉裂风险的管子
		侧墙与前后墙交界区域	☆☆	启停过程、停炉后通风冷却时注意控制壁温变化速率；检修时滚动检查；采用无损检测的方法检查存在拉裂风险的管子；将鳍片端部圆滑过渡；增加止裂孔
		鳍片焊接质量较差区域（折焰角鳍片焊缝、水冷壁下集箱小管鳍片焊缝、人孔门、吹灰器孔等让位管鳍片焊缝等）	☆☆	检修时滚动检查；采用无损检测的方法检查存在拉裂风险的管子；增加止裂孔
		冷灰斗斜坡区域鳍片焊缝	☆☆	检修时滚动检查；采用无损检测的方法检查存在拉裂风险的管子；增加止裂孔
		折焰角区域加强板附近水冷壁	☆☆	检修时滚动检查；采用无损检测的方法检查存在拉裂风险的管子；增加止裂孔
过热器	吹损或磨损	吹灰器区域	☆	执行集团公司《防止锅炉设备事故重点要求》有关吹灰管理的相关规定。如大范围吹损需对吹灰器提升阀后压力进行整定、调整；保证吹灰蒸汽过热度，避免蒸汽吹灰带水；吹灰器吹灰范围内防磨护瓦进行增补，对翻转、吹损的防磨瓦进行修复；吹灰器投运及退出进行现场确认

续表

受热面名称	失效类型	失效部位	风险等级	防治措施
过热器	吹损或磨损	悬吊管与低温过热器管交叉区域	☆	增加L型防磨孔板
		易形成烟气走廊区域（顶棚小集箱密封）	☆☆	修复或恢复破损缺失的挡板/阻流板；增加防磨设施
	过热（异物堵塞，如氧化皮）	高温过热器、屏式过热器的U型管排下弯头及附近区域	☆☆☆	执行集团公司《防止锅炉设备事故重点要求》《防止金属部件及锅炉压力容器事故重点要求》有关氧化皮防治的相关规定。通过燃烧优化调整控制受热面壁温不超报警值；机组启动、停机过程中注意控制壁温变化速率在1.5℃/min以内；存在氧化皮问题的锅炉停炉后严禁强制通风快冷；检修期间对氧化皮堆积量进行检查、超标时割管清理；结合节流孔孔径，增加管屏壁温测点
		炉内高温过热器入口段的T91材质管段	☆☆☆	建立T91材质管段老化台账，加强检修期间的理化检查；如有必要更换材质
	开裂	顶棚过热器鳍片	☆☆	检修时滚动检查；采用无损检测的方法检查存在拉裂风险的管子；增加止裂孔
		异种钢焊缝（大包内T91+奥氏体不锈钢焊接接头）	☆	采用超声相控阵方法检查
		侧包墙与钢性梁加固板焊缝	☆	检修时滚动检查；采用无损检测的方法检查存在拉裂风险的管子；增加止裂孔
再热器	吹损或磨损	吹灰器区域	☆	执行集团公司《防止锅炉设备事故重点要求》有关吹灰管理的相关规定。如大范围吹损需对吹灰器提升阀后压力进行整定、调整；保证吹灰前疏水温度，避免蒸汽吹灰带水；吹灰器吹灰范围内防磨护瓦进行增补，对翻转、吹损的防磨瓦进行修复；吹灰时现场安排人员就地跟踪
		悬吊管与低温再热器管交叉区域	☆	增加L型防磨孔板
		易形成烟气走廊区域	☆☆	修复或恢复破损缺失的挡板/阻流板；增加相关区域防磨瓦
	过热（氧化皮、燃烧）	高温再热器U型管排下弯头及附近区域	☆☆☆	执行集团公司《防止锅炉设备事故重点要求》《防止金属部件及锅炉压力容器事故重点要求》有关氧化皮防治的相关规定。通过燃烧优化调整控制受热面壁温不超报警值；机组启动、停机过程中注意控制壁温变化速率在1.5℃/min以内；存在氧化皮问题的锅炉停炉后严禁强制通风快冷；检修期间对氧化皮堆积量进行检查、超标时割管清理

续表

受热面名称	失效类型	失效部位	风险等级	防治措施
再热器	开裂	集箱管座角焊缝	☆☆	采用无损检测，必要时膨胀优化
		异种钢焊缝（大包内 T91+奥氏体不锈钢焊接接头）	☆	采用超声相控阵方法检查
		再热器减温器喷水管、焊缝、集箱	☆☆☆	检修期间，对再热器减温器喷水管及焊缝检查修复，加强减温器集箱内壁裂纹的无损检测

3.12 东方锅炉厂 300MW 等级亚临界锅炉

【高温过热器、高温再热器出口段 T22/12Cr1MoVG 材质的老化问题】亚临界及以下等级的机组，锅炉高温过热器、高温再热器出口段材质为 T22 或 12Cr1MoVG（锅炉顶棚至出口集箱）时，鉴于该处材料等级较低，长期运行过程中该处材料将较早发生老化，应重点关注高温过热器、高温再热器出口段 T22/12Cr1MoVG 材质的老化问题。

【案例】2021 年，某电厂 3 号锅炉大包内高温再热器发生泄漏（见图 3-61），泄漏材质为 12Cr1MoVG。泄漏管子自 2006 年投产至泄漏，累计运行时间接近 9 万 h。爆口边缘为钝边，管样内、外壁氧化皮较厚且存在开裂及剥落迹象，管样胀粗明显，表明开裂管样具有明显的长期超温特征。管样的硬度及抗拉强度已低于标准要求的下限值，塑性延伸强度接近标准要求下限值，表明泄漏管样的性能劣化严重。管样部分位置外壁氧化皮厚度已大于 0.6mm。爆口位置的显微组织为铁素体加碳化物，球化 5 级，存在少量蠕变孔洞；爆口对侧及其余取样位置处的显微组织为铁素体加碳化物，球化 5 级；表明泄漏管样微观组织老化和损伤严重，具有明显的长期超温微观组织特征。

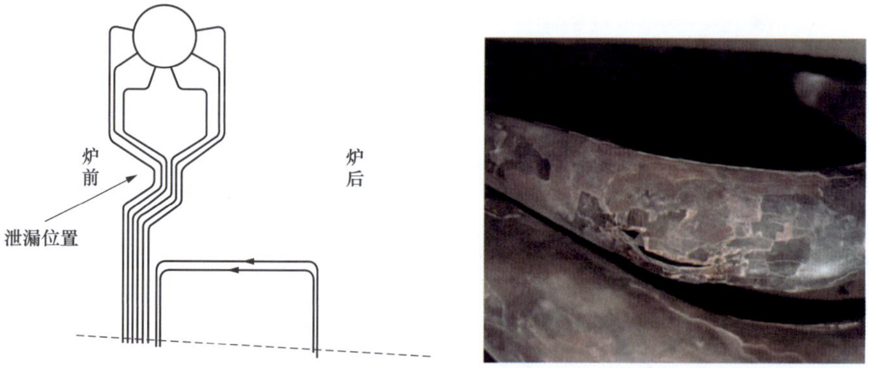

图 3-61　东方锅炉厂 300MW 等级亚临界锅炉高温再热器出口段 12Cr1MoVG 材质管子老化开裂

根据裂口边缘的内壁氧化皮厚度（1017μm）和累计服役时间估算的金属服役温度（高达 618℃），表明泄漏管子存在长期超温运行情况。高温再热器泄漏是由于长期超温导致管子力学性能劣化和微观组织老化、损伤所致，长期超温与炉内燃烧偏差、蒸汽分配偏差、工质流量不足等因素有关。

【燃烧器射流方向下游水冷壁高温腐蚀问题】东方锅炉厂 300MW 亚临界等级机组主要采用四角切圆燃烧方式，燃用高硫煤时主燃区向火侧水冷壁处于强还原性气氛下。H_2S 浓度较高，存在不同程度的高温腐蚀问题，部分电厂需要频繁大面积换管，严重的甚至引起泄漏。针对此类问题，燃用高硫煤的锅炉应通过配煤掺烧控制入炉煤硫分，改善近壁区强还原性气氛；检修期间应加强检查主燃区燃烧器射流方向下游水冷壁，建立壁厚减薄速率台账，及时更换减薄超标管子，对水冷壁管进行防腐蚀喷涂。

【案例 1】某电厂 2 号锅炉采用四角切圆燃烧方式，入炉煤日均 S_{ar} 为 0.7%～1.2%，掺烧高硫煤 S_{ar} 最高值达到 2.5%。2016 年开展低氮燃烧器改造，将 OFA（紧凑型燃尽风）改造为 SOFA（分离型燃尽风）后，主燃区向火侧水冷壁出现大面积高温腐蚀情况，并于 2018 年因高温腐蚀管壁减薄造成水冷壁泄漏爆管。图 3-62 所示为腐蚀产物形貌及分布位置，管表面最内层为亮蓝色腐蚀产物，元素及物相分析结果表明，内层腐蚀产物主要为铁的硫化物。

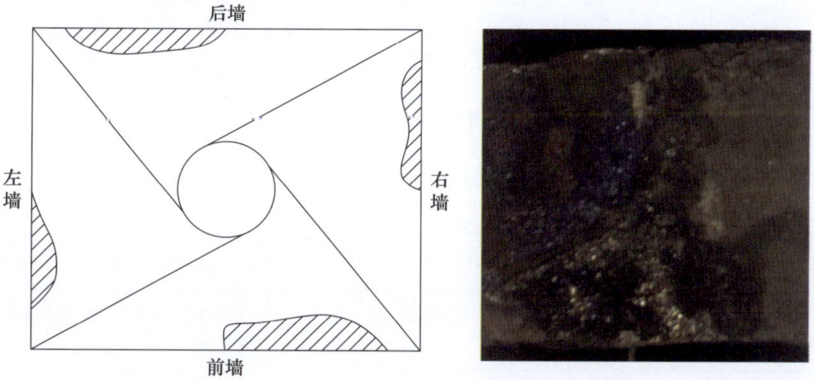

（a） （b）

图 3-62 东方锅炉厂亚临界锅炉高温腐蚀位置及形貌

（a）高温腐蚀典型位置；（b）高温腐蚀形貌

【案例 2】2020 年 9 月 23 日，某电厂 7 号锅炉 28m 标高 4 号角 E 喷燃器标高处向北数第 22 根水冷壁管因高温腐蚀造成管壁腐蚀减薄泄漏。泄漏后入炉检查发现水冷壁整体存在轻微高温腐蚀特征，爆口所在 4 号角及 B 侧水冷壁存在明显高温腐蚀特征。高温腐蚀原因与入炉煤硫分增加、炉内偏烧造成 B 侧水冷壁近壁区还原性气氛较强有关。

东方锅炉厂 300MW 等级亚临界锅炉受热面重点部位检查表见表 3-24。

表 3-24　东方锅炉厂 300MW 等级亚临界锅炉受热面重点部位检查表

受热面名称	失效类型	失效部位	风险等级	防治措施
省煤器	吹损或磨损	吹灰器通道管排	☆☆	执行集团公司《防止锅炉设备事故重点要求》有关吹灰管理的相关规定。保证吹灰蒸汽过热度；如大范围吹损需对吹灰器提升阀后压力进行整定、调整；吹灰器吹灰范围内防磨护瓦进行增补，对翻转、吹损的防磨瓦进行修复
		中隔墙挡板破损处、中隔墙与侧包墙连接区域等易形成烟气走廊的部位	☆☆☆	修复或恢复破损缺失的挡板/阻流板；增加让出管防磨瓦
		进口集箱接管座附近短管、下层易飞灰磨损部位	☆	增加防磨瓦；对翻转、吹损的防磨瓦进行修复
	应力拉裂	入口集箱连接管管座及附近短管	☆☆	采用无损检测方法进行检查
水冷壁	吹损或磨损	吹灰器区域	☆☆☆	执行集团公司《防止锅炉设备事故重点要求》有关吹灰管理的相关规定。保证吹灰蒸汽过热度；如大范围吹损需对吹灰器提升阀后压力进行整定、调整；吹灰器吹灰范围内防磨护瓦进行增补，对翻转、吹损的防磨瓦进行修复
		冷灰斗斜坡	☆	宏观检查、测厚、超标更换
		人孔门及吹灰孔弯管	☆☆☆	治理漏风的人孔门及吹灰孔
		燃烧器、燃尽风、观火孔附近	☆☆☆	对燃烧器喷口密封盒内浇注料进行检查，存在缝隙位置进行封堵；运行巡检看火完毕后应将观火孔关闭严密，消除漏风
	过热（燃烧导致、管内介质堵塞）	高热负荷区域、水冷壁前悬吊管区域	☆☆☆	开展燃烧优化，防止偏烧；宏观变形检查；加强理化分析；对易应力集中部位（如对接焊缝）进行无损检测
	高温腐蚀	燃烧器射流方向的下游区域水冷壁	☆☆☆	防腐蚀喷涂；通过配煤掺烧控制入炉煤硫分
	应力拉裂	水冷壁管、鳍片密封、预埋件（冷灰斗前墙侧墙交接处）	☆☆	采用无损检测的方法检查存在拉裂风险的管子；增加止裂缝、止裂孔并采取有效措施进行密封
		与燃烧器、风箱密封筋板焊接区域（背火面）	☆☆	采用无损检测的方法检查存在拉裂风险的管子；增加膨胀缝
		吹灰器、燃烧器、人孔门附近的鳍片区域	☆☆☆	采用无损检测的方法检查存在拉裂风险的管子；恢复完善浇注料；将鳍片端部圆滑过渡；增加止裂孔
		冷灰斗挡渣板、承吊板及密封塞块焊缝	☆☆	无损检测；冷灰斗密封块不应同时连接两根管子；梳形板的焊接生根点应在鳍片上
		水冷壁集箱疏水管等膨胀受阻区域	☆☆	无损检测；圆滑过渡处理

续表

受热面名称	失效类型	失效部位	风险等级	防治措施
过热器	吹损或磨损	吹灰器区域（重点关注横向定位管）	☆☆☆	执行集团公司《防止锅炉设备事故重点要求》有关吹灰管理的相关规定。保证吹灰蒸汽过热度；对吹灰器提升阀后压力进行整定、调整；低温过热器吹灰器吹灰范围内防磨护瓦进行增补，对翻转、吹损的防磨瓦进行修复
		悬吊管与低温过热器管交叉区域	☆☆	增加防磨瓦；增加梳形板
		易形成烟气走廊区域	☆	增加防磨设施
		后屏过热器定位块、夹持管	☆☆☆	优化定位装置，采用无损检测的方法检查
	应力拉裂	密封盒密封焊缝区域	☆☆	采用无损检测的方法检查存在拉裂风险的管子；增加止裂孔或止裂缝
		包墙管鳍片焊缝区域（尾部烟道前包墙与水平烟道密封盒位置、尾部烟道前包墙上集箱管座角焊缝）	☆☆☆	采用无损检测的方法检查存在拉裂风险的管子；增加止裂孔、膨胀缝；前包墙悬吊管增加固定管卡
		管子膨胀受阻的区域（顶棚过热器集箱两侧）	☆☆	加强膨胀优化治理；采用无损检测的方法检查存在拉裂风险的管子
		吹灰器、人孔门附近的鳍片区域		采用无损检测的方法检查存在拉裂风险的管子；恢复完善浇注料；将鳍片端部圆滑过渡；增加止裂孔
	过热（燃烧导致、管内介质堵塞）	高热负荷区域（后屏过热器夹持管、高温过热器入口段、高温过热器U型弯、高温过热器出口段）	☆☆☆	开展燃烧优化调整试验，控制燃烧偏差；检修施工期间注意加强清洁度检查
	开裂（焊接及结构原因）	集箱连接管三通焊缝、弯头	☆☆☆	对结构进行优化；采用无损检测的方法检查
再热器	吹损或磨损	吹灰器区域	☆☆	执行集团公司《防止锅炉设备事故重点要求》有关吹灰管理的相关规定。保证吹灰蒸汽过热度；如大范围吹损需对吹灰器提升阀后压力进行整定、调整；吹灰器吹灰范围内防磨护瓦进行增补，对翻转、吹损的防磨瓦进行修复
		悬吊管与低温再热器管交叉区域	☆	增加L型防磨孔板
		易形成烟气走廊区域	☆	增加防磨设施
	烟气侧热疲劳	水平烟道再热器管屏迎火面	☆☆	控制炉膛出口温度；增加防磨瓦；防腐喷涂
	开裂	管屏夹持管变壁厚焊缝区域	☆☆	测厚检查；采用无损检测的方法检查存在开裂风险的区域
		壁式再热器卡块焊缝		加强无损检测；必要时优化改造
		集箱管座角焊缝	☆☆	采用无损检测的方法检查
		异种钢焊缝	☆	采用超声相控阵方法检查
		再热器减温器喷水管、焊缝、集箱		加强减温器及其集箱无损检测；定期抽芯检查

3.13 巴威 300MW/600MW 等级锅炉

巴威锅炉的生产厂家较多，包括英国巴威、加拿大巴威、北京巴威等，已投产的巴威锅炉主要为Π型炉，燃烧器布置方式有前后墙对冲燃烧及W型火焰燃烧方式。

以北京巴威公司生产的锅炉为例，锅炉尾部设置半伸缩式吹灰器，该类型吹灰器沿吹灰枪长度方向布置有数组喷嘴，吹扫范围较大，吹灰区域是吹灰器行程的2倍或更多。同时，吹灰器退出状态下枪管有一部分始终在烟道内，若吹灰器提升阀出现卡涩或内漏等无法完全关闭的情况时，会造成吹灰蒸汽长期冲刷尾部受热面，导致尾部受热面大面积吹损减薄甚至泄漏。

【过热器与再热器管屏吹损问题】巴威锅炉吹灰器吹损受热面的案例较多，主要集中在高温过热器入口、低温过热器入口管屏等处，特别是锅炉低负荷运行期间烟气流速低、积灰较多的区域，由于吹灰频次增加，并且经常出现吹灰器覆盖区域管屏防磨护瓦脱落的情况，极容易造成吹损泄漏。某电厂多次发生由于吹灰器吹损高温过热器入口管屏造成锅炉爆管事件，某电厂也多次发生省煤器、高温过热器局部换热管吹损减薄泄漏。部分电厂近几年也频繁发生因吹灰器提升阀内漏，导致锅炉尾部受热面大面积吹损的问题，针对该问题，电厂应加强蒸汽吹灰设备系统的维护及管理。在蒸汽吹灰系统投入正式运行前，应对吹灰器的吹灰压力逐个进行整定，避免吹灰压力过高。运行中遇有吹灰器卡涩、进汽门关闭不严等问题，应及时将吹灰器退出并关闭进汽门，避免受热面被吹损，并通知检修人员处理。在吹灰器投运及退出期间应进行旁站监督。蒸汽吹灰器投运频次与以往相比偏高、吹灰疏水温度未达到运行规程要求、吹灰器提升阀存在内漏、吹灰器提升阀后压力超过设计要求时，检修中应对吹灰器周围受热面防护瓦、受热面吹损情况进行重点检查。对烧损或减薄的吹灰器套管端头部位及时进行更换，对于因吹灰器套管刚度不足，易造成偏吹的，应及时进行更换，并扩大对吹灰器周边管子的检查范围。

【案例1】某电厂2号锅炉L30吹灰器退出后，限位开关挡杆固定螺栓松动，挡杆滑脱卡至右侧外罩，导致限位开关未能正常弹开，状态未能正确反馈，造成L30长伸缩式吹灰器枪管5次间断进入尾部烟道内，第四次前进至460mm处，提升阀打开吹扫，连续吹扫6h，造成省煤器管道减薄。

【案例2】某电厂2号机组采用北京巴威公司生产的亚临界压力锅炉，型号为B&WB-2028/17.4-M。低温再热器位于尾部竖井中前部（中隔墙炉前方向），由四个水平管组组成，管径为60mm、壁厚为4.5mm、材质为SA210C、12Cr1MoVG，沿炉宽布置285片。包墙过热器管径为ϕ44.5×4.5mm，材质为T12。锅炉尾部烟道受热面区域布置有湖北戴蒙德机械有限公司设计并生产的 IK-555 型（尾部竖井标高 55m 处）长吹灰器和 IK-525 型（尾部竖井标高 47～54m 区域）半伸缩式吹灰器。

2022 年 8 月 19 日，2 号锅炉左侧低温再热器出口烟气温度异常下降，炉膛泄漏左侧低温再热 28 发泄漏报警，泄漏率 100%报警，就地检查声音异常，初步判断 2 号锅炉尾部烟道左侧低温再热器区域受热面发生泄漏，并联系检修确认。2022 年 8 月 20 日，现场检查判断 2 号锅炉左侧包墙 13 号半长吹区域存在漏点，就地拆除保温，发现 2 号炉左侧包墙 13 号半伸缩式吹灰器让位管处鳍片存在吹漏痕迹（见图 3-63）。

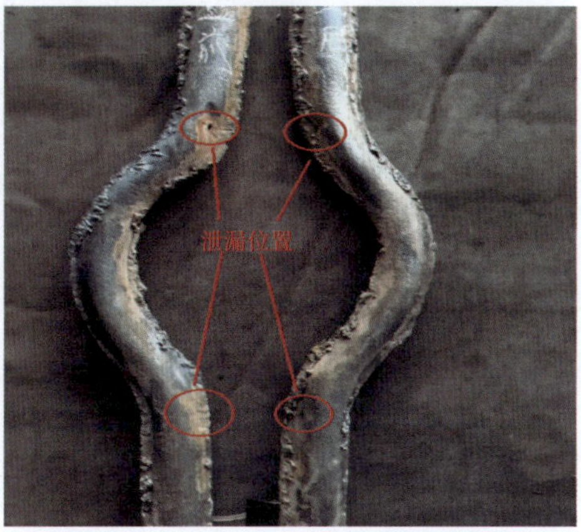

图 3-63 低温再热器管泄漏点

电厂就地从临近人孔门观察，发现 2 号锅炉左侧包墙 13 号半伸缩式吹灰器让位管存在吹损痕迹，有 2 个泄漏点（见图 3-64）。2022 年 8 月 21 日，电厂再次从人孔门处检查，确认 2 号锅炉左侧包墙 13 号半伸缩式吹灰器让管位置存在漏点，并发现 13 号半伸缩式吹灰器吹灰通道顶部一根低温再热器管子和防磨瓦均被吹漏（如图 3-65 所示，距离 13 号半伸缩式吹灰器垂直距离约为 400mm）。

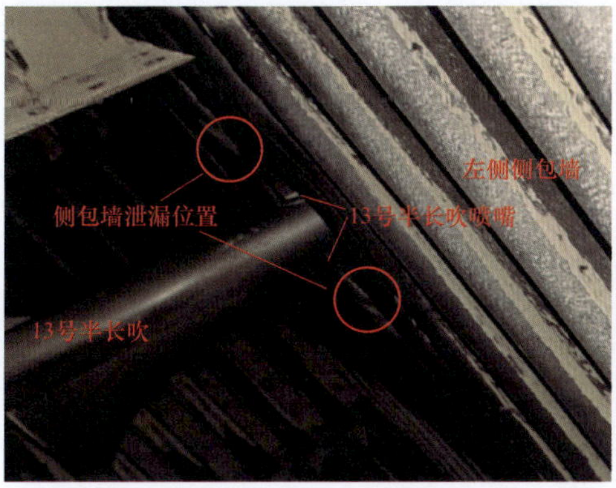

图 3-64 左侧包墙管泄漏点

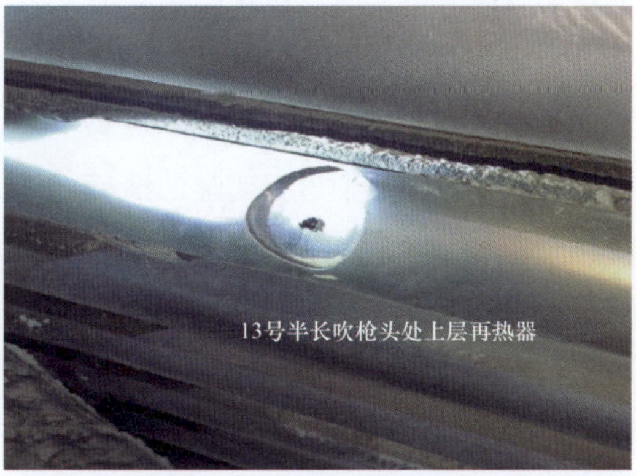

图 3-65 低温再热器管泄漏点

进一步检查 13 号半伸缩式长吹灰器提升阀后发现吹灰器减速机撞销、撞销杆弯曲变形；由于撞销、撞销杆弯曲变形（见图 3-66），吹灰器减速机运行时非正常位推动提升阀连杆配合凹口，导致提升阀关闭不到位而内漏。13 号半伸缩式吹灰器减速机撞销变形、撞销杆弯曲变形原因为：13 号半长吹为半伸缩式吹灰器，吹灰器停运期间会留存一段吹灰枪管在炉内部，留在炉内部的吹灰枪管在机组运行期间一直处于高温烟气环境中，吹灰器枪管会有不同程度弯曲下垂；当吹灰器刚刚投运时吹灰器枪管由于弯曲而会出现不同程度摆动，造成跑车减速机撞销偏离提升阀连杆配合凹口，非正常位撞击撞销、撞销杆，导致撞销、撞销杆变形。吹灰时就地人员重点监督吹灰器吹灰过程吹灰枪是否卡涩、电机是否过电流等异常情况，忽视了提升阀是否内漏，致使受热面被吹灰蒸汽吹损泄漏。

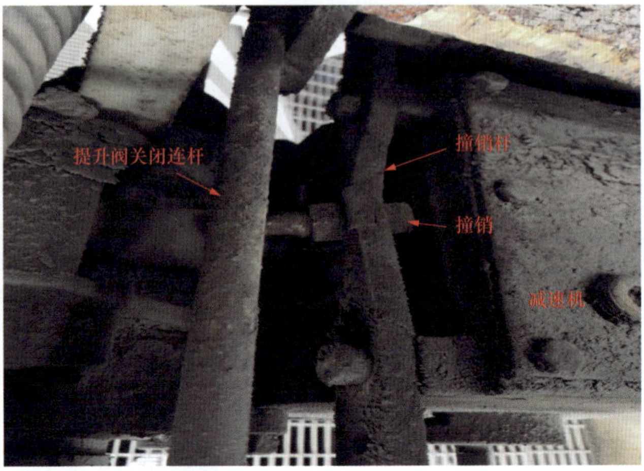

图 3-66　撞销、撞销杆弯曲变形

【案例 3】某电厂 2 号锅炉为北京巴威公司生产的 B&WB-2028/17.4-M 型 600MW 等级亚临界自然循环汽包锅炉。锅炉尾部竖井烟道由中隔墙分隔成前后两个烟道，前烟道布置低温再热器，后烟道部布置一级过热器和省煤器。锅炉尾部烟道受热面区域布置有湖北戴蒙德机械有限公司设计并生产的 IK-525EL 型半伸缩式长吹灰器。

2023 年 4 月 10 日，2 号锅炉运行中汽包水位低低保护动作，锅炉 MFT，经就地检查发现左侧尾部烟道有明显的泄漏声，给水流量与蒸汽流量偏差在 400t/h 左右，初步判断省煤器泄漏。4 月 12 日，进炉检查发现 2 号锅炉尾部烟道左包墙 17 号半长吹吹灰通道内存在两处漏点，分别位于第 119、120 根省煤器悬吊管（炉右向炉左数，材质：SA-210C，尺寸：ϕ51×6mm），如图 3-67 所示。现场检查发现第 119、120 根省煤器悬吊管漏点周围存在吹损痕迹，第 119 根省煤器悬吊管吹损减薄面积较大，爆口

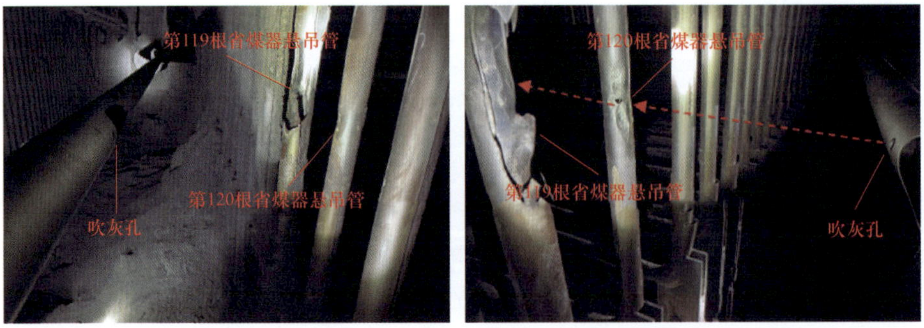

图 3-67　2 号锅炉尾部左包墙 17 号半长吹吹灰通道泄漏情况

位于管壁减薄部位，张口较大（尺寸为 82mm×26mm）。17 号半伸缩式吹灰器退出状态时吹灰枪管第 2 组吹灰孔正对第 120 根省煤器悬吊管漏点（省煤器悬吊管与 17 号半伸缩式吹灰器枪管水平距离约 350mm），而第 119 根省煤器悬吊管吹损减薄部位正对第 120 根省煤器悬吊管漏点。分析认为第 120 根省煤器悬吊管泄漏与 17 号半伸缩式吹灰器退出状态时内漏有关，为初始漏点，第 119 根省煤器悬吊管受初始漏点泄漏蒸汽吹损减薄后爆口扩大。

图 3-68　损坏的缠绕垫片

进一步分析发现，2 号炉 17 号半伸缩式吹灰器缠绕垫片损坏断裂（见图 3-68），吹灰器吹灰时缠绕垫片被蒸汽带到提升阀密封面处导致提升阀卡涩无法严密关闭（见图 3-69），造成提升阀内漏。值得注意的是，2023 年 4 月 2 日运行人员巡检时发现 2 号锅炉 17 号半伸缩式吹灰器枪管退出状态下温度异常，判断提升阀存在内漏，立即联系检修人员进行处理，因现场无备件，检修人员采取在提升阀前管道法兰处加装堵板，进行临时隔离后一直没有进一步处理。第 120 根省煤器悬吊管长时间受吹灰蒸汽冲刷减薄后泄漏，由于第 120 根省煤器悬吊管泄漏量较小，运行参数无法反映；同时，由于泄漏量较小及其泄漏声音较小，巡检人员未能及时发现泄漏问题，泄漏报警测点灵敏度不够，未进行报警，持续的蒸汽冲刷导致第 119 根省煤器悬吊管减薄，最终无法承受管内介质压力而发生爆漏，触发锅炉汽包水位低低保护动作。

图 3-69　提升阀密封面缺陷情况

【包覆及顶棚过热器应力拉裂问题】巴威锅炉中隔墙过热器管排与侧包墙过热器管排交汇点处为应力集中部位，容易发生拉裂问题。锅炉运行过程中，该处包墙管在受中隔墙左右方向推拉力的同时又受到前后方向膨胀应力，应力集中位置易产生疲劳拉裂。

【案例 1】某电厂 2 号锅炉为巴威公司生产的亚临界自然循环锅炉。2001 年 2 月 18 日，51m 标高处向外冒汽，停炉检查发现水冷壁左侧墙前数第 38、39 根与顶棚管交叉处泄漏，泄漏原因为基建安装时顶棚过热器定位板直接焊接在左侧墙前数第 38、39 根水冷壁管上，且焊接时未考虑膨胀不一致情况，启停炉时因顶棚过热器定位板与水冷壁存在膨胀差异，水冷壁拉裂泄漏。

【案例 2】某电厂 3 号锅炉为巴威公司生产的亚临界自然循环锅炉。2023 年 12 月 17 日，3 号锅炉在运行中发现大包向外飘汽，补水量不断增加。停炉检查发现，炉顶大包内水冷壁左墙前数第 28 根管与顶棚过热器定位板连接焊缝开裂泄漏，泄漏蒸汽导致附近水冷壁左墙前数第 24～32 根管区域及顶棚过热器左数第 1 根管吹损泄漏或减薄，如图 3-70 所示。

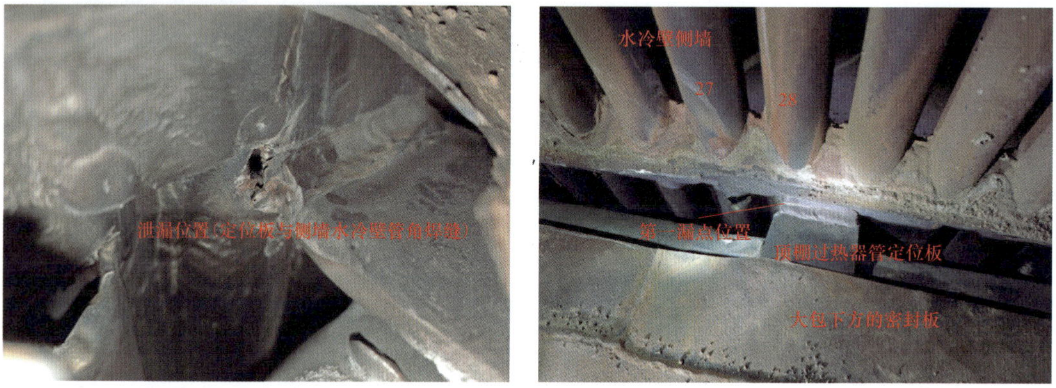

图 3-70　水冷壁左侧墙前数第 28 根管与顶棚过热器定位板连接处的焊缝开裂

3 号炉顶棚过热器管上方布置有宽 300mm、长度覆盖整个炉膛宽度的顶棚过热器定位板，用于顶棚过热器与水冷壁侧墙的定位，以及顶棚过热器管的吊挂，定位板两端设计与侧墙水冷壁鳍片焊接，如图 3-71 所示。水冷壁泄漏主要原因为：①顶棚过热器定位板直接与左侧水冷壁管母材焊接（扩大检查确认炉右侧定位板与水冷壁鳍片焊接，未开裂），导致焊缝端部局部应力集中区和热影响区重叠，对水冷壁管母材造成损伤；②顶棚过热器和侧墙水冷壁管内工质温度差异较大，导致此区域存在较明显的热应力，在机组频繁启停及负荷快速变动时热应力更为明显。以上两个因素综合作用导致 3 号炉顶棚过热器定位板与水冷壁焊缝在机组长期运行后开裂泄漏。

图 3-71　炉右侧未泄漏区域形貌

【掉焦及异物砸漏冷灰斗问题】某热电 2 号锅

炉多次发生异物及焦块掉落砸伤冷灰斗造成该位置泄漏。两起事件分别为屏式过热器结渣掉落造成冷灰斗上部砸伤；高温过热器梳型定位板发生脱落，砸伤冷灰斗造成泄漏。

【过热器超温爆管问题】巴威锅炉高温过热器超温爆管案例较多，因氧化皮或异物堵塞造成过热泄漏的现象较为突出。

【案例 1】某电厂 1 号锅炉为巴威公司生产的超临界前后墙对冲燃烧 Π 型锅炉。后屏过热器位于折焰角上方，顺流顺列布置，由外径ϕ51、壁厚 6.5～8mm 材质为 T91 和 TP347H 的钢管组成，横向节距 600mm，12 管圈并绕，沿炉宽方向共有 24 片，后屏过热器的每一片管组均配置有对应的进、出口分集箱。2023 年 5 月 28 日，1 号机组负荷 175MW，现场检查发现锅炉 8 层左侧区域存在明显异音，期间“四管”泄漏报警第 9、11、13、15 点触发报警。

停炉检查发现后屏过热器 1-12（第 1 屏第 12 根，下同）、1-13 管受热面管断裂。1-12 管断裂面处管道明显胀粗，断裂处一端测得最大管径为ϕ67.6（原始管径为ϕ51）；另一端管道减薄严重，厚度仅 1.5mm，泄漏形貌如图 3-72 所示。

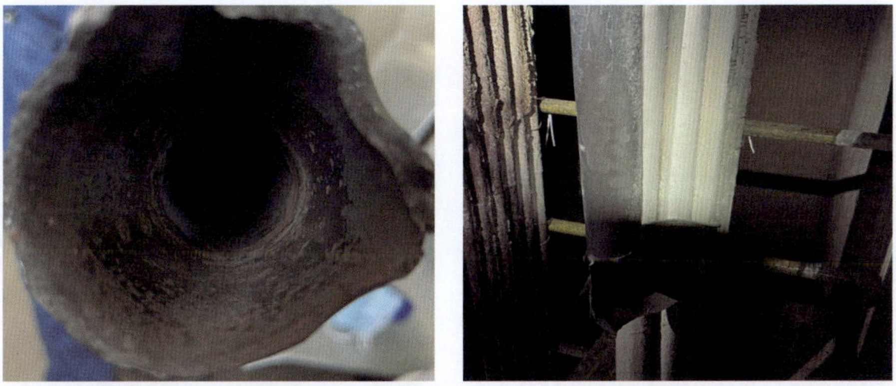

图 3-72　后屏过热器 1-12 管泄漏形貌

进入炉膛大包内对后屏过热器第 1 屏进口分集箱进行内窥镜检查，发现端部蒸汽流通末端手孔内、集箱端部 1-12 管接口附近有异物堆积（见图 3-73）。扩大检查后屏过热器 1-13 管对应 1 号出口分集箱内部无异物堆积。分析第 1 屏进口分集箱内异物为上次机组检修低温过热器提排施工过程中切割碎末或基建遗留。

图 3-73　后屏过热器进口集箱异物形貌

1-12 管所处的后屏过热器 1 号进口集箱位于后屏过热器左侧进口集箱来汽最末端；同时，1-12 管接口位于 1 号进口分集箱最末端，并毗邻集箱端部。另外，后屏过热器 1-12、1-13 管所对应下部弯头的弯曲半径相对最小，上述结构特性导致 1-12、1-13 管下部弯头容易发生异物堆积堵塞，异物导致 1-12 管管道蒸汽流通受阻，短期超温爆管。

【案例 2】某电厂 2 号锅炉为北京巴威公司生产的超临界 Π 型锅炉。锅炉高温过热器位于折焰角上方，顺列布置，由外径ϕ51、壁厚 7～9mm、材质为 T91 和 TP347H 钢管组成，高温过热器沿炉宽方向共有 24 片。

2020 年 11 月 12 日 8:30，值班人员检查发现 2 号锅炉 49m 折焰角处存在异音，经确认 2 号锅炉受热面泄漏，申请电网省调停机处理。停炉检查发现高温过热器从炉左向右数第 12 排从炉前向炉后数第 2 根管泄漏，爆口位置距离该屏管排底端高约 3m，爆口呈长条状，长 30mm，最宽处 4mm，距离原焊缝高度 40mm，泄漏形貌如图 3-74 所示。

将高温过热器从炉左向右数第 12 排从炉前向炉后数第 2 根管自泄漏点上部 400mm 处等高位置起连同下部联通弯头切除，内窥镜检查该管整条管道无其他异物，检查下部弯头存在氧化皮脱落堆积，经称重堆积氧化皮质量 102.48g，如图 3-75 所示。其原因是氧化皮掉落并堆积于下部弯头处，造成该换热管过热蒸汽流通不畅，长期过热爆管泄漏。

图 3-74　高温过热器第 12 排从炉前向炉后数第 2 根管泄漏形貌

图 3-75　高温过热器第 12 排从炉前向炉后数第 2 根管弯头处氧化皮形貌

巴威 300MW/600MW 等级锅炉受热面重点部位检查表见表 3-25。

表 3-25　　巴威 300MW/600MW 等级锅炉受热面重点部位检查表

受热面名称	失效类型	失效部位	风险等级	防治措施
省煤器	吹损或磨损	吹灰器通道管排	☆☆☆	执行集团公司《防止锅炉设备事故重点要求》有关吹灰管理的相关规定。保证吹灰蒸汽过热度；如大范围吹损需对吹灰器提升阀后压力进行整定、调整；吹灰器吹灰范围内防磨护瓦进行增补，对翻转、吹损的防磨瓦进行修复

续表

受热面名称	失效类型	失效部位	风险等级	防治措施
省煤器	吹损或磨损	中隔墙挡板破损处、中隔墙与侧包墙连接区域、省煤器与包墙之间等易形成烟气走廊的部位	☆☆	修复或恢复破损缺失的挡板/阻流板；增加让出管防磨瓦
水冷壁	吹损或磨损	吹灰器区域	☆☆☆	执行集团公司《防止锅炉设备事故重点要求》有关吹灰管理的相关规定。保证吹灰蒸汽过热度；对短式吹灰器疏水管路进行检查，疏水管路应有不小于0.2%的坡度；测量短式吹灰器喷嘴起吹点位置，喷枪喷孔与水冷壁之间的距离应符合厂家说明书要求；复测喷枪与水冷壁的垂直度；吹灰器鹅颈阀后的蒸汽压力进行整定、调整；增加防磨瓦吹灰范围内防磨护瓦进行增补，对翻转、吹损的防磨瓦进行修复
		冷灰斗斜坡	☆	宏观检查、测厚、超标更换
		折焰角上部斜坡	☆☆	开展防磨喷涂
		人孔门及吹灰孔弯管	☆	治理漏风的人孔门及吹灰孔；弯管部位加装防磨措施
		燃烧器、燃尽风、观火孔附近	☆	对燃烧器喷口密封盒内浇注料进行检查，存在缝隙位置进行封堵；运行巡检看火完毕后应将观火孔关闭严密，消除漏风
	烟气侧热疲劳	垂直水冷壁中段标高靠近燃烧器区域	☆☆☆	防腐蚀喷涂；采用无损检测的方法检查存在腐蚀裂纹的管子
	焊接质量不良	水冷壁管、鳍片密封、预埋件	☆☆☆	加强检修监督
	应力拉裂	冷灰斗区域鳍片	☆☆	采用无损检测的方法检查存在开裂风险的区域；增加止裂孔
		水冷壁出口集箱管座角焊缝	☆☆	加强无损检测
		吹灰器、燃烧器、人孔门、观火孔、热工测点、水冷壁侧墙下集箱等附近的鳍片	☆☆☆	采用无损检测的方法检查存在拉裂风险的管子；增加止裂孔
		挡渣板、承吊板及密封塞块角焊缝	☆☆	
		水冷壁集箱疏水管等膨胀受阻区域	☆☆	
	腐蚀	前后墙对冲燃烧锅炉两侧墙强还原性气氛区域（冷灰斗拐角至燃尽风标高）、W火焰锅炉下炉膛及拱区上部至燃尽风口下方还原性气氛区域、水封板区域腐蚀	☆☆☆	开展燃烧调整试验，改善水冷壁贴壁气氛；运行中注意控制煤粉细度不超DL/T 5145要求值；对于入炉煤收到基硫分超过0.7%的锅炉，重点检查水冷壁高温腐蚀问题，存在高温腐蚀可开展防腐蚀喷涂

续表

受热面名称	失效类型	失效部位	风险等级	防治措施
过热器	吹损或磨损	吹灰器区域	☆☆☆	执行集团公司《防止锅炉设备事故重点要求》有关吹灰管理的相关规定。保证吹灰蒸汽过热度；如大范围吹损需对吹灰器提升阀后压力进行整定、调整；吹灰器吹灰范围内防磨护瓦进行增补，对翻转、吹损的防磨瓦进行修复
		悬吊管与低温过热器管交叉区域	☆☆	增加L型防磨孔板
		夹持管、定位管与管排碰磨区域	☆	采取防磨措施
		易形成烟气走廊区域	☆	加强宏观检查、必要时测厚
	应力拉裂	密封盒密封焊缝区域	☆☆	加强无损检测
		包墙管鳍片焊缝区域	☆☆☆	采用无损检测的方法检查存在开裂风险的区域；增加止裂孔
		出入口集箱管座角焊缝	☆☆☆	加强无损检测
	过热（异物堵塞、局部热负荷高、氧化皮堆积、工质流量偏差）	U型管排入口段靠近下弯头区域、U型管排出口段	☆☆☆	通过燃烧调整工作，控制燃烧热偏差； 执行集团公司《防止锅炉设备事故重点要求》《防止金属部件及锅炉压力容器事故重点要求》有关氧化皮防治的相关规定。通过燃烧优化调整控制受热面壁温不超报警值；机组启动、停机过程中注意控制壁温变化速率在1.5℃/min以内；存在氧化皮问题的锅炉停炉后严禁强制通风快冷；检修期间对氧化皮堆积量进行检查、超标时割管清理
	疲劳开裂	高温过热器夹屏管下弯头内弧面	☆☆	宏观检查，必要时无损检测
再热器	吹损或磨损	吹灰器区域	☆☆☆	执行集团公司《防止锅炉设备事故重点要求》有关吹灰管理的相关规定。保证吹灰蒸汽过热度；如大范围吹损需对吹灰器提升阀后压力进行整定、调整；吹灰器吹灰范围内防磨护瓦进行增补，对翻转、吹损的防磨瓦进行修复；重点检查半长吹起止点附近管子
		悬吊管与低温再热器管交叉区域	☆☆☆	增加L型防磨孔板
		易形成烟气走廊区域	☆☆	增加防磨措施
		水平烟道再热器跨接管区域	☆☆	增加防磨设施
	开裂	支撑卡、定位块焊缝区域	☆☆☆	加强无损检测
		集箱管座角焊缝（特别关注高温再热器出口集箱管座角焊缝）	☆☆	加强无损检测，必要时更换加强管座
	过热（局部热负荷高、氧化皮堆积、工质流量偏差等）	U型管排入口段靠近下弯头区域、U型管排出口段	☆☆	通过燃烧优化调整控制受热面壁温不超报警值；机组启动、停机过程中注意控制壁温变化速率在1.5℃/min以内；存在氧化皮问题的锅炉停炉后严禁强制通风快冷；检修期间对氧化皮堆积量进行检查、超标时割管清理

续表

受热面名称	失效类型	失效部位	风险等级	防治措施
再热器	高温硫酸盐腐蚀	管屏外圈管向火面（迎烟面）	☆☆	通过配煤掺烧控制入炉煤硫分、控制灰分中碱金属含量小于4%；防腐蚀喷涂

3.14 塔式锅炉

塔式锅炉与Π型锅炉相比，过热器、再热器受热面为卧式布置，故塔式锅炉高温受热面氧化皮不易堆积。但卧式布置的受热面设计间距狭窄，更易受吹灰蒸汽影响。

【冷灰斗四角处水冷壁拉裂问题】塔式炉水冷壁较高，面积也较大，若加减负荷过快、火焰中心发生偏斜，会造成水冷壁温度大幅变化，不同区域温差过大使水冷壁膨胀不均，产生较大应力，最终导致水冷壁拉裂或疲劳损伤。

【案例】某电厂6、7号锅炉2019年以来下部冷灰斗螺旋水冷壁散管多次发生拉裂泄漏，泄漏原因为冷灰斗四角水冷壁管及鳍片设计结构复杂，现场焊接成型质量差；水冷壁管安装时强制对口，致使此区域安装残余应力大；2019年以来机组深度调峰次数多、幅度大，压力和温度剧烈变化引发金属疲劳损伤，导致水冷壁管产生裂纹而泄漏。针对此问题电厂在冷灰斗四角水冷壁鳍片进行割缝，打止裂孔，消除应力，并将冷灰斗水冷壁弯头、鳍片等位置作为逢停必查项目。某电厂冷灰斗前右、后左角部水冷壁管存在拉裂问题，目前水冷壁管鳍片开膨胀缝，外部安装柔性密封装置。

【长伸缩式吹灰器易造成省煤器与低温再热器管屏吹损问题】塔式锅炉受热面管屏采取卧式结构，各受热面管屏之间安装有长伸缩式吹灰器，由于各管屏间距较小（800～1000mm），长伸缩式吹灰器距离管屏较近，易造成管屏（包括悬吊管）吹损减薄，此为塔式锅炉共性问题。塔式锅炉易吹损的区域为省煤器出入口管屏之间、省煤器与一级再热器管屏之间、一级再热器与二级过热器管屏之间。

【案例】某电厂2号锅炉为哈尔滨锅炉厂制造的600MW超临界塔式布置直流锅炉，一级再热器共有管屏192排，下数1～6根为12Cr1MoVG材质，其余为SA-210C材质，炉前至炉后有6列过热器吊挂管，材质为12Cr1MoVG，每列有96根过热器吊挂管，每根吊管悬挂2排再热器管屏。

2号机组于2019年6月27日03:55启动并网，07:20发现锅炉受热面泄漏报警，于15:57调停解列。停机后经检查发现一级再热器出口管屏泄漏，泄漏点位于一级再热器出口管屏（一级再热器为逆流布置）以及一级再热器出口管屏炉前数第4列一级过热器吊挂管部位。一级再热器炉右数第99～103排管屏爆口有13处，炉右数第50、51根过热器吊挂管爆口有2处，最大的爆口发生在炉右数第101排。

一级再热器出口管屏右数第99至103排发生爆口部位正处于L21、R21长吹灰器吹扫公共区域，即吹灰器每投运 1 次，此区域吹扫 2 次。爆管区域共发现 17 根管子冲刷减薄损坏，从锅炉发生泄漏到停机仅为 8h，通过泄漏管外观检查可以排除管道超温爆管，认定爆管是由于 L21、R21 长吹器对此公共部位的管屏长期吹扫下，造成管道大面积减薄损伤。

【管屏散管穿炉墙部位漏风漏灰、水冷壁避让弯鳍片拉裂问题】塔式锅炉大部分集箱设置在锅炉前后墙的炉外，管道穿墙设置有密封组件。锅炉运行过程中，由于上下膨胀造成穿墙管与密封组件之间易产生漏点，烟尘从漏点处传到集箱处，集箱散管部位与锅炉受热面连接部位漏风、漏灰将磨损受热面，使受热面管子变薄，甚至导致锅炉爆管。此外，穿墙让位管处水冷壁易受到交变应力产生疲劳裂纹，如某电厂一级过热器、三级过热器出口管屏对应的水冷壁让位管鳍片存在拉裂；穿墙管处易引发膨胀不畅造成拉裂，如某电厂二再入口集箱中间部位穿墙管管箍位置，管排与炉墙接触部位，受膨胀影响造成裂纹。

【中间过渡集箱至屏式过热器出口管屏区域水冷壁不规则横向裂纹问题】某电厂两台锅炉水冷壁中间过渡集箱至其上方 12m 左右标高区域垂直水冷壁存在不规则的横向裂纹，此区域泄漏次数较多。经与锅炉厂讨论，认为机组在超低负荷运行时，此区域属于热负荷比较高的区域，同时水冷壁质量流速比较低，冷却能力不足引起疲劳裂纹。针对此问题电厂对部分水冷壁管进行更换（采用内螺纹管），对机组低负荷下给水流量、炉水循环泵运行方式进行调整，此问题得以解决。

【锅炉振动造成水冷壁疲劳损伤问题】某电厂两台塔式锅炉投产运行以后发现机组负荷大于 500MW 时，锅炉烟道标高 115.4m 处和水平烟道膨胀节附近，烟道护板振动，带动标高 66m 标高以上的烟道同时振动，并伴随发出高频声响，负荷越高，振动幅度越大，多次导致锅炉水冷壁因疲劳损伤而引发的漏泄事故，据统计 2010～2013 年，两台锅炉共发生各类泄漏 68 次，其中 57 次为水冷壁泄漏，而其中锅炉振动造成的泄漏又占绝大多数，振动问题已经严重影响到锅炉的安全运行。锅炉振动的原因是发生在锅炉受热面管子的卡门涡流脱落引起的脱落涡振频率与发生在锅炉炉膛气室的声学驻波频率产生共振形成的。在锅炉各级受热面加装防振隔板，改变炉膛气室的声学驻波，锅炉振动问题得以消除。

【掉焦砸漏捕渣屏问题】液态排渣塔式直流锅炉，炉膛由排渣室、燃烬室组成，二者之间布置有捕渣屏。当锅炉炉膛出口烟气温度达到或接近燃煤软化温度时，软化的灰粒极易在捕渣屏上部过热器管屏表面冷却黏附结渣，在锅炉负荷出现扰动，炉膛温度发生变化时，大焦块容易掉落导致捕渣屏机械损伤，甚至断裂泄漏。

【案例】某电厂 2 号机组为 165MW 超高压 W 火焰燃烧塔式锅炉，锅炉由德国巴布科克公司与武汉锅炉厂合作制造，10、30 磨煤机对应 1 号燃烧室；20、40 磨煤机对应 2 号燃烧室。

2022 年 2 月 2 日 23:09，运行监盘发现炉膛负压冒正，给水流量由 182kg/s 增大至 190kg/s 以上，给水流量与主汽流量偏差异常，因火检不稳，炉膛负压大幅波动，无法维持运行，机组停机。停炉检查发现锅炉捕渣屏泄漏，漏点上方正对 7 层一级过热器 B（35m）附着有大焦块，如图 3-76 所示。并且捕渣屏下方也发现碎裂的焦块卡在捕渣屏管道间，分析此处漏点是上方大焦掉落砸伤管排导致。

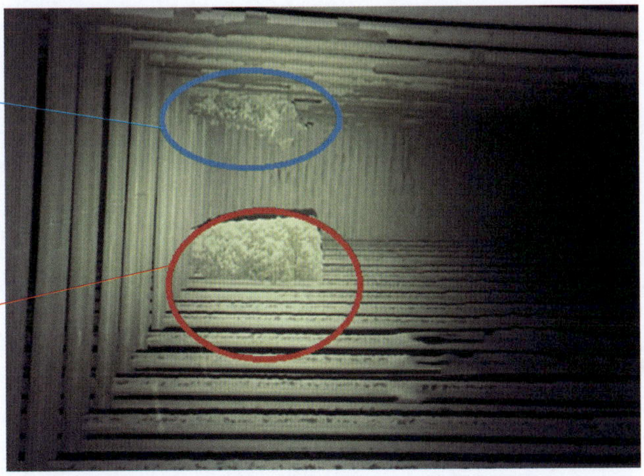

图 3-76　一级过热器焦块

【高温炉烟管道吊架承力异常造成抽炉烟口附近水冷壁拉裂问题】某电厂制粉系统为风扇磨煤机直吹式制粉系统，高温炉烟抽口密封装置下方的加强板与水冷壁管相焊，抽炉烟装置随水冷壁一起膨胀，烟道质量由固定恒力吊架承担，恒力吊架承力异常（外观检查无法直观检测恒力吊架受力情况），造成烟道重力额外作用在水冷壁上导致拉裂。面板加固筋板结构不合理，易造成筋板尖端与水冷壁焊接处应力集中，在低周应力作用下造成金属疲劳裂纹。电厂检修期间应加强该部位水冷壁裂纹情况的检查，尤其是面板加固筋板与受热面焊缝处，同时应加强支吊架的检验与调整工作。

【一级过热器 B 侧水平段超温爆管问题】集团内投产的液态排渣塔式锅炉过热器壁温测点布置较少，发生泄漏时经常发现管子存在长期超温的特征，如外壁面有龟裂氧化皮。泄漏点一般位于各管屏最外圈的管子，位于烟气温度最高的位置，表明泄漏与超温存在密切关系。

【案例】2018 年 7 月 5 日、2019 年 10 月 28 日、2021 年 10 月 28 日，某热电 1 号机组启动过程中、投运第二套制粉系统后，一级过热器 B 段先后发生了三次爆管，从爆破管子的爆口形状判断，爆破管子存在长期超温和短期超温的特征，从发生爆破及胀粗管子的位置来看，有 8 根为各管屏最外圈的管子，1 根为管屏从外向内第 2 根管子，1 根为管屏从外向内第 3 根管子。

塔式锅炉受热面重点部位检查表见表 3-26。

表 3-26　　　　塔式锅炉受热面重点部位检查表

受热面名称	失效类型	失效部位	风险等级	防治措施
省煤器	吹损或磨损	吹灰器通道管排	☆☆☆	执行集团公司《防止锅炉设备事故重点要求》有关吹灰管理的相关规定。保证吹灰蒸汽过热度；如大范围吹损需对吹灰器提升阀后压力进行整定、调整；吹灰器吹灰范围内防磨护瓦进行增补，对翻转、吹损的防磨瓦进行修复；声波吹灰改造
		烟气温度测点与管排的碰磨	☆☆	烟气温度测点移位
		易形成烟气走廊区域（出入口管排与炉墙间区域）		调整阻流板位置；测厚检查
水冷壁	吹损或磨损	吹灰器区域	☆☆	执行集团公司《防止锅炉设备事故重点要求》有关吹灰管理的相关规定。保证吹灰蒸汽过热度；对短式吹灰器疏水管路进行检查，疏水管路应有不小于0.2%的坡度；测量短式吹灰器喷嘴起吹点位置，喷枪喷孔与水冷壁之间的距离应符合厂家说明书要求；复测喷枪与水冷壁的垂直度；吹灰器鹅颈阀后的蒸汽压力进行整定、调整；开展防磨喷涂
		燃烧器区域 ［重点：燃烧器（包括燃尽风）喷口四周二次风吹扫水冷壁、水冷壁结构突变区域］	☆☆☆	对燃烧器喷口密封盒内浇注料进行检查，存在缝隙位置进行封堵；运行巡检看火完毕后应将观火孔关闭严密，消除漏风；测厚检查
		烟气再循环风喷口区域	☆☆	加强防磨防爆检查；增加防磨瓦
		冷灰斗斜坡	☆☆	宏观检查、测厚、超标更换
		冷灰斗侧墙与前后墙拐角（包括冷灰斗下折弯处对角灰渣磨损）	☆☆☆	对拐角部位进行防磨喷涂、增加浇注料
	砸伤	捕渣屏（液态排渣炉）	☆☆☆	检修期间对水冷壁碳化硅进行检查修补，重点对死角部位水冷壁碳化硅缺失情况进行检查；锅炉运行中如投运飞灰复燃系统，应注意控制飞灰复燃量不超设计出力，壁厚检测
	横向裂纹	73～85m 高热负荷区域（二级再入口集箱右数第二个支承梁的下夹板右数一个筋板与水冷壁管、85m 炉前左数第二个吊挂梁立筋附近水冷壁等）；垂直水冷壁 Y 型三通区域	☆☆☆	从中间混合集箱区域到屏式过热器出口标高的水冷壁管整体进行检查，如发现横向裂纹，与制造厂联系，通过采用内螺纹管，增加水冷壁管壁厚等方式提高低负荷下质量流速
	应力拉裂（疲劳裂纹）	与刚性梁、限位及止晃装置、支吊架等相配合的拉钩、密封盒等焊接区域（背火面）、水冷壁与刚性梁绑带角部钢板区域	☆☆☆	加强膨胀优化治理（支吊架调整、膨胀优化调整）；采用无损检测的方法检查存在拉裂风险的管子
		高温炉烟口固定用加强筋、高温炉烟口面板、人孔、吹灰孔、燃烧器、中间集箱附近等宽鳍片区域	☆☆☆	敷设浇注料；增加止裂孔；采用无损检测的方法检查存在拉裂风险的管子；检查调整抽炉烟口恒力弹簧吊架，核对恒力弹簧吊架热态膨胀位移是否与水冷壁一致；与锅炉厂联系，优化加强板处结构，降低局部应力

续表

受热面名称	失效类型	失效部位	风险等级	防治措施
水冷壁	应力拉裂（疲劳裂纹）	侧墙与前后墙交界区域	☆☆	采用无损检测的方法检查存在拉裂风险的管子；增加止裂孔
		冷灰斗水封槽梳形板区域	☆☆	
		冷灰斗水冷壁四角区域（拉裂）	☆☆☆	水冷壁管鳍片开膨胀缝，外部安装柔性密封装置；检查与水冷壁下部散管相焊的密封板及护网，梳型板间膨胀缝是否被焊接，对照安装图纸进行恢复
		穿墙让管区域（二级再热器入口集箱穿墙管与水冷壁穿墙处、一级过热器、三级过热器穿墙让管区域）	☆☆☆	水冷壁管鳍片开膨胀缝；更换穿水冷壁处密封型式；采用密封盒与让管位置鳍片优化的方式；更换让管
		工业电视冷却风管附近水冷壁区域	☆☆	吹损超标进行换管；检查密封，防止漏风
		炉前炉后各集箱吊挂梁上下夹板、筋板附近水冷壁区域	☆	对此区域打磨着色，发现裂纹进行换管；必要时进行结构优化改造
	高温腐蚀	高热负荷区域（上层燃烧器至燃尽风标高）	☆☆	控制燃煤硫分，水冷壁区域防腐蚀喷涂
过热器	吹损或磨损	吹灰器区域	☆☆☆	执行集团公司《防止锅炉设备事故重点要求》有关吹灰管理的相关规定。保证吹灰蒸汽过热度；如大范围吹损需对吹灰器提升阀后压力进行整定、调整；吹灰器吹灰范围内防磨护瓦进行增补，对翻转、吹损的防磨瓦进行修复
		悬吊管与过热器管交叉区域	☆☆☆	加强防磨防爆检查；增加防磨设施
		穿墙管与炉墙碰磨区域	☆☆☆	穿墙部位的密封进行修复或改造
		异种钢焊缝	☆	采用超声相控阵方法检查
	过热	高热负荷区域（一级过热器出口管屏、一级过热器吊挂管、一级过热器B侧水平段）	☆☆☆	锅炉启动阶段注意监视一级过热器B侧水平段对应的壁温变化趋势；启动第二台磨煤机宜与第一台对称投运，均衡炉内热负荷，加强理化检验
	应力拉裂	集箱管座角焊缝	☆☆	加强无损检测；对开裂散管角焊缝对应密封位置进行检查
再热器	吹损或磨损	吹灰器区域（重点：一级再热器。因为一级再热器管距离吹灰器很近，管子壁厚也薄，塔式炉的大量吹损出现在一级再热器区域）	☆☆☆	执行集团公司《防止锅炉设备事故重点要求》有关吹灰管理的相关规定。保证吹灰蒸汽过热度；如大范围吹损需对吹灰器提升阀后压力进行整定、调整；吹灰器吹灰范围内防磨护瓦进行增补，对翻转、吹损的防磨瓦进行修复
		悬吊管与再热器管交叉区域	☆☆☆	
		穿墙管与炉墙碰磨区域（尤其是一级再热器进口下部第一排管穿墙处）	☆☆☆	穿墙部位的密封进行修复或改造
	应力拉裂	炉后高温再热器出口集箱第1根	☆	检查二级再热器管线吊挂装置，防止松脱
		高温再热器入口集箱中间部位穿墙套管位置	☆☆	打磨着色，发现裂纹进行换管

续表

受热面名称	失效类型	失效部位	风险等级	防治措施
再热器	应力拉裂	集箱管座角焊缝	☆☆	加强无损检测；对开裂散管角焊缝对应密封位置进行检查
	过热	高热负荷区域（高温再热器左往右数第十五屏、前往后数第二排吊挂处管屏内圈内到外数第二圈高温再热器管）	☆	运行优化调整，控制受热面壁温不超报警值；加强理化检验

3.15 锅炉炉外小管风险总结

近年来，多家电厂发生了阀后管道、疏水管管道弯头、温度压力测点管道焊缝的爆漏事件，原因与管子内壁冲刷减薄、管子外壁腐蚀、管子异种钢焊接开裂、冷凝水回流引发疲劳裂纹等有关。炉外小管作为重要的受监承压部件，其检验比例、台账建立、技术管理等工作往往滞后于高温高压大管道、受热面等部件，但炉外小管由于强度低、服役工况复杂、基建安装缺陷等原因，发生泄漏失效及引起机组非停的比例较高，需提高对其监督管理工作的重视程度。

【案例 1】2015 年 10 月 14 日，某电厂 1 号机组汽轮机厂房发出异常声响，除氧器水位缓慢下降、2 号高压加热器水位快速降至 0mm。现场发现 1 号机组 1 号高压加热器至 2 号高压加热器逐级疏水管断裂，调节阀大小头后部疏水管直管段长 300mm，除焊缝两侧各剩余 30mm 外，其余直管段均破裂，大量水汽泄漏窜入发电机，造成发电机异常停运。经查阅，该高压加热器逐级疏水管规格为ϕ219×9mm，材质 20G。疏水管断裂的直接原因是直管段受到冲刷导致壁厚减薄，强度下降，运行中无法承受管内的内压力从而引起断裂。断裂的管段壁厚为 0.7～3.0mm，2 号高压加热器侧疏水管边缘壁厚 2.0mm。

【案例 2】2020 年 10 月 11 日，某电厂 10 号机组 3 号低压加热器空气管弯头焊缝断裂。泄漏原因为 10 号机组低压加热器（材质：20G，尺寸：ϕ57×4mm）运行中将低压加热器汽侧不凝结气体排至本体疏水扩容器，机组长期运行过程中汽液两相流不断冲刷空气管弯头背弧面及焊缝，造成管壁减薄，直至开裂（测量焊缝附近最薄位置壁厚 1.7mm）。

【案例 3】2017 年，某电厂 1 号机组 8 号高压加热器至 7 号高压加热器汽液两相流后异径管焊缝断裂，大量汽水瞬间外泄至汽轮机厂房，蒸汽在发电机励磁电刷处结露造成短路接地，触发发电机转子接地保护动作，引起机组异常停运。由于该处工质为汽液两相流，蒸汽和水流经节流孔后发生急剧膨胀扩容，对下游管内壁造成强烈冲刷。第一道焊缝距离节流孔仅 100mm 左右，自 2003 年前改造更换后长期运行持续冲刷管内壁，本次断裂后发现第一道焊缝边缘已减薄至 0.75mm，该处强度严重不足。

【案例 4】2021、2022 年，某电厂一号机组再热器排空管管座角焊缝先后两次开裂，均造成机组调停。打磨处理过程中发现了类似放射状裂纹。主要原因为再热系统压力低、一次门距离母管接管座距离较远，介质冷却后回流，导致冷热交替引起疲劳裂纹。

【案例 5】2015 年 11 月，某电厂 2 号机组再热蒸汽管道高旁门后疏水管座北侧 150mm 处存在纵向 80mm 长裂纹。通过内窥镜检查再热蒸汽热段管道产生裂纹部位内壁，发现疑似多条裂纹。分析认为，由于电厂再热蒸汽温度为 535℃，高旁阀后疏水温度为 300℃左右，由于两者温差大，机组长时间运行中产生金属疲劳裂纹。

【案例 6】2018 年 10 月 24 日，某电厂汽轮机厂房突然一声巨响，3 号机组大量蒸汽外泄并伴有强烈汽流声，汽机房充满被吹起的保温材料碎片，人员无法靠近。锅炉泄压到零后现场确认右侧主蒸汽管道备用温度测点 TT02 冲开，主蒸汽管道上泄漏管孔直径 38mm。TT02 备用测点套管为 0Cr18Ni12Mo2Ti，主蒸汽管道母材为 P91，焊缝设计为异种钢焊接，焊接没有经过与母管同种材质的加强管座过渡，不符合 GB/T 16507《水管锅炉》和 DL/T 438《火力发电厂金属技术监督规程》中应采用同种钢焊接的规定。焊缝根部未焊透，焊接尺寸不满足要求（焊脚测厚最高为 11.4mm，不满足 DL/T 869《火力发电厂焊接技术规程》规定，焊缝高度应与焊件等壁厚，即焊缝高度应达到 14mm）。因管座为异种钢焊接及焊接质量达不到要求，经长期的高温、高压运行后焊缝缺陷扩展，引起备用温度测点整体冲开。

针对锅炉炉外小管断裂风险，建议各电厂：

（1）加强对汽水系统中的高中压疏水、排污、减温水等小径管的管座角焊缝、内壁冲刷和外壁腐蚀现象的检查，发现问题及时更换。对于发生内漏的阀门，以及管段内径突然增大后的管道，应对阀门后及内径增大后的管道进行测厚检查。户外易受雨水侵蚀以及管子内部易形成积水的部位，应对管子外壁和内壁的腐蚀减薄情况进行检查。特别是对于长期冲刷导致频繁更换的管道，在分析冲刷原因的同时，可以考虑更换为壁厚较厚或耐磨能力更强的材料。

（2）对于易引起汽水两相流的疏水、空气等管道，应重点检查其与母管相连的角焊缝、母管开孔的内孔周围、弯头、直管等部位的开裂和冲刷减薄情况，其管道、弯头、三通和阀门，运行 10 万 h 后，宜结合检修全部更换。

（3）排气或疏水管等水平段较长，管道坡度如不符合 DL/T 5054《火力发电厂汽水管道设计规范》相关规定，易引起冷凝水回流或积水的部位，应加强对其角焊缝的无损检测和积水部位内壁腐蚀情况的检查，并对易发生冷凝水回流或积水部位的结构进行改造。对于运行中发生振动的管道或者膨胀不畅导致局部应力集中的部位，应结合检修，对管道振动和膨胀受阻问题进行治理，并对应力集中点进行无损检测。

（4）汽包、管道和集箱上小口径接管（疏水管、测温管、压力表管、空气管、安全阀、排气阀、充氮、取样管等）应采用与母管相同的材料；如存在异种钢焊缝，应在检修期间加强检查，对于焊缝熔深较浅、运行期间易发生晃动的管座，应择机更换为与母管相同材质的加强管座，机组取样管的设计结构应避免接管在运行期间发生晃动，同时焊缝应有足够的强度。

（5）额定工作压力大于等于 3.8MPa 的锅炉，外径小于 32mm 的排气、疏水、排污和取样管等管接头与汽包、集箱、管道相连接时，应当采用底部加强型管接头。汽包、集箱、管道与管子的焊接管接头应满足强度要求，管接头外径大于 76mm 时，应采用全焊透的型式；管接头外径小于或等于 76mm 时，宜用全焊透型式，考虑应力集中对强度的影响时，可采用部分焊透的型式。排污管、疏水管应有足够的柔性，以降低小管与锅炉本体相对膨胀而引起的管座根部局部应力。

（6）与汽包、集箱相接的省煤器再循环管、给水管、加药管、排污管、减温水管、蒸汽加热管等，在其穿过筒壁处应加装套管。

（7）对汽包、管道、压力容器、集箱及其支管上封头结构型式、厚度、焊接质量进行排查，确保其结构型式符合 GB/T 1650《水管锅炉》的要求。

（8）建立炉外小管台账及普查计划。台账内容中应包括：管道名称、位置示意图、材质和规格、实际服役工况（温度和压力）、历次检修情况等。对于存在冲刷减薄的管道，检修时应做到定点测厚，以掌握其减薄趋势。炉外小管滚动检查计划应充分考虑机炉外小管台账中管子壁厚的减薄速率、管子运行期间振动和膨胀情况以及存在结构突变的部位。

（9）应严格按照 DL/T 616《火力发电厂汽水管道与支吊架维修调整导则》的要求开展支吊架定期检查及调整工作。

（10）进行金属监督检验时应根据失效原因选择检验方法，例如角焊缝区域建议采用表面检测、内窥镜检测、超声相控阵检测，内外壁腐蚀冲刷减薄区域采取壁厚测量方法、对接焊缝区域采取表面检测方法等。

深度调峰灵活性运行新形势下应力拉裂

4.1 新型电力市场下燃煤电站机组深度调峰灵活性运行特点

随着“双碳”目标的深入推进，新能源发电在电力系统中的占比持续增加，燃煤发电机组在电力系统中的作用发生改变，由主力电源向基础保障性和系统调节性电源进行转型。燃煤发电机组深度调峰灵活性运行是促进清洁能源消纳的重要手段，对推动碳达峰碳中和目标如期实现具有重要意义。2021 年国家发展改革委、国家能源局联合颁布发改运行〔2021〕1519 号《关于开展全国煤电机组改造升级的通知》，通知要求“为进一步提升燃煤发电机组灵活性和调节能力，存量煤电机组灵活性改造应改尽改”。

火电机组灵活性运行主要包括调峰幅度、爬坡速率及快速启停等，核心目标是快速充分响应电力系统的波动性变化，提高深度调峰能力、快速爬坡能力和快速启停能力。

（1）深度调峰低负荷运行。

在新能源快速发展、装机占比大幅增长的背景下，燃煤发电机组深度调峰能力是承担新能源消纳的关键因素。若我国煤电机组深度调峰最低负荷率降低 10%，将腾出容量空间 1.12 亿 kW，占风力发电总装机容量的 30.6%，占太阳能发电总装机容量的 28.5%（以 2022 年全国电力工业统计数据计算），因此燃煤机组深度低负荷运行对新能源消纳具有重要意义。

按照《全国煤电机组改造升级实施方案》，新建机组全部实现灵活性制造，新建煤电机组纯凝工况调峰能力的一般化要求为最小发电出力达到 35%额定负荷，采暖热电机组在供热期运行时要通过热电解耦力争实现单日 6h 最小发电出力达到 40%额定负荷的调峰能力，其他类型机组应采取措施尽量降低最小发电出力。现役机组灵活性改造应改尽改，纯凝工况调峰能力的一般要求为最小发电出力达到35%额定负荷，采暖热电机组在供热期运行时要通过热电解耦力争实现单日6h最小发电出力达到40%额定负荷的调峰能力。

根据国家文件要求，各地能源监管局相继印发了本地区燃煤发电机组灵活性改造行动计划或通知。如华北能源监管局2021年12月印发《京津唐电网燃煤发电机组灵活性改造能力验收监管暂行办法》的通知，改造后机组纯凝运行出力下限不高于35%额定容量，出力上限保持100%额定容量；热电机组在供热期运行时出力下限不高于40%额定容量，出力上限不低于85%额定容量。山东省能源局于2021年5月颁布鲁能源电力〔2021〕81号《关于做好全省直调公用煤电机组灵活性改造的通知》，通知要求“十四五”期间按照每年20%的容量实施煤电机组灵活性改造，存量纯凝机组稳燃情况下最小技术出力达到额定容量的30%，新上纯凝机组达到20%，如未达到标准，次年度取消调峰调频优先发电计划。内蒙古自治区能源局2021年6月印发内能电力字〔2021〕372号《内蒙古自治区煤电节能降耗及灵活性改造行动计划（2021～2023年）》，文件要求推动火电灵活性改造，促进新能源消纳利用，鼓励依托实施灵活性改造后新增的调峰能力，优化配置一定规模新能源。2021年8月，内蒙古自治区能源局再次印发内能电力字〔2021〕570号《内蒙古自治区推进火电灵活性改造促进市场化消纳新能源实施细则（试行）》通知，推进煤电深度调峰技术应用，实施燃煤电厂火电灵活性改造。现役热电机组供热期调节能力超过机组额定容量的60%，现役纯凝机组调节能力超过机组额定容量的70%。

按照发改运行〔2021〕1519号《关于开展全国煤电机组改造升级的通知》及属地能源局要求，各发电企业普遍开展煤电机组深度调峰改造、通过运行优化等技术方法降低最小技术出力。2022年，京津唐电网火电最低平均负荷率降至50%，其中非供热机组最低平均负荷率降至37%；辽宁省全年火电机组整体最低负荷率降至29.8%，部分机组可在15%额定负荷下长时间稳定运行。

深度调峰运行期间负荷率降低至20%～30%，炉膛火焰充满度差、水冷壁管间受热不均、水动力分配稳定性变差等问题逐渐凸显，对受热面安全及防磨防爆检查工作带来新的考验。

（2）频繁快速变负荷。

不同类型的机组，在不同负荷区间机组变负荷速率要求不同。当前大部分燃煤发电机组负荷变化率能够达到2%P_e变负荷速率要求，然而3%P_e变负荷速率，甚至4%P_e变负荷速率很难达到。不同地区的电力辅助服务文件中对于不同类型机组深度调峰AGC调节速率有相应的规定，如国家能源局华北监管局2021年12月印发《京津唐电网燃煤发电机组灵活性改造能力验收监管暂行办法》考虑了深度调峰机组负荷调节范围的差异，不同类型机组的AGC调节速率进行了差异性要求，AGC调节速率不低于表 4-1 要求。

表 4-1　　华北网、内蒙网深度调峰工况下机组 AGC 调节速率要求

机组类型	深度调峰 AGC 调节速率（$\%P_e$/min）		
	$50\%P_e>P\geqslant40\%P_e$	$40\%P_e>P\geqslant30\%P_e$	$30\%P_e>P$
直吹式制粉系统汽包炉机组	1.2	0.9	0.5
中间储仓式制粉系统机组	1.6	1.2	0.8
循环流化床机组和燃用特殊煤种（如劣质煤，高水分低热值褐煤等）机组	0.8	0.6	0.4
超临界定压运行直流炉机组	0.8	0.6	0.4
其他类型直流炉机组	1.2	0.9	0.5

随着变负荷速率升高，锅炉热负荷快速变化、烟气流场与温度场剧烈变化、管壁金属温度频繁波动，对受热面应力集中位置、厚壁部件低周疲劳损伤均带来不利影响。

（3）启停调峰运行。

随着电力体制改革全面深化，构建中长期交易与现货交易相结合的电力市场体系成为发展趋势。2017 年 8 月 28 日，国家发展改革委办公厅和国家能源局综合司联合印发发改办能源〔2017〕1453 号《关于开展电力现货市场建设试点工作的通知》，选择广东、浙江、山西、山东、福建、四川、甘肃、蒙西等 8 个地区作为第一批试点，加快组织推动电力现货市场建设工作。2021 年 4 月 28 日，国家发改委、国家能源局颁布发改办体改〔2021〕339 号《关于进一步做好电力现货市场建设试点工作的通知》，明确了电力现货试点范围扩大，拟选择上海、江苏、安徽、辽宁、河南、湖北等 6 省市为第二批电力现货试点。2023 年 9 月 18 日，国家发展改革委、国家能源局联合下发发改能源规〔2023〕1217 号《电力现货市场基本规则（试行）》，明确电力现货市场建设的目标是形成体现时间和空间特性、反映市场供需变化的电能量价格信号，发挥市场在电力资源配置中的决定性作用，提升电力系统调节能力，促进可再生能源消纳，保障电力安全可靠供应，引导电力长期规划和投资，促进电力系统向清洁低碳、安全高效转型。经过电力现货市场交易的试点，我国“中长期交易规避风险、现货市场发现价格”的电力市场体系架构已初步成型。

受新能源消纳和电力现货交易政策的影响，煤电机组面临能源保供、新能源消纳和现货交易的多重压力，山东作为首批电力市场现货交易试点地区，先后发布了《山东电力现货市场建设试点实施方案》《关于开展山东省电力现货市场 2021 年 12 月结算试运行的补充通知》《关于做好 2022 年山东省电力现货市场结算试运行工作的通知》《关于进一步做好 2022 年下半年山东省电力现货市场结算试运行工作有关事项的通知》《山东电力爬坡辅助服务市场交易规则（征求意见稿）》等文件，电力现货市场交易规则下，随着新能源装机容量不断增加，电网峰谷差进一步加大，为充分消纳新能源，电网鼓励开展机组启停调峰，增加机组启停调峰补偿力度，为提高机组经济效益，电厂积极参与启停调峰，机组启停调峰显著增多。2020 年山东分公司日内启停 17 台次，2021 年日内启停 46 台次，2022 年日内启停 225 台次，日内启停调峰次数逐年升高且逐渐呈常态化趋势。

煤电机组日内启停次数增多，带来的影响主要有：

1）主辅机设备疲劳损伤加剧，从而造成机组设备寿命缩短；

2）启停阶段运行操作工作量较大，运行操作风险点增多；

3）由于煤电机组频繁日内启停造成单位能耗明显升高。

随着机组日内启停调峰的常态化，日内启停安全性和节能管控成为电厂生产管理的重要内容。

4.2　深度调峰灵活性运行模式下受热面应力拉裂问题及案例分析

深度调峰灵活性运行方式下，锅炉水冷壁变形、拉裂泄漏问题较为突出。机组频繁升降负荷、启停调峰运行时受热面温度周期性升降产生交变应力，造成结构不连续位置（包括但不限于集箱管座角焊缝、大包内水冷壁管子和鳍片端部焊接部位、水冷壁中间集箱及下集箱宽鳍片部位、水冷壁四角连接位置及其下部水封槽、鳍片焊缝、各让位管、吹灰器附近、穿顶棚、密封盒等）发生疲劳失效。机组低负荷运行时由于炉内热负荷偏差和管内介质流量偏差，水冷壁管间壁温偏差增大（部分锅炉水冷壁单面墙最大壁温偏差达 120℃），造成水冷壁管变形、凹凸不平，严重时导致局部拉裂。

4.2.1　应力集中位置出现开裂问题

（1）炉膛吹灰器让位管与直管之间鳍片拉裂伤及母材。

炉膛蒸汽吹灰器吹灰孔采用上下两个让位管构成，让位管起弯点向下约 3cm 处通过鳍片将直管和让位管焊接连接在一起，鳍片末端是应力集中位置。在机组深度调峰灵活性运行方式下，负荷升降速率较快，为满足负荷响应要求，给煤量、给水流量波动较大，让位管与鳍片之间的温差增大，鳍片末端结构应力增大，加快了裂纹的生成速率。同时锅炉运行中炉膛吹灰器定期吹灰，会使此区域水冷壁管子温度周期性升降，产生热交变应力。在结构应力和热交变应力的双重作用下，在让位管与直管鳍片焊接部位末端的应力集中点发生疲劳开裂，并贯穿母材导致泄漏。

【案例 1】 某电厂 5、6 号锅炉为哈尔滨锅炉厂生产的 330MW 亚临界煤粉锅炉，近年来受电力市场变化影响，负荷变化频繁。2023 年同一个月内发生两起吹灰孔周围弯管处水冷壁拉裂泄漏。吹灰孔旁让位管处鳍片开裂，裂纹扩展至母材后造成水冷壁泄漏（泄漏位置及泄漏路径见图 4-1、原始泄漏点形貌见图 4-2）。

图 4-1 泄漏位置及泄漏路径

【案例 2】某电厂 4 台锅炉为哈尔滨锅炉厂生产的 350MW 超临界锅炉，近年来受电力市场影响，AGC 频繁调整负荷。近三年 2 号机组 AGC 投入时间 12718h、调频动作幅度 26MW/min，排在该厂 4 台机组首位，2023 年上半年 2 号机组启停 4 次。2023 年 2 月 D 修期间对炉膛短吹 52 个吹灰孔让位管鳍片进行检测，发现 29 个上、下让位管间鳍片存在裂纹，采取了打磨消除、鳍片末端圆弧过渡的处理措施。7 月 10 日 2 号锅炉发生泄漏，检查发现左墙 A1 短式吹灰器（该吹灰器靠近前墙 B 层燃烧器）吹灰孔下部让位管与直管间鳍片有裂纹（鳍片裂纹位置见图 4-3）。检查发现除两根吹损管子外

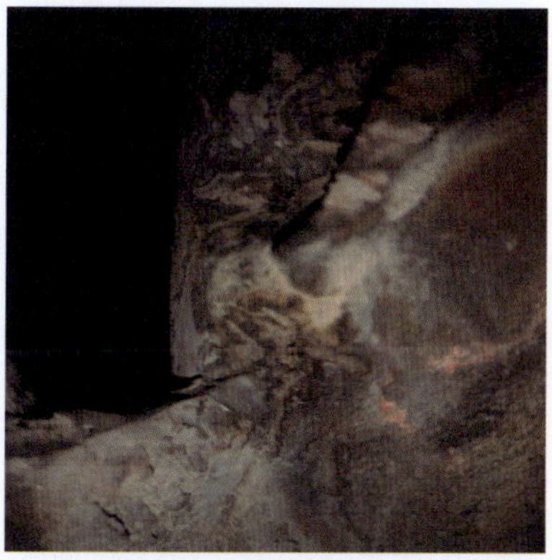

图 4-2 原始泄漏点形貌

图 4-3 某电厂 2 号锅炉 A1 吹灰器孔鳍片焊缝裂纹位置

其他管屏均无吹损，电厂扩大检查A2、A3、A5、A7、A8、B2、B3、B5、C3、C5、D3、D7吹灰孔让位管鳍片，采取割止裂缝、打止裂孔等防范措施（见图4-4），并对鳍片末端圆滑过渡。

图4-4　吹灰器孔让位管鳍片割止裂缝、打止裂孔

【案例3】某电厂4号锅炉为英国BABCOCK公司设计制造的350MW亚临界自然循环锅炉，2023年机组C修期间对42台水冷壁短式吹灰器孔弯管炉内侧及连接鳍片表面进行磁粉检测，检查发现AT047、AT036、AT035、AT022共计四处吹灰器孔弯管下部的焊接鳍片上存在横向裂纹，裂纹扩展至管子根部原始鳍片处停止，裂纹长度3mm、深度2mm，对裂纹处打磨处理，并进行二次磁粉检测，结果合格。

【案例4】某电厂1号锅炉为东方锅炉厂生产的300MW亚临界自然循环锅炉，尾部烟道布置有3层长伸缩式吹灰器。2022年9月4日尾部烟道39R吹灰器附近泄漏，停机消缺。检查发现39R吹灰器右侧吹灰器让位管鳍片横向裂纹扩展至右侧让位管中心，泄漏后蒸汽直吹左侧吹灰器让位管，造成吹灰器左侧让位管吹损（见图4-5）。

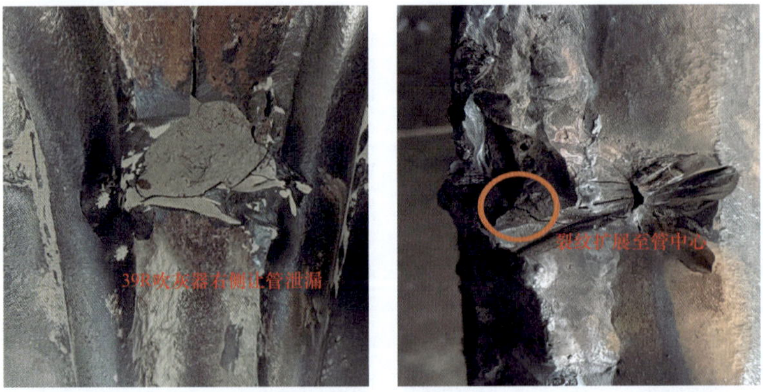

图4-5　39R吹灰器让位管鳍片裂纹扩展造成水冷壁泄漏

【案例5】某电厂配置4台哈尔滨锅炉厂生产的330MW亚临界自然循环锅炉，开始投入AGC方式运行后机组升降负荷速率较快。4号机组2017年12月31日～2018年1月31日的负荷曲线如图4-6所示，机组一个月内的负荷在206～280MW之间频繁波动，个别时段从319MW迅速大幅降至178MW。以4号机组2月28日～3月1日的单日负荷变化曲线为例，24h内机组负荷出现5次大幅度变化，负荷波动幅度超过30MW/min。

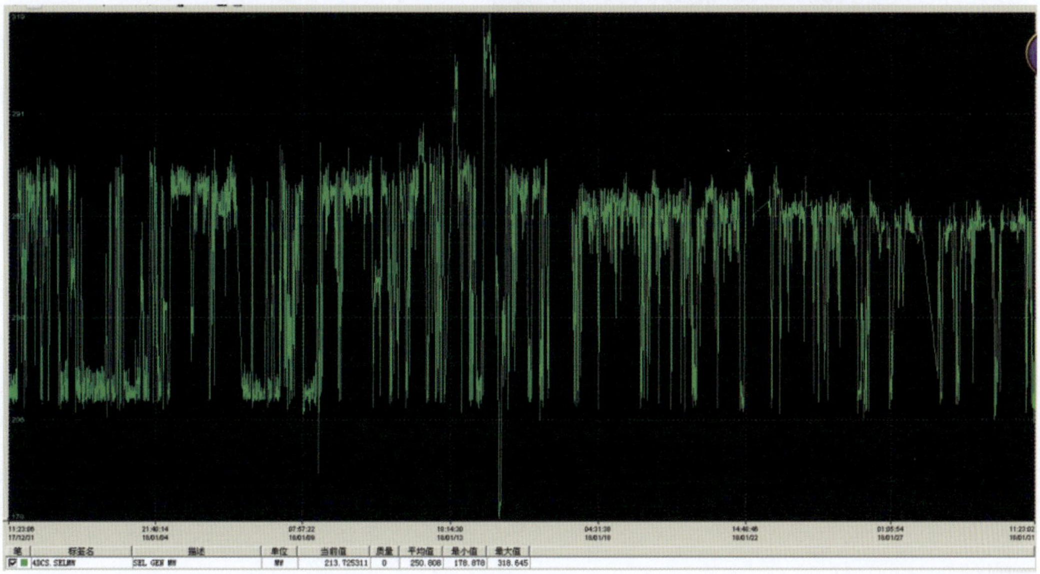

图4-6 某电厂4号机组2017年12月31日～2018年1月31日的负荷曲线

2018年3月20日，4号机组停机临修，在对锅炉进行例行检查时发现锅炉1号吹灰器两侧让位管均有横向裂纹缺陷，且一侧已出现泄漏现象（见图4-7）。让位管规格为ϕ63.5×8mm，材质为20G。截止到2018年2月，4号锅炉累计运行88123h。在进一步检查水冷壁过程中，发现多处吹灰器让位管鳍片出现开裂现象，部分裂纹已延伸至母材。

图4-7 某电厂4号锅炉水冷壁泄漏形貌

【案例6】某电厂3号锅炉为上海锅炉厂生产的1000MW超超临界机组锅炉，2021年锅炉标高39.16m处B26炉膛吹灰器让位管下方鳍片裂纹穿透母材发生泄漏（见图4-8）。水冷壁直管与让位弯管鳍片焊接端部角焊缝端头处形状突变、应力复杂，加之角焊缝成型不良使局部应力过大的同时存在额外应力叠加，长时间作用形成疲劳裂纹，扩展后造成水冷壁拉裂泄漏。后续电厂在吹灰器直管与让位管之间鳍片末端切割ϕ50mm×3mm应力释放槽，改善局部应力过大问题。

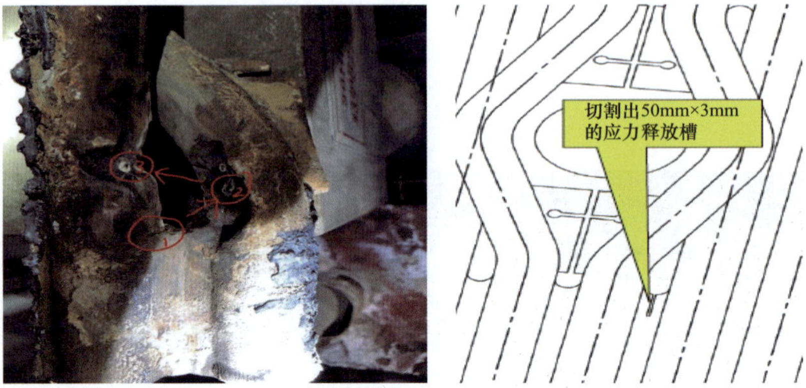

图4-8　B26短式吹灰器直管与让位管鳍片裂纹扩展造成水冷壁泄漏

在机组启动、AGC频繁调整负荷及周期性吹灰造成温度频繁升降的影响下，水冷壁金属材料逐步接近疲劳极限，强度下降，最终在应力集中部位产生裂纹。在目前AGC指令频繁变化，机组频繁大幅度增减负荷的现状下，从锅炉运行角度难以避免此问题的发生，仅能通过开展检修期间重点检查、更换相关区域管材、鳍片增加止裂缝或止裂孔、割除吹灰器处水冷壁让位管间鳍片后外部敷设浇注料代替等方式，减缓裂纹的产生。

（2）600MW超临界锅炉中间过渡集箱下方螺旋水冷壁之间鳍片开裂。

超临界锅炉螺旋水冷壁与垂直水冷壁交界区域，由于处于螺旋水冷壁起弯处，属于应力集中区域。在机组灵活性运行方式下，机组负荷快速变化时，汽水参数剧烈变化，水冷壁管与鳍片膨胀不同步，水冷壁管与鳍片间的温度差异频繁波动，加剧鳍片的疲劳损伤，导致水冷壁鳍片易发生撕裂问题，严重时裂纹扩展至母材进而引发水冷壁泄漏。

【案例1】某电厂3号锅炉为东方锅炉厂生产的600MW超临界前后墙对冲燃烧锅炉，炉膛由下部螺旋上升水冷壁和上部垂直上升水冷壁两种不同的结构组成，两者间由水冷壁过渡集箱转换连接。2020年3号锅炉参与深度调峰灵活性运行，2022年4月，螺旋水冷壁前墙B-26弯头部位发生泄漏，同时发现B-26与B-27间鳍片拉裂约1.5m（见图4-9）。

2022年12月，螺旋水冷壁前墙部位B-31管下弯部有明显的裂口，B-31管与B-32管间鳍片拉裂长约1500mm（见图4-10）。鳍片拉裂延伸至B-31管，造成其背火面、向火面均出现裂纹，扩大检查发现B-33与B-34管之间鳍片存在裂纹，长度500mm，未伤及母材（见图4-11）。

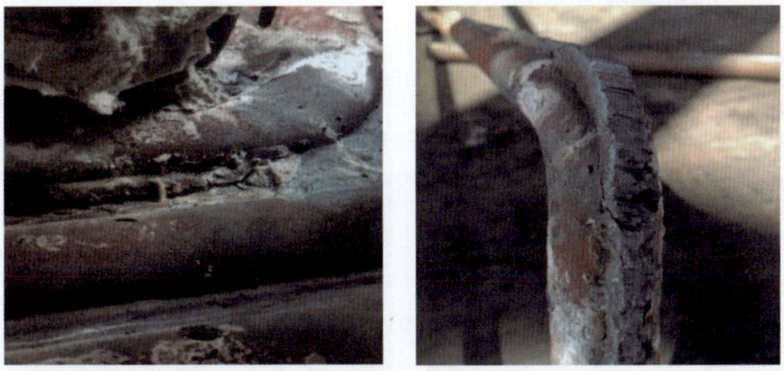

图 4-9　2022 年 4 月螺旋水冷壁过渡集箱下方螺旋水冷壁之间鳍片开裂

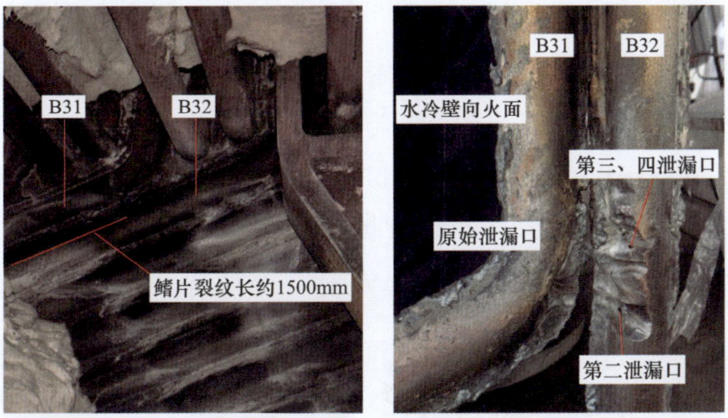

图 4-10　螺旋水冷壁过渡集箱下方螺旋水冷壁之间鳍片开裂

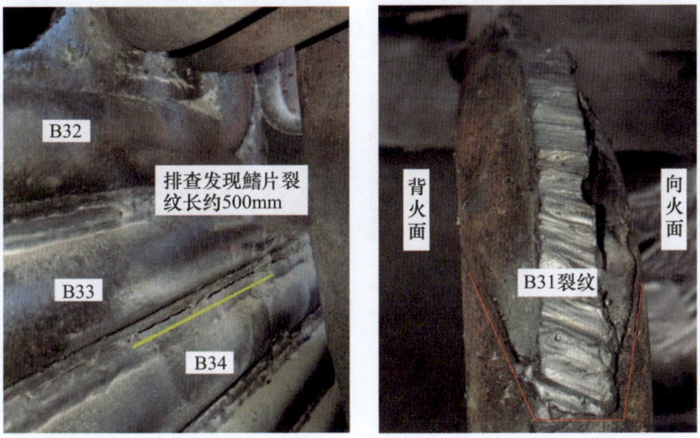

图 4-11　B31 裂纹、B33 与 B34 之间鳍片开裂形貌

2023 年 4 月 10 日相似部位再次发生泄漏，检查发现左侧螺旋水冷壁中间集箱下部 42 号与 43 号螺旋水冷壁之间的鳍片开裂长度约 2000mm，裂缝向上延伸至 43 号螺旋水冷壁上部弯头（异形鳍片下方交接处）时向水冷壁母材延伸并贯穿，导致泄漏（见图 4-12）。

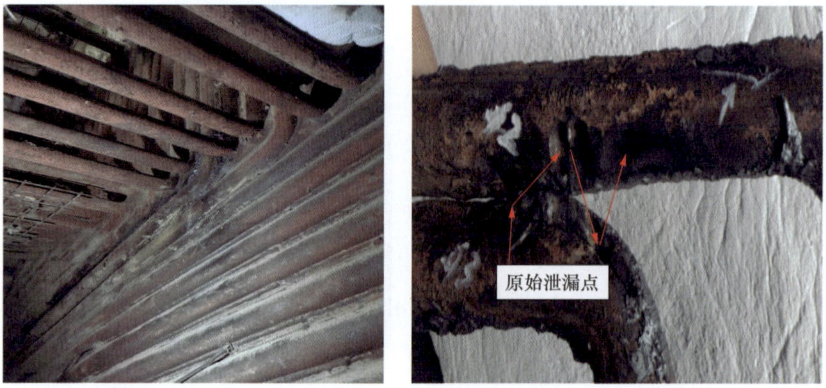

图 4-12　螺旋水冷壁过渡集箱下方螺旋水冷壁之间鳍片开裂

【案例 2】某电厂 2 号锅炉为东方锅炉厂生产的 600MW 超临界前后墙对冲燃烧锅炉，2023 年 7 月，后墙中部螺旋水冷壁与垂直水冷壁交界处下方水冷壁鳍片发生开裂，裂纹长度约 1000mm，鳍片裂纹末端扩展撕裂水冷壁管造成泄漏（见图 4-13）。电厂对螺旋水冷壁与垂直水冷壁交界处进行扩大性检查发现，B 侧墙有相类似鳍片开裂一处，裂纹已延伸至水冷壁管。

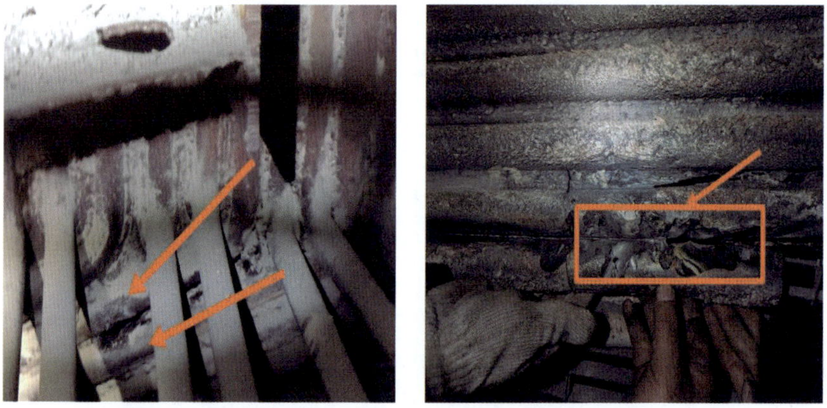

图 4-13　螺旋水冷壁与垂直水冷壁交界处下方水冷壁鳍片开裂

【案例 3】某电厂锅炉为哈尔滨锅炉厂生产的 600MW 超临界塔式锅炉，2021 年 9 月 29 日启动过程中，发现炉左侧水冷壁混合集箱中间处有一泄漏点，漏点位于螺旋水冷壁弯头内弧裂纹处（见图 4-14），进行挖补处理。

【案例 4】某电厂 3 号锅炉为东方锅炉厂生产的 600MW 超临界前后墙对冲燃烧锅炉。当机组参与深度调峰时，按照电网调度要求电厂机组升降负荷变化速率曾最高达到 15MW/min 左右（2.5%P_e/min），在此过程中，炉内热负荷变化缓慢而汽水侧变化迅速，前者无法匹配后者的变化。电厂曾将负荷变化速率降至 12MW/min（采用 INFIT 外挂），仍易在低负荷工况时出现壁温变化过快的问题。调取电厂 3 号锅炉水冷壁壁温参数（见图 4-15～图 4-17），低负荷时段螺旋水冷壁平均运行温度为 320～360℃，因低负荷时锅炉给水流量较低，个别水冷壁管冷却效果较差，会出现壁温偏高的现象。给水流量高于 1000t/h 时，给水流量波动对壁温影响很小，给水流量在 650～850t/h 范围内变化时（对应 230～300MW），给水流量波动对壁温影响大。在 230～300MW 加减负荷阶段，因给水流量的改变，使水动力特性发生较大变化，水冷壁管壁温变化幅度可达 20～30℃/min。

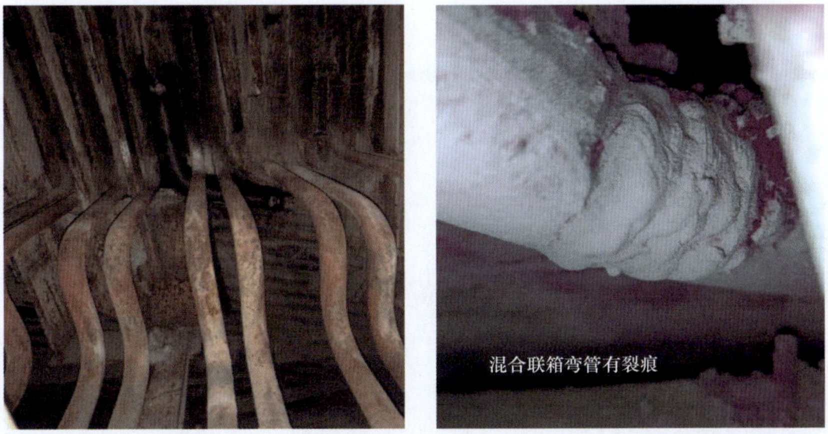

图 4-14　水冷壁混合集箱中间处螺旋水冷壁弯头内弧裂纹

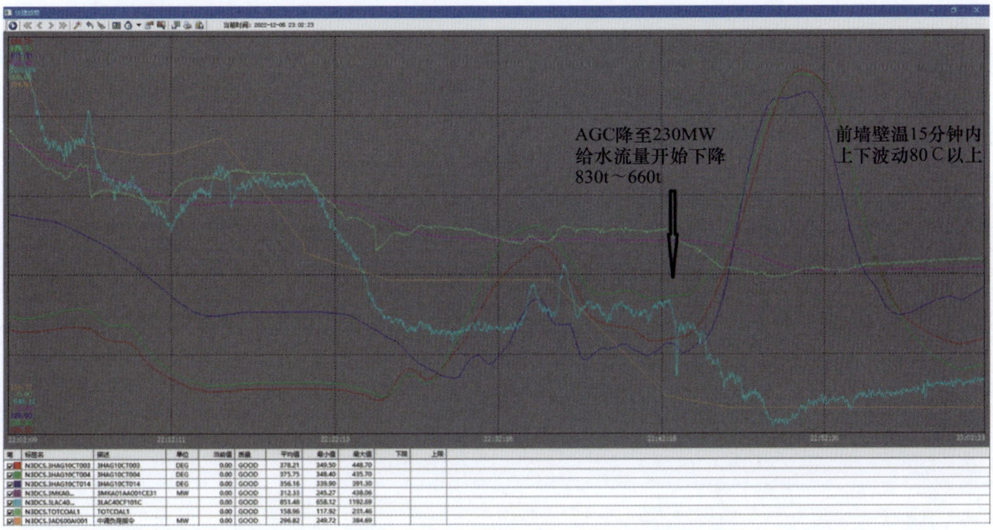

图 4-15　2022 年 12 月 6 日负荷变化时水冷壁壁温变化趋势

针对中间过渡集箱下方螺旋水冷壁之间鳍片开裂问题，应控制水冷壁壁温变化速率。机组启停阶段，应按规程要求，严格控制蒸汽温度、壁温变化速率。并网运行阶段应根据机组实际状况控制变负荷速率（某电厂为改善鳍片开裂问题，负荷变化速率降至 9MW/min，2023 年 5 月 3 日将 300MW 以下负荷变化速率降至 3MW/min），升负荷过程中，在煤量增加时，通过配风调整增加从燃烧器区域进入炉内风量；降负荷过程中，在煤量减少时，通过配风调整减少从燃烧器区域进入炉内风量的原则进行配风调整（包括燃烧器区域及 SOFA 或燃尽风），尽可能地匹配汽水侧的吸热需要，减少负荷变化过程对蒸汽参数的影响。如机组负荷升降过程中水冷壁壁温变化速率过快，应开展协调控制系统优化，优化协调控制模式下给水流量增减的速率，同时优化给水流量与给煤量增减的相对时间匹配程度，防止壁温大幅波动，最大程度降低受热面管与鳍片膨胀不同步的影响。

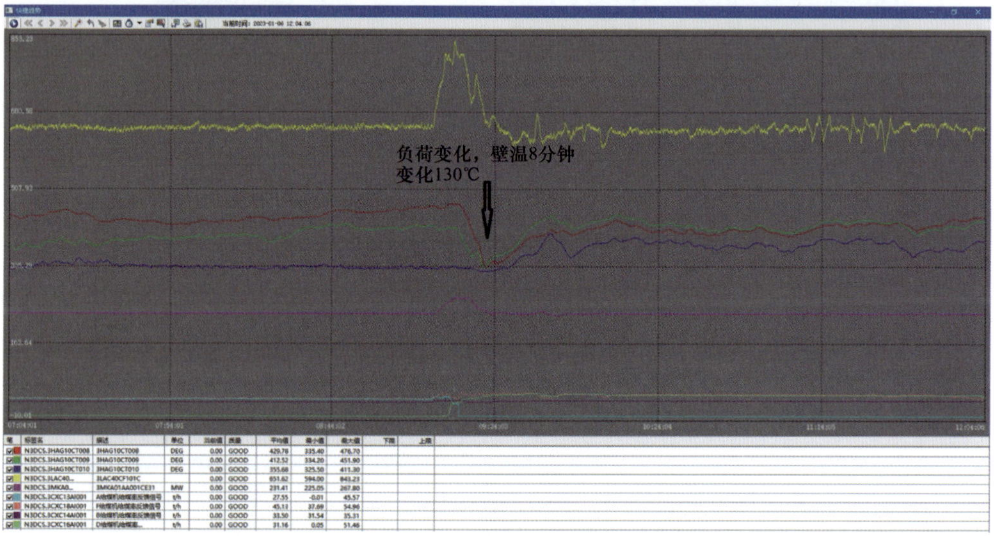

图 4-16　2023 年 1 月 6 日负荷变化时水冷壁壁温变化趋势

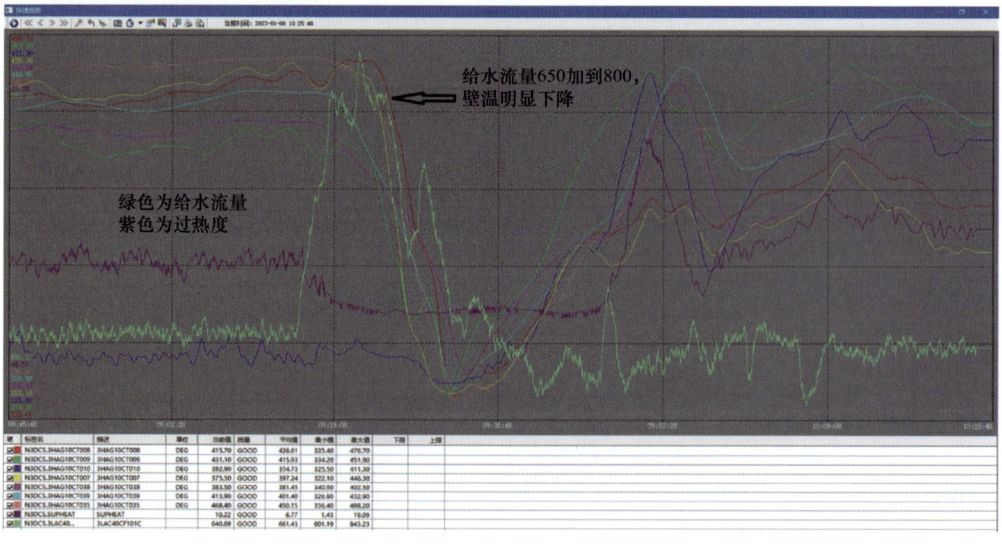

图 4-17　2023 年 1 月 6 日负荷变化时水冷壁壁温变化趋势

（3）水冷壁末端鳍片裂纹伤及母材。

集箱、管子、鳍片三者之间因壁厚、结构、换热条件等原因导致存在膨胀不一致的固有特性，机组快速变负荷过程中温差频繁波动、疲劳损伤累积，由此导致的受热面管与鳍片间焊缝拉裂事件在深度调峰灵活性运行模式下明显增多。近年来防磨防爆检查工作中发现东方锅炉厂、哈尔滨锅炉厂超临界锅炉前墙、侧墙垂直段水冷壁鳍片处容易出现裂纹，严重时裂纹扩展伤及母材甚至引起水冷壁管开裂泄漏。垂直段水冷壁鳍片开裂的主要原因是快速变负荷过程中，垂直水冷壁出口壁温变化速率快，垂直段水冷壁鳍片末端局部应力集中发生拉裂。

【案例 1】某电厂 2 号锅炉为哈尔滨锅炉厂生产的 350MW 超临界锅炉，锅炉中、下部水冷壁采用螺旋管圈，上部水冷壁采用一次上升垂直管屏，二者之间用过渡集箱连接。原设计水冷壁出口集箱为整段集箱，运行中容易出现由于水冷壁管与集箱膨胀不一致导致的角焊缝开裂问题，2020 年水冷壁出口集箱进行了分段改造。改造前集箱接管角焊缝、集箱下面接管鳍片末端均发生过疲劳开裂，分段改造前该区域进行定期检查，鳍片末端位置自集箱改造后至 2023 年 7 月前未进行过防磨防爆检查。2023 年 7 月锅炉发生泄漏（泄漏位置示意图见图 4-18），前墙水冷壁上集箱（炉左侧）的炉右数第 1 根水冷壁管首先开裂（见图 4-19），泄漏蒸汽吹损前墙水冷壁上集箱（炉右侧）的炉左数第 1 根水冷壁管。观察泄漏管形貌发现，3 条长短不一的横向裂纹位于鳍片末端，从对应的内壁看，其中有 2 条裂纹已裂透；裂纹是从鳍片末端横向开裂，然后向两侧及内壁扩展的。

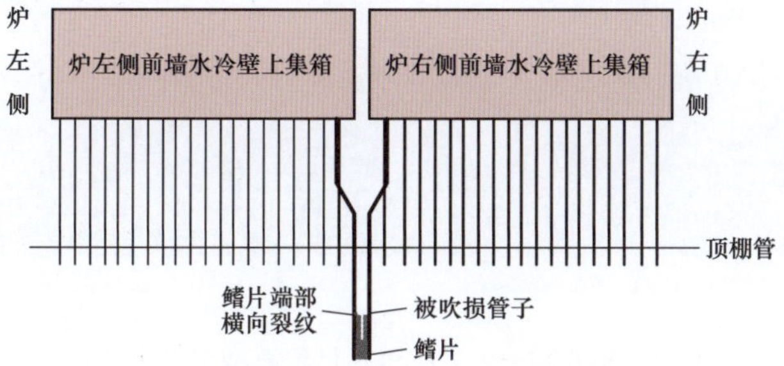

图 4-18 前墙水冷壁初始漏点、上集箱相对位置示意图

【案例 2】某电厂两台锅炉为哈尔滨锅炉厂生产的 660MW 超超临界二次再热机组，近年来受新能源发电影响，负荷变动范围较大（见图 4-20）。如 2022 年 2 月 12 日，机组在 02:00～06:00 之间，负荷稳定在 326MW，从 07:30 左右负荷从 326MW 升高至 591MW，之后负荷在 536～660MW 之间波动，17:30 左右负荷由 660MW 降至 326MW，之后负荷在 326～400MW 之间波动。

图 4-19　鳍片末端开裂造成水冷壁管泄漏

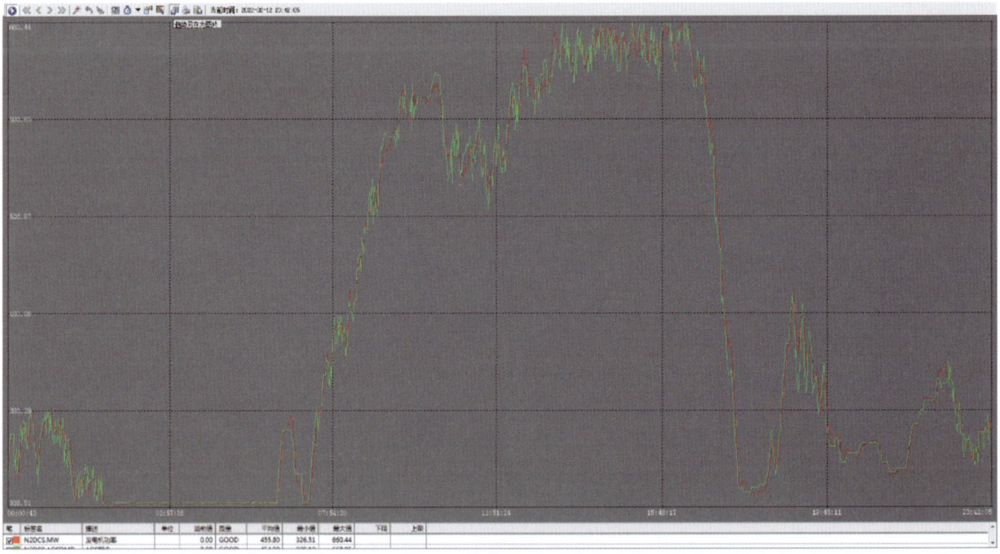

图 4-20　某 660MW 二次再热机组典型负荷变化曲线

2022 年 2 月，2 号锅炉发生泄漏，检查发现水平烟道右墙水冷壁炉后向炉前数第 18 根管子与鳍片角焊缝末端区域存在裂纹（标高 76.6m，距顶棚 500mm 处）并延伸至第 18 根管子母材，管子周边存在较明显吹损痕迹（见图 4-21）。开裂原因为机组频繁调峰造成水冷壁管应力交变，随着运行时间延长，鳍片末端局部应力集中位置因交变应力产生裂纹。2020 年 11 月 12 日，水冷壁前墙距顶棚管 500mm 处发生焊缝开裂泄漏，2021 年 5 月在 2 号机组计划检修期间对水冷壁管上部安排了检查，但未对水冷壁鳍片末端位置进行全覆盖检查。

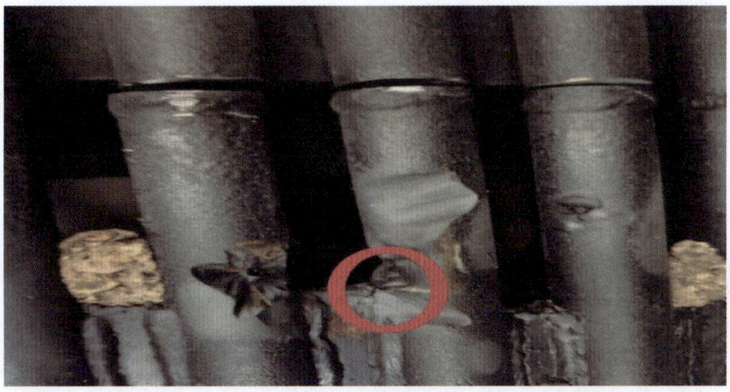

图 4-21 水平烟道右墙水冷壁初始漏点

【案例 3】某电厂深度调峰自 2020 年开始，调峰幅度由当初的 40%降低至目前的 28%，自深度调峰后，集箱两端管座角焊缝及周边鳍片开裂导致的泄漏明显增加。近三年来该电厂 6 台锅炉集箱管座角焊缝开裂及周边鳍片开裂引起的泄漏达到 7 次（不包括在日常检查中多次发现的即将开裂的状况），占该电厂泄漏总数的 50%。

该电厂 6 号锅炉为东方锅炉厂生产的 1000MW 超超临界直流锅炉，前墙垂直水冷壁出口集箱共分为 11 段。2021 年 10 月，6 号锅炉前墙垂直水冷壁出口集箱从右往左数第 6 个分段集箱从右往左数第 1、2 根管间鳍片焊缝开裂，延伸至第 2 根水冷壁管发生泄漏（泄漏位置示意图见图 4-22，泄漏形貌见图 4-23）。扩大检查发现前墙水冷壁出口从右往左数第 6 个集箱与第 7 个集箱之间鳍片中部，垂直水冷壁出口集箱下部 1m 处，一条长约 300mm 裂纹（见图 4-22 鳍片裂纹 1）；前墙水冷壁出口从右往左数第 7 个集箱第 1 和第 2 根管之间，垂直水冷壁出口集箱下部 0.3m 处，存在一条长约 50mm 裂纹（见图 4-22 鳍片裂纹 2）。

图 4-22 前墙垂直水冷壁末端鳍片开裂位置示意图

【案例 4】某电厂锅炉为东方锅炉厂生产的 1000MW 超超临界直流锅炉，前墙垂直水冷壁出口集箱为 11 个小集箱，其中 6 号集箱中心为锅炉沿炉膛宽度方向的膨胀零点位置。2018 年 4 月 29 日 2 号锅炉十楼大包 A 侧向 B 侧数第六个前墙上部垂直水冷壁出口小集箱靠 B 侧第一根直管鳍片端部泄漏，检查发现垂直水冷壁出口集箱端头让位管处鳍片安装与图纸不符（见图 4-24），按照锅炉厂设计图纸，垂直水冷壁出口集箱带弯头让位管处不焊接鳍片，实际 2 号锅炉安装时为全封闭焊接。

图 4-23　前墙垂直水冷壁出口集箱第 6 个分段集箱从右往左数第 1、2 根管间鳍片焊缝开裂

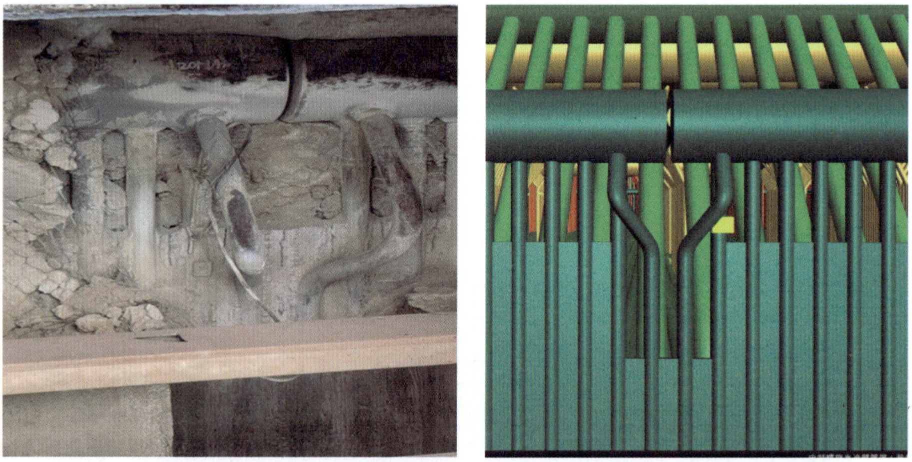

图 4-24　2 号锅炉垂直水冷壁出口集箱带弯头让位管处焊接鳍片（与设计不符）

2018 年 8 月 6 日 4 号锅炉十楼大包 A 侧向 B 侧数第 6 个前墙上部水冷壁出口小集箱靠 B 侧让位管弯头下方鳍片焊缝泄漏；2020 年 5 月 2 日 1 号锅炉十楼大包 A 侧向 B 侧数第 5 个前墙上部水冷壁出口小集箱靠 A 侧的第 2 根管子启机时泄漏；2020 年 11 月 6 日 2 号锅炉十楼大包前墙垂直水冷壁 A3 出口集箱左侧让位管弯头下方直管与鳍片焊缝处开裂泄漏。此部位的失效，主要是集箱端部第 2 根垂直管的鳍片末端位置开裂扩展至母材引起泄漏，呈疲劳开裂失效特征。

频繁调峰运行工况下，垂直水冷壁壁温变化速率高会直接影响管子与集箱、管子与相邻管间的自由膨胀，进而影响鳍片端部、集箱角焊缝等应力集中位置，造成热疲劳问题。解决水冷壁出口鳍片末端裂纹问题，需从运行调整和结构优化方面开展工作。

运行优化方面，可开展以下工作：①深度调峰低负荷运行过程中，重点关注水冷壁壁温之间的偏差（尤其是前后墙对冲燃烧锅炉），水冷壁间的壁温偏差应控制在锅炉制造厂允许的范围内，如低负荷下水冷壁间壁温偏差大（如 80～150℃），应开展针对性的燃烧优化调整试验，根据单个燃烧器煤粉浓度差异调整单个燃烧器配风方式。②快速变负荷过程中，应注意对水冷壁壁温变化速率的控制，为防止壁温变化速率过快引起的应力拉裂、热疲劳问题，当直流锅炉湿态运行时，垂直水冷壁出口壁温变化速率一般要求不高于 1.5℃/min；干态运行时，一般要求不高于 3.5℃/min。如变负荷时壁温变化速率过快，应尽量控制机组变负荷速率，必要时开展协调控制系统优化。③检修期间对上部垂直段水冷壁鳍片开裂情况进行宏观检查及无损检测，重点检查水冷壁末端鳍片，必要时对末端鳍片边缘进行圆滑过渡，避免此处应力集中。

结构优化方面，集箱高度、末端鳍片与集箱之间水冷壁光管段的高度是影响鳍片末端裂纹的重要因素。对于存在水冷壁鳍片末端开裂的机组，可对鳍片进行割缝，或采取切除鳍片以增加集箱与水冷壁光管的高度的方式改善鳍片末端开裂问题。

（4）冷灰斗区域水冷壁拉裂问题。

冷灰斗位于锅炉炉膛的底部位置，运行过程中承受的向下膨胀量相对较大，易产生疲劳损伤。此外，水冷壁进口集箱水平引出管与底部除渣系统相连接，连接部位运行环境、工况复杂，也容易发生疲劳裂纹。

【案例 1】某哈尔滨锅炉厂生产的 1030MW 超超临界塔式炉机组，2019 年共参与启停调峰及深度调峰 101 次，期间在冷灰斗区域发现 4 次拉裂泄漏。经分析认为是长期低负荷运行和频繁启停导致水冷壁整体膨胀量交替变化，在此区域产生较大的交变应力，应力集中位置出现低周疲劳损伤，产生裂纹并不断延伸扩展最终造成水冷壁管上出现泄漏（见图 4-25）。

【案例 2】某电厂锅炉为哈尔滨锅炉厂生产的 350MW 超临界锅炉，冷灰斗水冷壁下部的侧墙与后墙交接处鳍片末端拉裂，如图 4-26 所示。

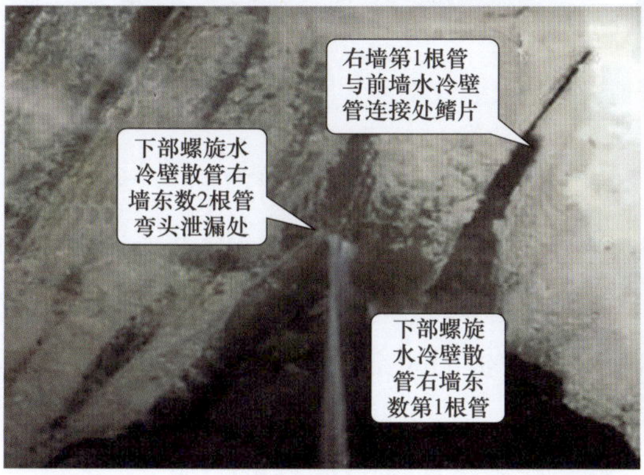

图 4-25　塔式锅炉冷灰斗泄漏

图 4-26　冷灰斗水冷壁下部的侧墙与后墙交接处鳍片拉裂

【案例 3】某哈尔滨锅炉厂生产的前后墙对冲燃烧超临界锅炉，炉膛标高 48051mm 以下采用螺旋水冷壁、上部为垂直膜式水冷壁。2016 年锅炉机组开始投入 AGC 方式运行，按照“两个细则”方面的要求，机组升降负荷的速率较快。锅炉炉底密封结构为软连接密封，其由密封板与软连接组成，密封板为拼接结构，吊挂焊接在水冷壁下集箱引出管水平段及其鳍片上，密封板互相之间也采用焊接连接形式，其焊缝正处于水冷壁下集箱引出管下部。2018 年 1 月 30 日，锅炉后墙水冷壁下集箱至炉内引出管泄漏，经检查发现引出管水平段有长约 15mm 裂纹。

锅炉后墙水冷壁下集箱至炉内引出管开裂形貌如图 4-27 所示，炉底梳形板拼接焊缝处产生裂纹，裂纹延伸扩展至水冷壁母材，造成水冷壁下集箱引出管开裂并发生泄漏。割管后检查水冷壁内壁，发现外壁焊缝开裂对应的内壁部位（对应水冷壁背火面）局部有大量纵向裂纹，并有明显向外壁鼓起的变形坑。内壁开裂部位 180°对面（相当于炉内水冷壁向火面）处有一些细微表面裂纹缺陷，并有红色腐蚀性产物斑点。分析原因可能是由于锅炉炉底密封设计存在缺陷，炉底密封板互相之间拼接焊缝处于水冷壁下集箱引出管正下部，并采用焊接方式连接，锅炉在安装过程中，炉底密封板之间拼接焊缝质量不良，锅炉启停机及升降负荷过程中炉底密封板长期受到拉伸与挤压应力，造成焊缝产生裂纹，并延伸至水冷壁下集箱引出管。

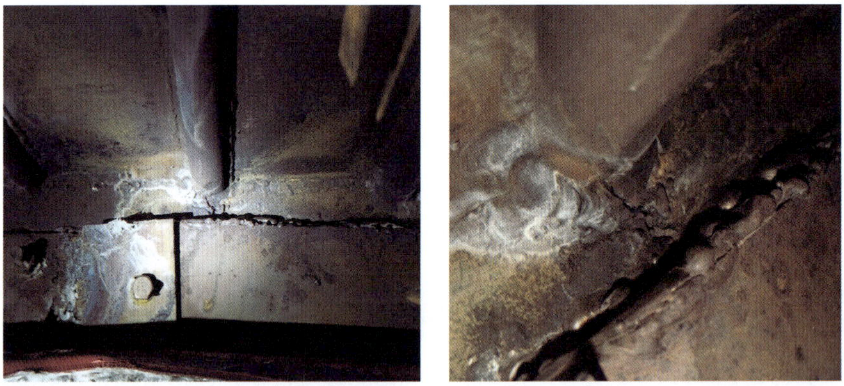

图 4-27　后墙引出管泄漏位置及裂纹形貌

针对冷灰斗区域水冷壁拉裂问题，锅炉启停阶段应对膨胀量进行记录；检修期间应重点对冷灰斗四角连接位置及其下部水封槽等结构不连续位置进行检查。针对水封板裂纹扩展拉裂水冷壁管问题，首先应检查水封板安装是否合理，梳形板应与水冷壁管间鳍片进行焊接、不能直接与水冷壁管焊接，水封板的拼缝不能直接焊接在管子上。此外，应在检修中加强对该位置的检查。

（5）吹灰器密封盒角部、燃烧器风箱角部区域水冷壁背火侧拉裂问题。

吹灰器密封盒角部、燃烧器风箱角部区域水冷壁背火侧受力较为复杂，角焊缝不仅承受因密封盒外侧与水冷壁管的轴向热膨胀差产生的轴向应力，还承受因密封盒覆盖产生的二次轴向应力。角焊缝在锅炉启停、负荷波动过程中产生疲劳损伤累积，运行一段时间后易发生开裂。

【案例1】某电厂8号锅炉为哈尔滨锅炉厂生产的330MW亚临界控制循环汽包锅炉，燃烧方式为四角切圆。近年来受山东省电力现货市场影响，机组启停频繁。2022年5月，8号锅炉燃烧器水冷套角部（炉右与炉前之间）密封板因启停频繁，角部密封板处水冷壁热应力集中位置发生两次拉裂（见图4-28），被迫停炉抢修。

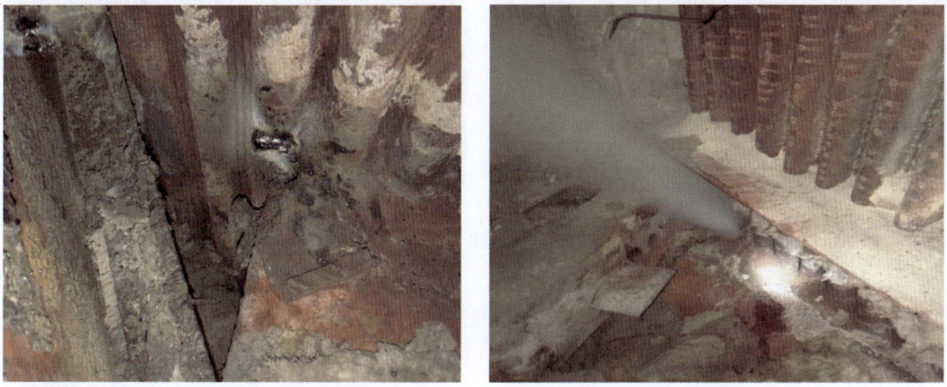

图4-28　燃烧器水冷套角部密封板处水冷壁拉裂

【案例2】某电厂锅炉为哈尔滨锅炉厂制造的600MW亚临界控制循环锅炉，燃烧方式为四角切圆。受电网中光伏发电机组负荷特性影响，机组负荷变动频繁，白天机组负荷较低，晚高峰时负荷接近额定负荷。机组启动并网后易发生燃烧器角部水冷壁拉裂问题（见图4-29）。

图4-29　燃烧器角部水冷壁拉裂

【案例3】某电厂锅炉为东方锅炉厂生产的1000MW超超临界锅炉，燃烧方式为前后墙对冲。随着机组的运行时间加长，运行的特性变为调峰调频为主，机组负荷的变化速率增加，锅炉受热面的温度变化更为剧烈，在机组快速变负荷和深度调峰的运行条件下，锅炉局部结构不适应，易出现拉裂缺陷及其他缺陷，如大风箱下四角水冷壁密封预埋件处开裂泄漏（见图 4-30）。

图 4-30　燃烧器大风箱四角水冷壁密封预埋件处开裂泄漏

【案例 4】某热电厂 1 号锅炉为哈尔滨锅炉厂生产的 350MW 超临界锅炉，锅炉配备有 44 只长伸缩式吹灰器，长吹灰器孔处（密封罩壳内）共有 8 根管子，从炉前向炉后方向分别编号为 1～8，其中包括 3～6 号为让位管，其余为直管（见图 4-31）。罩壳内部管排均由耐火浇筑料填充包裹。2021 年 11 月 7 日，1 号锅炉标高 50m 处左侧 L1 长伸缩式吹灰器处有异音，判断为水冷壁泄漏，停炉后检查发现第 4 根让位管上弯头背弧处泄漏，为原始泄漏点（见图 4-32），该让位管泄漏部位位于炉膛内部吹灰器密封板与弯管焊缝热影响区。泄漏部位为异形焊缝，存在“V”型夹角空间，焊缝应力复杂，且应力集中效应明显；机组投产以来调峰频繁，造成疲劳损伤快速累积，两种因素共同作用，造成裂纹萌生并不断扩展，直至穿透管壁造成泄漏。后续电厂对吹灰器孔结构进行改进：在恢复鳍片密封时，只对直管部分焊接鳍片，弯管部位不再焊接鳍片，并采用耐火浇注料进行密实填充，同时对吹灰器密封盒进行全密封焊接。

图 4-31　长伸缩式吹灰器让位管结构图

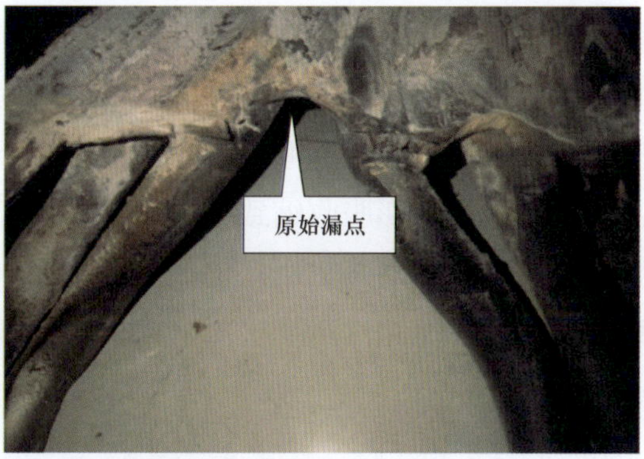

图 4-32　L1 长伸缩式吹灰器让位管结构及原始漏点

吹灰器密封盒覆盖的水冷壁中，最外侧管为直管，内侧四根管部分弯曲，最内侧管弯曲角度最大，柔度也最大，一定程度上降低了该管上密封盒角焊缝承受的轴向外力，越靠近外侧，角焊缝受力越大。对于泄漏角焊缝，可通过增加密封盒覆盖水冷壁管柔度和加强密封盒角焊缝质量两方面入手。

4.2.2　受热面系统交接部位开裂问题

热胀冷缩是金属部件的固有特性，当单个受热面金属部件可以自由膨胀时，受热面不存在膨胀不畅问题；但是锅炉受热面系统之间相互关联，必然会存在膨胀受阻和应力集中问题，在两个系统相连接位置，锅炉运行过程中不同系统汽水参数必然存在变化不一致的情况，系统连接位置就会产生膨胀不一致，从而产生热应力，若应力过大就会导致变形或拉裂的问题。

【案例 1】某电厂锅炉为哈尔滨锅炉厂制造的 350MW 超临界锅炉，包墙过热器由水平烟道底、侧包覆及尾部烟道四壁包覆、中间隔墙组成。尾部烟道前包墙过热器第一根管与水冷壁延伸侧包墙管拼接。右侧水冷壁延伸侧包墙最北一根管，尾部烟道前包墙最东一根管，尾部侧包墙最南一根管，三根管由南向北通过鳍片连成一片。2023 年 2 月，机组启动过程中锅炉右侧水冷壁延伸侧包墙与尾部烟道前包墙在顶棚管下方约 1.2m 处泄漏（泄漏位置示意图见图 4-33、图 4-34），泄漏点位于鳍片焊缝与管道焊缝交接部位。检查发现右侧尾部烟道前包墙第一根后方鳍片裂纹，自大包底板下方 0.5m 处向下裂开，长约 2.7m，至鳍片对接焊缝处转向右侧尾部烟道前包墙第一根管侧鳍片焊缝继续往下开裂约 0.3m，裂纹总长约 3m，其中约 2.5m 是以前裂开裂纹，大包底板下方约 0.5m 是本次启机过程中扩展的。

此次泄漏区域为水冷壁侧包墙、延伸侧包墙、尾部烟道包墙三种不同管子汇集区域。机组运行中水冷壁延伸侧包墙管内水由下向上；尾部烟道包墙管内蒸汽由上向下，管间存在温差，形成纵向胀差。顶棚管内介质为过热蒸汽，水冷壁侧包墙和延伸侧包墙管内均为水，管间存在温度差，形成横向胀差。由于运行过程中受热面膨胀情况较复杂，在机组启停和大幅度升降负荷时管间鳍片承受较大交变应力，易引起薄弱处开裂。此外，基建安装期间内绑带焊接工艺不良，未按工艺要求打坡口焊接，焊接强度下降，锅炉长期膨胀收缩致使内绑带受力开裂，此区域包墙强度整体下降，机组长期频繁调峰运行特别是机组启停调峰过程中，存在较大膨胀收缩量，因缺少内绑带的约束力，鳍片焊缝超过承受极限沿薄弱部位开裂。

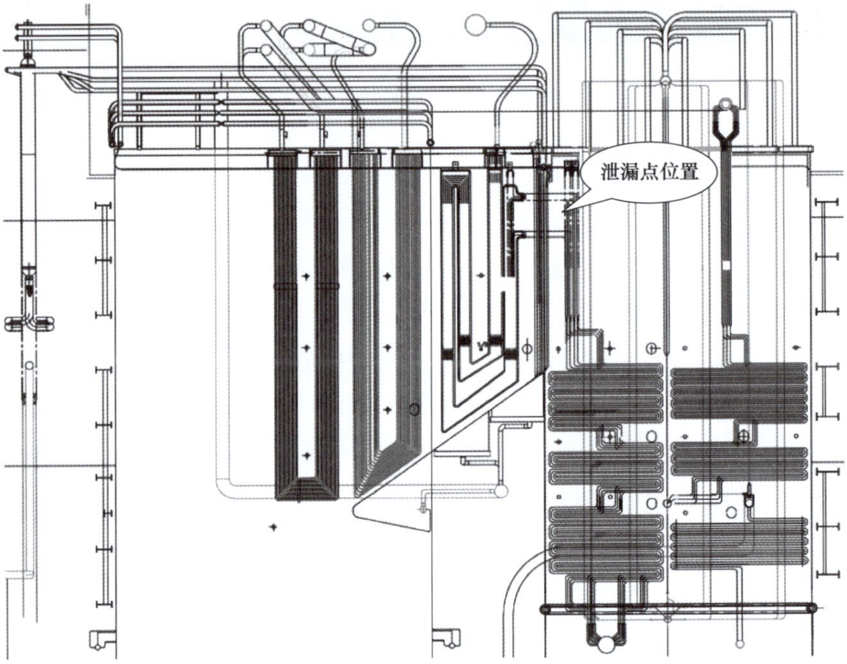

图 4-33　水冷壁延伸侧包墙与尾部烟道前包墙在顶棚管下方约 1.2m 处泄漏

图 4-34　尾部烟道前包墙管泄漏位置

【案例 2】某电厂二期机组锅炉为东方锅炉厂生产的 600MW 超临界锅炉，锅炉水平烟道侧墙水冷壁与尾部烟道包墙过热器连接处容易发生开裂（见图 4-35），每次拉裂位置均为鳍片靠近包墙过热器管位置，泄漏为裂纹扩展穿透包墙过热器管母材后引起。

水冷壁和包墙过热器的连接处，因两个系统中介质存在温差，介质流动方向也不同，在锅炉变负荷过快或启停过程中，两个系统的温差变化趋势不一致，连接处会因胀差过大存在过大的应力。解决受热面系统交接部位开裂问题，主要是保证交接部位结构的柔性。针对水冷壁延伸包墙与侧包墙交接处开裂问题，应对前包墙边管进行结构优化，将此管从前包墙进入延伸侧墙部分更换为弯管，用以增加管子柔性，管子之间鳍片割缝，并做密封盒；将水冷壁延伸侧墙与顶棚出口集箱连接处管子更换为弯管。

图 4-35 尾部烟道前包墙管泄漏位置

4.2.3 集箱管座角焊缝开裂问题

受热面集箱多布置在锅炉大包内，机组在升降负荷过程中，集箱的升温和降温速率显著低于受热面管的升温和降温速率，从而导致升降负荷过程中，集箱和受热面管间膨胀变形不协调，进而造成集箱和受热面管连接处产生额外的应力，越靠近集箱端部，其承受的应力越大。随着机组频繁调峰运行，反复形成胀差并恢复，管子根部频繁受到交变应力的作用，直至疲劳开裂泄漏。

水冷壁集箱管座角焊缝开裂问题常见于设计为整段式集箱的锅炉，某炉型水冷壁前墙上集箱长 15497.3mm，固定端位于集箱中间，集箱从中间沿轴向向锅炉两侧膨胀。频繁调峰升降负荷的工况下，上部水冷壁及集箱结构设计不合理，整段式集箱过长、刚性较大。随着机组频繁调峰运行，反复膨胀并恢复使得管子根部频繁受到交变应力的作用，直至疲劳开裂泄漏，整段集箱分段改造后这一问题得到显著改善。

【案例 1】某电厂装机容量为 4400MW，均为东方锅炉厂制造的直流锅炉，1～4 号锅炉为 600MW 超临界锅炉，5、6 号锅炉为 1000MW 超超临界锅炉。2022 年 3 月，6 号机组后墙螺旋水冷壁入口集箱 A 侧第 1、2 根管管座角焊缝开裂泄漏（见图 4-36），对水冷壁入口集箱两侧管座角焊缝采用磁粉检测方法重点检查，又检测出 44 处裂纹。A、B 侧管座角焊缝裂纹开口方向在炉膛左右方向上均对着炉膛中心。

利用检修时机对其他 5 台锅炉同部位进行检查，重点检查水冷壁入口集箱两端管座角焊缝，检查结果如下：2022 年 3 月，2 号锅炉螺旋水冷壁入口集箱管座角焊缝检查 42 根，发现裂纹 18 处。2022 年 4 月，3 号锅炉螺旋水冷壁入口集箱管座角焊缝检查 42 根，发现裂纹 16 处。2022 年 4 月，5 号锅炉螺旋水冷壁入口集箱管座角焊缝检查 42 根，发现裂纹 30 处。2022 年 5 月，1 号锅炉螺旋水冷壁入口集箱管座角焊缝检查 42 根，发现裂纹 5 处。2022 年 10 月，4 号锅炉螺旋水冷壁入口集箱管座角焊缝检查 34 根，发现裂纹 1 处。

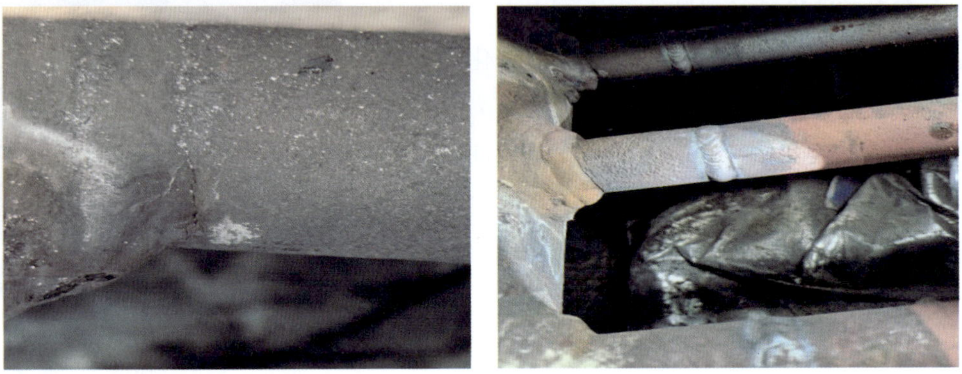

图 4-36　水冷壁入口集箱两侧管座角焊缝开裂

【案例 2】某电厂 3 号锅炉为东方锅炉厂生产的 600MW 超临界锅炉。2021 年 8 月 7 日，3 号锅炉上部垂直水冷壁右侧墙出口集箱连接管 B1-1 管座焊缝热影响区开裂（炉前往炉后数第一个）并吹损相邻的连接管 B1-2（见图 4-37）。从宏观形貌看，上部垂直水冷壁右侧墙出口集箱 B1-1 连接管的环向裂缝处于该集箱管座焊缝热影响区，长为 20mm，裂口平齐，管子无胀粗无鼓包，未发现有过热现象，判断连接管 B1-1 为应力拉裂，裂开后直吹连接管 B1-2 管座。

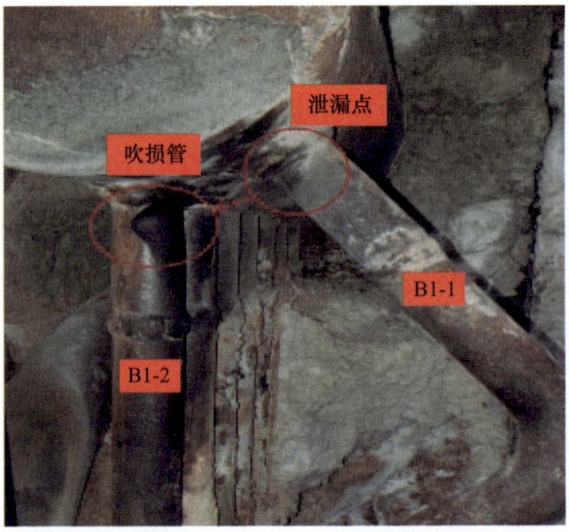

图 4-37　垂直水冷壁右侧墙出口集箱连接管 B1-1 管座角焊缝开裂

集箱管座角焊缝开裂，多发生在超临界锅炉前墙和两侧墙水冷壁出口集箱管座。

机组频繁启停、负荷频繁波动时，集箱与水冷壁间的温差超出正常工况，加速了管座角焊缝开裂。集箱与换热管间膨胀差造成的角焊缝开裂，其裂纹分布具有规律性，裂纹在管座角焊缝根部背向膨胀中心方向。

针对集箱管座角焊缝开裂问题，应严格按照锅炉说明书要求控制启停速度，以减小集箱与换热管间的温差；并网运行阶段尽量控制机组升降负荷速率。针对存在偏烧的锅炉，应通过燃烧优化调整，均衡炉内热负荷，避免局部区域热负荷偏高造成该区域水冷壁管膨胀量大形成胀差。深度调峰灵活性运行的机组，检修期间加强对集箱角焊缝的检查，尤其是靠近集箱端部位置的角焊缝，必要时可切割鳍片，延长集箱与换热管间的无鳍片长度，提高光管的柔性。

4.2.4 垂直段水冷壁鳍片开裂问题

近年来，垂直段水冷壁鳍片开裂问题较为突出，尤其在机组负荷频繁变动的600MW、1000MW大容量锅炉中容易出现。

机组在变负荷过程中，水冷壁管内工质参数变化和炉内热负荷变化不一致（炉内热负荷变化缓慢而汽水侧变化迅速，前者无法适应后者的变化）。当机组负荷快速变化时，汽水参数剧烈变化，水冷壁管与鳍片膨胀不同步，导致水冷壁鳍片开裂。

【案例1】某电厂3号锅炉为东方锅炉厂生产的300MW四角切圆自然循环锅炉。2020年底，水冷壁检查发现后墙3号角C层吹灰器上方水冷壁鳍片开裂，长度达10m（见图4-38），判断开裂原因为应力拉裂。

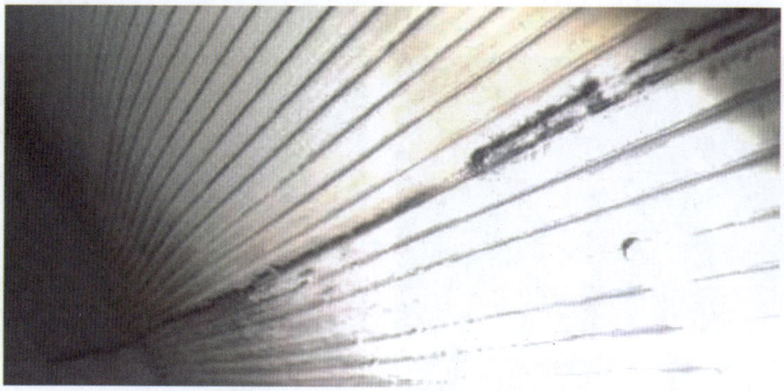

图4-38 后墙3号角C层吹灰器上方水冷壁鳍片开裂

2022年10月8日，检修时拆开保温发现标高52～58m前墙垂直水冷壁靠A侧鳍片拉裂，开裂长度达6m（见图4-39），但未发生蒸汽泄漏，判断为应力拉裂。

【案例2】某电厂2号锅炉为上海锅炉厂生产的1000MW超超临界锅炉，水冷壁采用螺旋管加垂直管的布置方式。从2021年5月开始，机组常态化参与深度调峰，常需进行大幅度负荷变动，此外机组启停频繁，2022 年启停达到 20 次，2023 年 1 月 1 日～2 月 8 日已启停 5 次。

2022 年 2 月 8 日，锅炉前墙垂直水冷壁左数第 417 根（靠近顶棚过热器）发生泄漏（见图 4-40）。漏点下部鳍片已经出现较大尺寸的纵向开裂（如图 4-41 所示，现场确认在 15m 以上，延伸至下方观火孔），一定程度上说明该区域水冷壁由于机组启停、负荷变动、壁温差异等因素，承受较大和较频繁的交变应力，长期运行过程中裂纹向内壁逐步扩展，直至裂透造成泄漏。

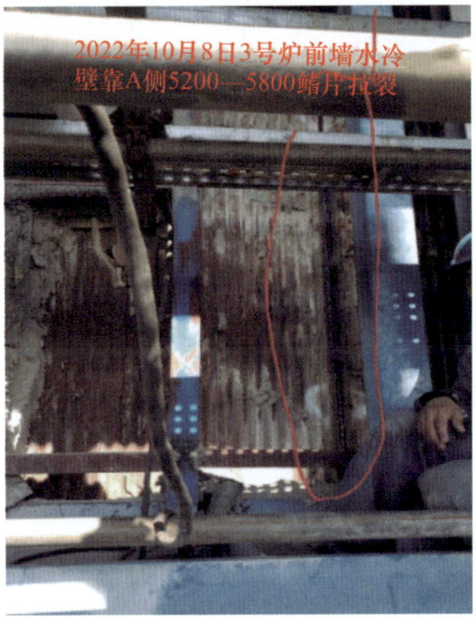

图 4-39　锅炉前墙垂直水冷壁 A 侧 52～58m 鳍片拉裂

图 4-40　前墙垂直水冷壁左数第 417 根（靠近顶棚过热器）处泄漏形貌

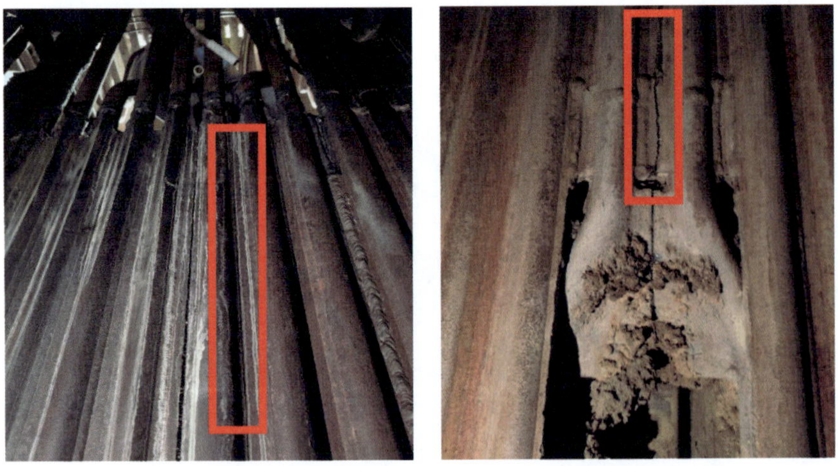

图 4-41　漏点下部鳍片存在较大尺寸的纵向开裂（延伸至观火孔）

调取电厂水冷壁壁温变化趋势，在启停磨煤机过程中，炉膛容积热负荷及断面热负荷变化速率较快，导致壁温发生较大幅度的变化，同时伴随超温情况，使得金属部件承受较大的热交变应力。超温工况下水冷壁温度变化速率更快，高达 10～20℃/min，查看电厂超温台账未见水冷壁超温情况；但调取壁温历史变化曲线，在启磨升负荷过程中，水冷壁壁温变化速率平均为 4.3℃/min，最快接近 10℃/min。

【案例 3】某电厂 4 号锅炉为上海锅炉厂生产的 1000MW 超超临界锅炉，2021 年 11 月 24 日，标高 62m 处水冷壁左数第 2 根垂直钢梁靠右侧位置一鳍片开裂，向母材扩展导致向左数第 2 根水冷壁泄漏（见图 4-42）。针对这一问题，电厂将泄漏管段更换为弯管（见图 4-43），外部做密封盒密封。

图 4-42 鳍片开裂向母材扩展导致水冷壁泄漏

图 4-43 泄漏的水冷壁直管更换为弯管

锅炉负荷变动过程中，水冷壁壁温变化速率较快；大容量锅炉炉膛宽度大多超 30m，水冷壁内绑带与水冷壁管在受热过程因温差、安装不到位等原因导致膨胀方向存在不一致，水冷壁膨胀受阻，造成水冷壁受挤压，在刚性薄弱的鳍片上发生开裂，鳍片裂纹向母材扩展后甚至直接造成水冷壁管拉裂泄漏。对于存在水冷壁鳍片拉裂问题的机组，应进行协调优化调整，减少给水流量增减造成的水冷壁壁温变化速率过快的问题，降低水冷壁管与鳍片之间的热应力；针对膨胀受阻导致的泄漏，应在运行及检修时对锅炉膨胀情况进行专项检查，包括但不限于炉墙背火面与刚性梁、限位及止晃装置、支吊架等相配合的拉钩等焊件应完好，无损坏和脱落；对存在鳍片开裂的区域应进行重点检查，必要时可采用密封盒替代鳍片或进行其他针对性结构优化，以消除因应力集中导致鳍片反复开裂的问题。

5 其他典型缺陷

5.1 受热面管管材缺陷

锅炉受热面管的管材缺陷主要表现：管材表面裂纹、折叠、结疤、轧折和离层等表面缺陷；管子壁厚中间存在严重的非金属夹杂；某些管材的拉伸强度或硬度低于（或高于）标准规定，压扁、弯曲或扩孔等工艺性能试验不满足标准要求。对于奥氏体耐热钢管来说，除上述缺陷外，有时还会出现以下缺陷：未进行固溶处理或固溶处理不佳，从而导致管子服役期间的早期开裂；细晶奥氏体钢管晶粒不均或粗大，导致管子服役期间蒸汽侧抗氧化性能降低。

（1）管材裂纹和表面缺陷。

在锅炉受热面制造质量监造中，常发现管材裂纹。有的为表面裂纹，有的深度大于等于管子壁厚的 1/3，有的裂纹穿透管壁。管材裂纹是轧制或拉拔过程中拉裂，或铸锭表面气泡被烧穿，因而在轧制时不能被焊合而形成裂纹，裂纹是所有工程部件最危险的缺陷，一旦发现，必须消除修复或更换，同时要扩大检查范围，最大限度地杜绝此类缺陷。图 5-1 所示为某电厂 T92 材质末级过热器管存在纵向裂纹。裂纹长度 13～75mm，有的裂纹已贯穿整个管壁，有的裂纹深度达到壁厚的 2/3。

除了裂纹缺陷，管材表面也常发现折叠、划痕、拉痕、直道或离层等表面缺陷。折叠缺陷在钢管表面呈微小厚度的舌状隆起，一般呈皱纹状，是轧制材料被褶皱压向表层所形成。划痕、拉痕是钢管轧制或拉拔过程中在管子表面形成的线性擦伤或沟状痕。直道缺陷是管子轧制或拉拔过程中，由于模具不光滑，在管子表面形成的类裂纹缺陷，冷拔管比热轧管更易出现直道。离层是钢管轧制时，由于坯料中存在气泡、大块的非金属夹杂物或未完全切除的残余缩孔而引起的与钢管表面平行或基本平行的分层。某电厂 5、6 号机组省煤器管内壁即存在明显的直道缺陷，如图 5-2 所示。

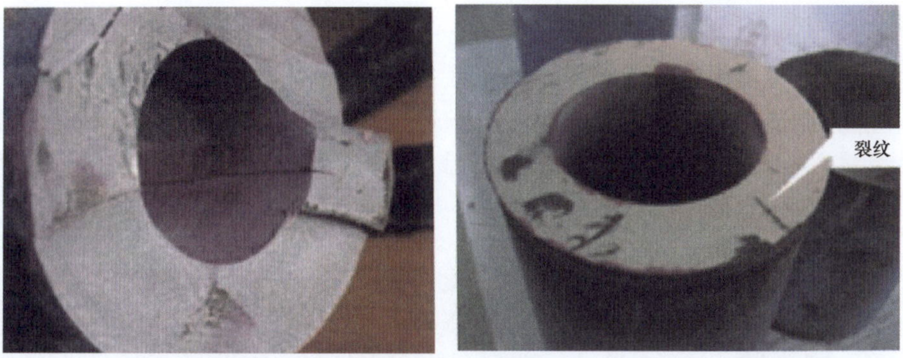

图 5-1　T92 钢管表面裂纹

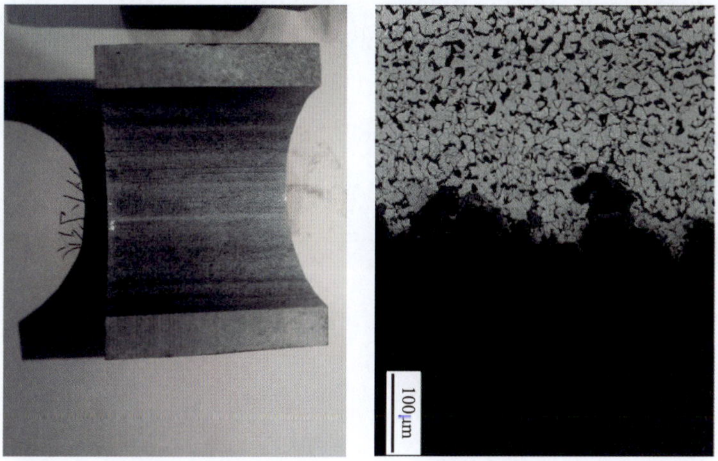

图 5-2　省煤器管内壁明显的直道及凹坑缺陷

这类表面缺陷一方面破坏了管子表面的连续性，使管子的有效壁厚减小，更危险的是在缺陷处会产生应力集中，往往成为管子在运行中的裂纹源。当这些缺陷较细且底部较尖锐时，在运行中易发展成为裂纹，甚至在锅炉水压试验期间就开裂泄漏。例如，某电厂 680MW 超临界机组分隔屏过热器进口集箱过渡段管（12Cr1MoVG，ϕ43×6.5mm）在锅炉启动前的水压试验中多根管子开裂泄漏，其原因就在于管子内壁存在严重的纵向短直道缺陷，深度为 0.3～1.0mm，不符合 GB/T 5310—2017《高压锅炉用无缝钢管》对钢管表面质量的要求。GB/T 5310—2017 规定“冷拔（轧）钢管内壁直道缺陷不大于壁厚的 4%，且最大深度不大于 0.2mm；热轧（挤）钢管不大于壁厚的 5%，且最大深度不大于 0.4mm”。

（2）管材内部缺陷。

机组安装前检验或在役检修中，常发现有些受热面管管材壁厚中间存在严重的夹杂，导致管壁厚度测量中显示壁厚与公称壁厚差距较大。该类缺陷若不及时发现，一是有可能扩展为裂纹，二是减小了钢管的有效承载厚度，极易发生爆管泄漏。某 1000MW

超超临界机组低温再热器防磨防爆检查时，发现多根管子实测壁厚 2～3mm，与规格（ϕ60mm×4.5mm）不符，经割管检查表明管子并未减薄，管内壁氧化不严重，管子壁厚中部存在明显夹杂物。某电厂 2018 年 5 号锅炉泄漏，原因是省煤器弯管外弧面的壁厚中间存在原始制造缺陷（非金属夹杂物条带引起微小裂缝），运行后在管子内压作用下该缺陷不断地向管壁两侧扩展，当剩余壁厚不足时快速开裂，从而引起泄漏，如图 5-3 所示。

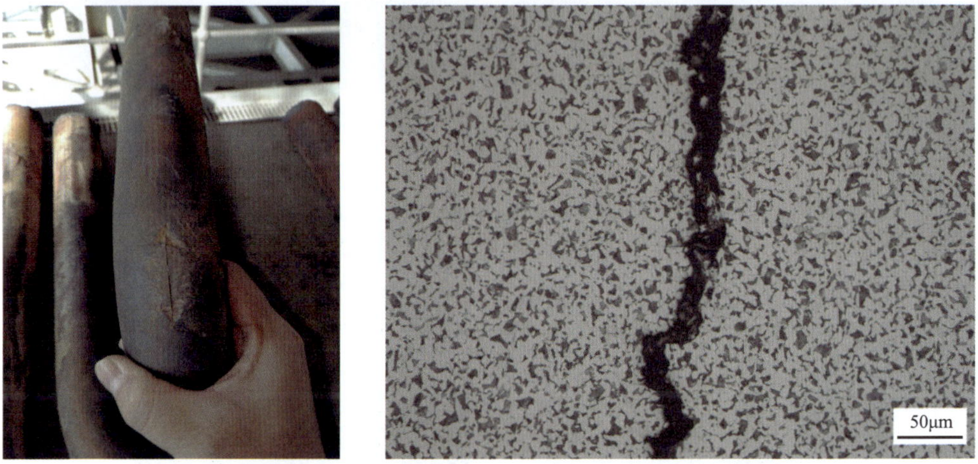

图 5-3　非金属夹杂引起泄漏的省煤器管形貌

（3）管材化学成分、性能不满足相关标准规定。

在锅炉制造中，经常会发现管材的拉伸性能、硬度、压扁或弯曲、扩孔工艺性能试验结果不满足相关标准规定。2023 年 2 月，某电厂 1 号锅炉 1 根省煤器弯管处发现有渗漏，如图 5-4 所示。经试验分析发现弯管的弯曲部位的硬度明显高于直段部位，

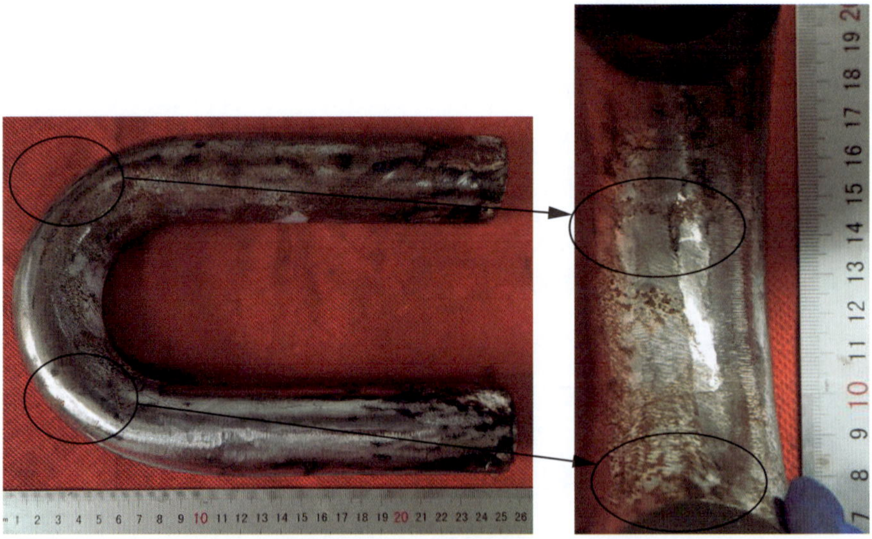

图 5-4　弯管质量较差引起泄漏的省煤器管形貌

远高于相关标准规定的硬度上限值，最大值为243HV，且弯曲部位的近外壁处硬度明显高于壁厚中部及近内壁位置；弯曲部位的硬度明显偏高是由于弯管制作过程中工艺控制不良，加工硬化导致。

（4）奥氏体耐热钢管固溶处理状态不佳。

奥氏体耐热钢管通常采用冷轧或冷拔成型，在每一道冷轧或冷拔工序后要进行一次固溶处理，以消除加工硬化效应，便于下道工序冷轧或冷拔，钢管最终成型后的供货状态为固溶处理状态。奥氏体耐热钢管固溶处理是将钢加热到1050～1150℃，保温一段时间后水淬，主要目的是使碳化物溶于奥氏体中，并将此状态保留到室温，这样可保证钢的力学性能，提高改善钢的抗氧化性、耐蚀性。奥氏体耐热钢管固溶处理后的微观组织为奥氏体+细小弥散分布的第二相。

工程中有时发现由于奥氏体耐热钢管冷变形后未进行固溶处理或固溶处理不佳而导致管子服役期间的早期开裂。某电厂5号机组投产后TP347H材质的高温过热器弯管位置发生多次泄漏。经分析，高温过热器管弯管开裂的原因是钢管未按标准进行固溶处理，运行时受管子加工残余应力、弯管残余应力、热膨胀应力共同作用造成沿晶氧化腐蚀开裂。系统外某电厂投产后HR3C材质的高温再热器管弯管位置发生多次泄漏。经分析，管子硬度远高于相关标准要求，微观组织中有大量的滑移线：这些滑移线是钢管在冷轧或冷拔（产生塑性变形）过程中产生的（奥氏体是面心立方晶体结构，滑移系较多，所以变形后晶内滑移线明显）。若冷轧或冷拔后钢管进行了固溶处理，其晶内的滑移线会消失。由于钢管冷弯后未进行固溶处理，钢管弯管处具有较大的残余应力，弯管外弧侧的形变硬化效果明显致使外弧侧材料硬度偏高。此次管子开裂的主要原因是具有较高晶间腐蚀敏感性的奥氏体不锈钢HR3C在弯制残余应力、内压应力和Cl离子的共同作用下发生的沿晶应力腐蚀开裂，如图5-5所示。

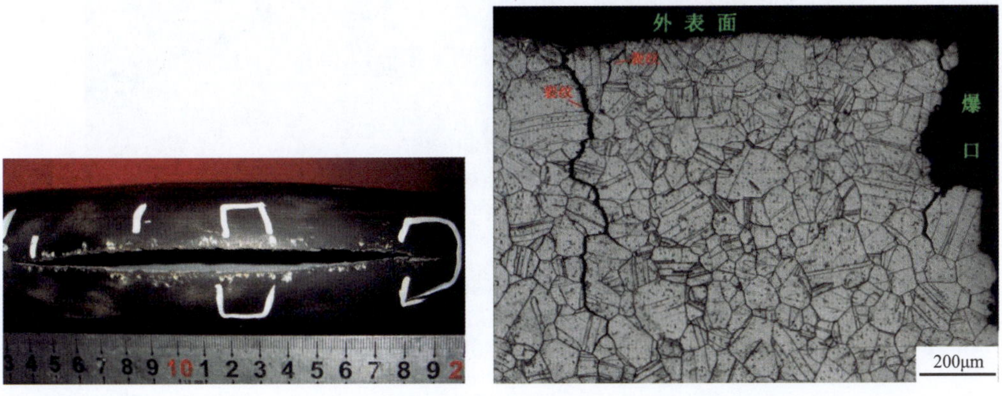

图5-5　未经固溶发生应力腐蚀开裂的HR3C高温再热器管

5.2 受热面管管屏缺陷

锅炉受热面管屏缺陷引起的泄漏主要原因有：①焊接缺陷：裂纹、咬边、凹坑、未填满、气孔、漏焊等缺陷；②几何尺寸超差：包括管子变形、焊接角变形、焊缝错口等；③管子表面机械损伤：严重的机械划伤、凹坑、气割熔坑或焊接修补后不平整；④材质缺陷或错用材质：管子内壁裂纹、使用材料与设计不符；⑤管内或管口异物：管内存在熔渣或异物、管口加工毛刺。

（1）焊接缺陷。

焊接缺陷是受热面管屏制造、安装中最常见的质量缺陷。某电厂 1000MW 超超临界机组后水冷壁上部（15CrMoG，ϕ28.6×5.8mm）10 组管屏鳍片上发现多处裂纹、鳍片与管子角焊缝未熔合，现场打磨后发现部分裂纹已扩展至管子母材。在水冷壁的人孔门、燃烧器、三叉管等附近的手工焊缝更易出现裂纹。某电厂 1000MW 超超临界机组锅炉垂直水冷壁上部（12Cr1MoVG，ϕ51×12.5mm）与下部 Y 形三通管（ϕ51→ϕ38，接管ϕ38×9mm）两侧鳍片的手工焊缝出现裂纹共 203 处，右侧垂直水冷壁下部最为严重，有 62 处开裂。该区域管子壁厚较大，三通管处拘束度较大，加之又为手工施焊，若焊接工艺控制不佳，极易在鳍片焊缝产生收弧微裂纹或缺陷。某电厂 1 号锅炉 2013 年发生水冷壁泄漏。经分析，泄漏管子焊缝在大量气孔、夹渣缺陷且内壁成型不良造成应力集中等因素共同作用下，长期运行中在焊缝缺陷处产生裂纹并扩展，导致水冷壁管焊缝发生开裂泄漏，如图 5-6 所示。

图 5-6　焊接质量差引起的受热面泄漏形貌

工程中还常发现受热面管对接焊缝根部凸出超出 DL/T 869—2021《火力发电厂焊接技术规程》规定的 2mm，如ϕ31.8×9.5mm 规格的管子，内径为 12.8mm，若根部凸出 2mm，则内径为 8.8mm，相当于在焊缝根部凸出部位增加了节流环，运行中必然增大汽水流动的阻力，长期运行导致管壁超温，引发早期失效。某电厂 2022 年检修时更换了大量的水冷壁管，运行后发现个别水冷壁管超温严重，经割管确认，个别管内焊缝余高超标，管子通流面积减少了 30%。此类缺陷在管径较小的大容量高参数机组水冷壁中尤其容易体现。

（2）错用材质。

管屏制造或安装中有时会出现错用材料的情况。例如，工程中对管屏进行光谱抽检，发现某电厂 3 号炉低温再热器四级管组设计材质为 T23 和 12Cr1MoVG，但 91 根 12Cr1MoVG 管错用为碳钢管；某电厂 1 号炉末级过热器出口管屏设计材质为 T92，但错用为 T91；某电厂 5 号炉上部前墙水冷壁经光谱检验，发现 9 屏共 35 片鳍片为碳钢（设计为 15CrMoG），2 屏上部侧墙水冷壁管屏 5 个密封块为碳钢（设计为 15CrMoG）；某电厂 1 号炉末级再热器管设计为 T91，光谱检验发现 1 根管为 12Cr1MoVG；某电厂 15CrMoG 水冷壁管某些区段错用 20G。某电厂 2×1000MW 机组锅炉屏式过热器进口管排上一段长 500mm 的管子（ϕ45×7mm），设计材质为 T23，经光谱复检无 W 元素；给水进口连接管接管头（ϕ33.4×7.1mm）设计材质 15CrMoG，经光谱复检其中 1 件为碳钢。某电厂 2 号锅炉低温再热器水平段管屏设计为 15CrMoG（ϕ63.5×4mm），光谱检验发现焊缝右侧均为碳钢管。

管屏制造错用材料主要是由于制造厂或安装单位管理不善导致。例如，某管屏制造厂同期生产超临界、亚临界锅炉水冷壁管屏，超临界锅炉水冷壁鳍片材料为 15CrMoG，亚临界锅炉水冷壁鳍片材料为碳钢。由于鳍片材料管理不善，导致鳍片材质错用。管屏错用材质有时是因为设计上不尽合理。例如，某电厂 300MW 亚临界机组锅炉末级过热器管材为 T91（ϕ51×8mm），固定块选 TP347H，管子与固定块焊接用 E9018-B9 焊条。锅炉运行时间不长固定块处开裂。分析表明：固定块不宜采用 TP347H，焊材选用也不合理。奥氏体耐热钢 TP347H 的线膨胀系数约为 T91 的 1.5 倍，在高温下由于 TP347H 与 T91 的线膨胀系数差异会引起固定块处的变形不协调，产生应力应变集中。DL/T 752—2010《火力发电厂异种钢焊接技术规程》中明确规定，异种钢焊接接头的焊材选用宜采用低匹配原则，即焊材选用按低强度侧钢材考虑，DL/T 869—2021《火力发电厂焊接技术规程》中推荐采用镍基的 ENiCrFe-3 焊材，但开裂固定块却选用与 T91 匹配的 E9018-B9 焊条。另外，固定块结构不合理，金属部件之间没有足够的膨胀空间；部件连接尺寸差异及焊接质量较差，在锅炉启、停过程中固定块与管子膨胀不协调，热应力过大导致固定块早期拉裂。

受热面管材料若错用为低等级管材，运行中很容易出现早期失效。对管屏错用材料，只进行设备监造很难发现，因为设备监造对管屏制造材料的选用主要见证设计图纸（文件见证），若要发现错材，则必须进行光谱抽检，即进行安装前的检验。对发现的错用材质应予以更换，同时扩大光谱检验范围，受热面管屏制造厂应加强用材管理。

某电厂4号锅炉2023年前屏过热器甲侧第一屏前数第三小屏出口管第11根管，距离顶棚过热器约500mm发生爆管泄漏，爆管管子存在明显的过热特征，如图5-7所示。泄漏位置下方有一焊缝，而现场检查此屏过热器出口段其他管屏相同标高或相近位置未发现焊缝。根据图纸确认，前屏过热器炉内除标注的管段材质为G102、T91和TP347H外，其余均为12Cr1MoVG，泄漏管（第三小屏出口管前数第11根）距顶棚700mm处存在一道焊缝（其余管屏该位置无焊缝），经材质复核，焊缝以下管段材质为12Cr1MoVG，焊缝以上至集箱入口管焊缝之间管段材质为20G，同屏其他管材均符合设计要求。本次事件属于典型的错用管材导致的受热面泄漏。根据DL/T 715—2015《火力发电厂金属材料选用导则》附表A.1“20G用于壁温不大于460℃的受热面管子；12Cr1MoVG用于壁温不大于580℃的受热面管子。”前屏过热器出口设计温度最高为487℃，最低为455℃，其管壁实际温度超过碳钢材质许用温度。经过20多年长期高温运行，管子明显胀粗，现场实测管子最大胀粗至53.5mm（ϕ51×6mm），外径蠕变应变为4.9%，外径蠕变应变超出标准要求，材质老化，强度降低，造成长期过热爆管泄漏。

图5-7　错用管材导致的爆管位置及管子形貌

（3）管屏制造安装过程中的表面缺陷和变形。

锅炉管屏在制造、安装过程中往往要对不平整的管排进行热校，热校通常采用火焰加热，由于加热温度不均且不易控制，有时在加热部位出现鼓包，甚至金相组织发生变化。试验分析表明：有的鼓包部位硬度高于正常区段，出现贝氏体组织；有的鼓包部位硬度略低于正常管段，微观组织仍为铁素体+珠光体，晶粒度与正常管段一致，但珠光体球化级别较正常管段高。这表明，由于火焰加热温度不均，较高温度部位发生了奥氏体相变，较快的冷却产生了硬度较高的贝氏体，有的部位未超过相变线，较高的温度加速了珠光体球化，导致硬度降低。受热面管的鼓包，一方面会导致鼓包部位材质劣化，环向应力水平的增加；另一方面会在鼓包处引起汽水流动特性的改变，引起管子早期失效，通常应予更换。

管子的表面损伤极易引起管子早期失效。工程中常出现由于锅炉安装或检修期间管子表面意外受到损伤引起早期泄漏、爆管。某电厂一台 660MW 超临界空冷燃煤机组，运行 15600h、启停机约 15 次后，12Cr1MoVG 低温再热器管（ϕ50.8×4.5mm）泄漏，泄漏管的温度约 490℃，压力 4.82MPa。检查发现穿孔泄漏管子外表面有明显的凹坑，微观分析表明，穿孔凹坑处的金相组织存在焊缝组织，表明管子的泄漏是由于锅炉安装或检修期间管子外表面意外受到点焊，导致管子表面损伤、管壁减薄引起早期泄漏。某电厂一台 600MW 超临界机组锅炉后屏过热器管（T91，ϕ60×8mm）运行 13000h 后检查发现直段母材上有微裂纹，微观分析发现裂纹启裂于点焊热影响区并沿热影响区扩展泄漏，如图 5-8 所示。某电厂一期机组于 2014～2015 年间进行了燃烧器改造，施工时焊工在水冷壁管上点焊引弧，表面存在损伤的管子于 2017 年发生泄漏，泄漏原因与上述案例一致。

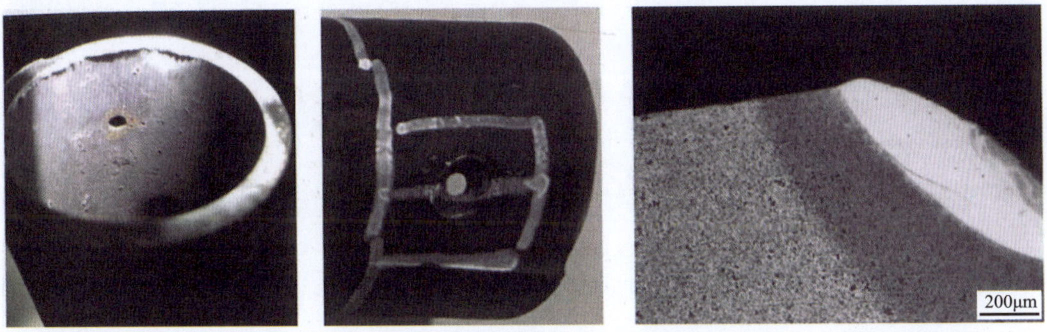

图 5-8　表面损伤导致泄漏的受热面管形貌

针对受热面管材或管屏存在缺陷导致的泄漏，电厂应做好以下工作：

（1）设备选型及技术规范书编写时应充分考虑到系统内外各电厂已发生过的缺陷，避免因设计不当或家族性缺陷引起投产后的锅炉泄漏。

（2）选择有资质且技术实力强的单位进行设备监造及安装前检验，发现缺陷必须扩大检查。

（3）检修施工时应加强焊接质量的管理。鳍片、定位管件的焊接建议由高压焊工执行。水冷壁等小口径管的焊接应增加不同角度的射线检查。

（4）加强对受监金属部件的入库检验和安装前检验，避免使用制造质量不良的材料和错用材料等问题的发生。对于重要部位的受监金属部件，除 100%的光谱检验外，应增加硬度和金相检验。

参 考 文 献

[1] 蔡文河，严苏星. 电站重要金属部件的失效及其监督［M］. 北京：中国电力出版社，2009.

[2] 李彦林. 锅炉热管失效分析及预防［M］. 北京：中国电力出版社，2005.

[3] 王晓雷. 承压类特种设备无损检测相关知识［M］. 北京：中国劳动社会保障出版社，2007.

[4] 李益民，范长信，杨百勋，史志刚. 大型火电机组用新型耐热钢［M］. 北京：中国电力出版社，2013.

[5] 周柏青，陈志和. 热力发电厂水处理［M］. 北京：中国电力出版社，2019.

[6] 谢学军，龚洵洁，许崇武，彭珂如. 热力设备的腐蚀与防护［M］. 北京：中国电力出版社，2011.

[7] 黄瑾，崔雄华，郑坊平，等. 异种钢焊接接头组织老化及损伤状态评估方法［J］. 发电设备，2020，（1）：73-76.

[8] 郑坊平，崔雄华，秦承鹏，等. 空气预热器蓄热元件腐蚀原因分析［J］. 理化检验-物理分册，2011，47（5）：299-303.

[9] 崔雄华，郑坊平，张磊，等. 供货热处理状态对奥氏体不锈钢锅炉管安全运行性能的影响［J］. 热力发电，2010，39（3）：49-52.

[10] 马红，张磊，郑坊平，等. 18-8 型奥氏体不锈钢锅炉管服役特性研究（六）［J］. 热力发电，2012，41（6）：32-35.

[11] 殷尊，蔡晖，侯召堂，等. 国产 1000MW 超超临界机组水冷壁管典型横向裂纹分析［J］. 材料科学与工程学报，2015，33（3）：442-447.

[12] 李海燕，刘欢，王阁义. 锅炉受热面的冲蚀磨损与防护综述［J］. 中国腐蚀与防护学报，2023，43（5）：957-965.

[13] 马红，史志刚，崔雄华，等. 高压锅炉管内表面类裂纹缺陷的分析和评定［J］. 热力发电，2010，39（11）：93-96.

[14] 王文飚，杨希刚，马晓峰，等. 基于壁温特征分析的超超临界锅炉垂直水冷壁变形拉裂问题诊断［J］. 锅炉技术，2020，51（6）：1-6.

[15] 宋国庆，顾玮伦，胡超见. 电站煤粉锅炉受热面膨胀和应力的影响分析［J］. 应用能源技术，2021（05）：36-38.

[16] 吴铭轩，董清梅，温立. 深度调峰下的锅炉水冷壁上集箱裂纹解决方案［J］. 黑龙江电力，2022，44（4）：368-370.

[17] 王学礼. 1000MW 超超临界锅炉过热器爆管原因分析及防范措施［J］. 华电技术，2019，41（7）：70-72+76.

[18] 陈建江，王国友. 1000MW 超超临界锅炉尾部受热面吹损的原因分析及预防［J］. 浙江电力，

2013，32（8）：56-57+63.

［19］刘德扬．660MW 机组锅炉侧水冷壁上集箱管座裂纹综合治理与实践［J］．安全与生产，2022，11：73-75.

［20］梁雪莱．某电厂锅炉屏式再热器泄漏原因分析及解决方案［J］．内蒙古科技与经济，2021（6）：115-116+131.

［21］林隆，付春杰，梁定，等．350MW 超临界机组深度调峰对锅炉运行的影响及对策［C］．2019 年中国电机工程学会年会论文集.

［22］王春昌，魏奉群．切圆燃烧锅炉水冷壁高温腐蚀和结渣部位研究［J］．热力发电，2007（3）：29-31.

［23］程超，韩建伟，任建辉．300MW 电站锅炉水冷壁高温腐蚀现象产生原因的探讨［J］．电站系统工程，2023，39（2）：22-24.

［24］黄见勋．300MW 亚临界锅炉高温腐蚀与结焦结渣的防治方案［J］．广东电力，2022，35（12）：118-125.

［25］宁东升．某电厂 1056t/h 锅炉屏式再热器频繁泄漏原因分析与对策［J］．电子世界，2014（13）：35-36.

［26］中国华能集团公司科技项目（HNKJ07-G11），华能电厂在役奥氏体不锈钢锅炉管运行安全性研究技术报告.

［27］西安热工研究院有限公司技术报告（TPRI/TN-RB-294-2016），×××电厂 2 号机高压主给水管道弯头样品表面缺陷分析.